微弧氧化原理
与功能涂层设计及应用

王亚明　　王树棋　著

科学出版社

北京

内 容 简 介

本书首先系统全面阐述了微弧氧化技术概论、涂层形成过程与机理、涂层基本特征、工艺参数与涂层优化策略；其次，基于金属表面耐磨减摩、抗腐蚀、热防护、热控、介电绝缘、催化、生物医用涂层等特殊功能需求，探讨了功能涂层的设计原则，以及如何通过微弧氧化工艺-组成-结构-性能调控获取高性能功能涂层，并介绍典型的功能涂层应用案例；再次，基于改善涂层关键性能的独特设计理念，特别介绍了新涂层与新工艺的发展前沿；最后，介绍了微弧氧化生产线及其辅助装置，并总结提炼出微弧氧化工艺技术 80 问，为工程实践中遇到的问题答疑解惑。

本书可供从事材料表面工程设计特别是材料表面改性相关工作的工程技术人员和管理人员阅读，也可供高等院校和科研院所中相关专业的师生参考。

图书在版编目（CIP）数据

微弧氧化原理与功能涂层设计及应用/王亚明，王树棋著. -- 北京：科学出版社，2025.6

ISBN 978-7-03-076944-2

Ⅰ.①微… Ⅱ.①王…②王… Ⅲ.①高温抗氧化涂层 Ⅳ.①TB43

中国国家版本馆 CIP 数据核字（2023）第 217260 号

责任编辑：张　庆　韩海童／责任校对：韩　杨
责任印制：徐晓晨／封面设计：无极书装

科 学 出 版 社 出版

北京东黄城根北街 16 号
邮政编码：100717
http://www.sciencep.com

三河市春园印刷有限公司印刷
科学出版社发行　各地新华书店经销

＊

2025 年 6 月第 一 版　　开本：720×1000　1/16
2025 年 6 月第一次印刷　　印张：15 1/4
字数：300 000

定价：**168.00 元**
（如有印装质量问题，我社负责调换）

序

　　轻金属（铝、镁、钛等）及其复合材料在航空、航天、汽车、机械、电子、造船、生物、建筑、食品包装等国民经济重要领域发挥着基础性和战略性作用。微弧氧化技术可以赋予不同金属基体材料众多新型功能，如耐磨减摩、抗腐蚀、热防护、热控、介电绝缘、催化、生物活性等，使其具有性能更优、用途更广、作用更关键、附加值更高等优势，符合国家重大需求，也是国际上研究开发与竞争的热点。相较于传统电镀和阳极氧化，微弧氧化是一种清洁环保的技术，更重要的是可设计构建适应多样化工况需求的各种功能涂层。近年来，我国深入推进制造业绿色转型，微弧氧化技术与装备正走上工程应用的舞台。因此，该书作为微弧氧化基础理论与工程实践方面的一部专著，出版正当其时。

　　该书是基于作者团队对微弧氧化功能涂层领域 20 余年的研究成果撰写而成。作者作为骨干成员曾参与国家自然科学基金创新群体项目"多功能防热陶瓷基复合材料研究"，并先后承担了 8 个国家自然科学基金项目、1 个 973 项目子课题及企业攻关课题等与该领域相关的研究工作，在功能涂层材料体系成分设计与制备工艺技术方面取得了一系列具有国际影响力的创新性成果，发表 SCI 论文 100 余篇，得到世界陶瓷科学院主席 Pietro Vincenzini 教授、欧洲材料协会联合会主席 Trevor William Clyne 教授、英国皇家工程院院士 Allan Matthews 教授，以及丁传贤院士、丁文江院士、韩恩厚院士、陈建敏教授等国内外同行的积极肯定。作者受邀撰写 Woodhead Publishing 著作 1 章、Royal Society of Chemistry 出版社著作 2 章、综述论文 2 篇，还受邀做报告 20 余次，在国内外产生较大学术影响。作者先后获授权发明专利 20 项，相关成果成功应用于长征七号系列火箭、高速飞行器等多个重点型号关键部件，其中参研的两型号参加了国庆 70 周年检阅。作者先后获黑龙江省技术发明奖一等奖 1 项、黑龙江省自然科学奖二等奖 1 项、"中国建筑材料联合会·中国硅酸盐学会建筑材料"基础研究类科学技术奖一等奖 1 项。

　　该书系统总结了微弧氧化与功能涂层领域研究热点和作者团队在该领域的研究成果，一共分为 14 章。第 1～4 章概述了微弧氧化涂层技术的发展历史、技术机理、基本特征、工艺参数与制度优化，从基础理论、工艺参数（电解液成分、电源模式、电参数等）对涂层生长影响的角度出发，给出了微弧氧化涂层生长调控策略，进而讨论了如何构建适应不同应用环境下的功能化涂层。第 5～12 章分别介绍了耐磨减摩、抗腐蚀、热防护、热控、介电绝缘、催化、生物医用等功能涂层的设计与应用，并通过探索新涂层和新工艺全面提升关键服役性能。第 13 章介绍了适合工程实践的微弧氧化生产线与辅助装置。更为可贵的是，为更好指导工程实践，第 14 章专门总结了微弧氧化工艺技术 80 问，深入浅出为微弧氧化初学者与工程实践人员答疑解惑。

该书兼顾微弧氧化基础理论、学科前沿和工程实践，在有限篇幅内对微弧氧化的内涵进行了拓宽，更加丰富且全面反映出微弧氧化技术的特点及设计功能涂层的优势。书中内容对推广微弧氧化涂层技术的研究成果及推动我国微弧氧化表面工程的发展，尤其是对提升我国航空、航天、航海、汽车等领域高端装备零部件的性能和使用寿命都具有重要的理论和实践价值。

该书内容系统性强、理论和技术成果先进、数据丰富翔实、分析总结到位，且剖析理论兼顾工程实际，是微弧氧化技术在我国表面工程领域应用较为系统的著作。该书具有较高的学术水平和工程实践价值，是本行业一部不可多得的专业著作，不仅为科研工作者提供了先进的研究范式，更为工程技术人员攻克金属表面改性难题提供了关键技术路径，是材料表面工程领域产学研协同创新的优秀成果。

中国工程院院士

2024 年 12 月于哈尔滨工业大学

前　　言

　　高端产业升级和轻量化时代的到来使铝、镁、钛等金属及其复合材料高附加值表面处理的需求激增。在此背景下，微弧氧化涂层技术迎来了难得的发展机遇。微弧氧化（microarc oxidation, MAO）技术，又称等离子体氧化（plasma electrolytic oxidation, PEO）技术，是一种在金属表面制备功能化陶瓷涂层的技术。其基本原理是：将金属浸入碱性（或酸性）电解液中，施加高电压使金属表面发生击穿微弧放电，此时在放电微区的局部高温高压和强电场作用下，金属基体会发生氧化，最终形成以基体元素氧化物为主、掺杂或混合了电解液所含元素的功能化陶瓷涂层。金属表面涂层的组成、结构与性能可通过选择电解液成分与匹配电参数进行优化设计，进而赋予金属高精度耐磨减摩、抗腐蚀、热控、热防护与生物活性等特殊功能。微弧氧化技术具有技术含量高、附加值高、绿色环保等特点，符合国家在航空航天、高端制造、轨道交通和新能源等领域的发展需求。

　　相比传统阳极氧化膜和硬质阳极氧化膜，微弧氧化涂层具有很强的涂层结构可设计性，工艺简单环保且具有特殊功能性优势，从而迅速引起学术界和工程界的兴趣。我国对微弧氧化技术的研究始于 20 世纪 90 年代。在科研人员多年努力下，我国已经在微弧氧化基本原理、涂层设计制备、微弧氧化电源模式与专用生产线开发等方面取得长足进展。

　　作者团队长期从事微弧氧化原理与功能涂层设计及应用领域的研究，书中内容主要是作者团队 20 余年科研成果的总结。本书系统全面阐述微弧氧化技术的发展历史、技术机理和工艺特性，并通过大量实例，对微弧氧化涂层的功能化设计及其最新研究方向、微弧氧化生产线及工艺技术问题进行系统介绍。

　　本书从液态等离子体放电和材料学的角度出发，首先概述了微弧氧化技术的发展历史、过程机理、基本特征、工艺参数与制度优化，探讨了工艺参数对涂层生长的影响规律并给出了涂层生长调控策略；然后，进一步按照功能特性划分，全面讲述了微弧氧化涂层的耐磨减摩、抗腐蚀、热防护、热控、介电绝缘、催化、生物等功能特性（各类特性均直接涉及其在实际工程中的具体应用），并全面拓展新涂层和新工艺在高新技术装备领域的应用范围；最后，介绍了微弧氧化生产装备并总结了工艺技术 80 问，为指导研究和工程实践提供思路。本书内容除作者团队的科研成果外，还参考了国内外前沿研究成果，可供读者延伸阅读。

本书由哈尔滨工业大学王亚明教授负责整体结构设计、内容规划，以及第 1～8 章、11 章、13 章、14 章的撰写，并负责统稿和定稿；王树棋博士主要负责第 9 章、第 10 章与第 12 章的撰写。邹永纯、陈国梁、王钊、蒋春燕、叶志云、于爽、纪若男、谢恩雨、赵清源等参与了文字整理工作。感谢博士生魏大庆、文磊、周睿、王元红、邹永纯、吴云峰、葛玉麟、王树棋、陈国梁、蒋春燕等的研究成果，为本书提供了翔实的内容基础。在研究过程中，作者还得到了同行大力帮助和支持，借此机会一并表示感谢！

本书是在周玉院士的关怀与指导下完成的。蒋百灵教授和贾德昌教授也提出了许多宝贵意见。作者在此对他们表示衷心感谢！

由于作者学识、精力和条件有限，本书难免会有不妥之处，敬请读者批评指正。

王亚明

2024 年 12 月于哈尔滨工业大学

目　　录

第 1 章　微弧氧化技术概论

1.1　微弧氧化技术简介

1.1.1　微弧氧化技术定义

金属（如铝、镁、钛、锆、钽、铌合金）及其复合材料表面微弧氧化技术，也称作等离子体电解氧化，是将金属浸入碱性（或酸性）电解液中，通过施加高电压使金属表面发生击穿微弧放电，进而微弧放电微区的局部高温高压作用使金属基体发生氧化，在金属基体表面形成以基体元素氧化物为主、电解液所含元素参与掺杂/混合改性的功能化陶瓷涂层[1-3]。金属表面涂层的组成、结构与性能可通过电解液成分选择与电参数的匹配进行优化设计，进而可获得一系列高技术需求的特殊功能化涂层（如耐磨减摩、抗腐蚀、热防护、热控、介电绝缘、催化、生物活性等），在汽车、航空航天（航空发动机、舰载飞机、卫星、火箭、导弹等）、船舶、纺织、电子（3C 产品）、医疗器械与环保净化等轻量化装备领域有广阔应用前景[4]。

1.1.2　微弧氧化技术特点

（1）基体适用性广：微弧氧化技术可用于铝、镁、钛、锆、钽、铌合金及其复合材料等表面陶瓷涂层的制备。

（2）环保：与一般表面处理技术（阳极氧化、电镀等）相比，微弧氧化技术清洁环保。常使用低浓度碱性溶液作为电解液，涂层制备过程中完全不使用硫酸、盐酸、硝酸、铅、铬、汞、六价铬等有毒有害物质，确保人员/环境的安全与健康。

（3）工艺简单：整套设备操作简便，处理工序少，基体无须经过酸洗、碱洗等预处理工序，除油后可直接进行微弧氧化处理，易于实现自动化生产。

（4）厚度均匀可控：微弧放电始终发生在相对薄弱部位，保证均匀放电，涂层厚度均匀，厚度范围由几微米至几百微米精确可控。

（5）处理效率高：与阳极氧化相比，一般阳极氧化获得 $30\mu m$ 厚的涂层需要 $1\sim2h$，而微弧氧化只需 $10\sim30min$。

（6）涂层膜基结合强度高：通过液相等离子火花放电辅助的金属原位氧化形成冶金方式结合的陶瓷涂层，一般结合强度在 30MPa 以上。

· 2 ·　　微弧氧化原理与功能涂层设计及应用

（7）涂层功能多样化：微弧氧化涂层因使用环境不同而需赋予不同的表面性能，陶瓷层的高硬度、高阻抗和高稳定性满足金属耐磨、耐海水腐蚀、耐连接（电偶）腐蚀、耐擦伤腐蚀及抗高温热蚀等性能要求。同时，通过特殊的组成结构设计，涂层还具有热防护、热控、介电绝缘、生物活性、催化等使役性能。

1.1.3　微弧氧化与阳极氧化对比

与阳极氧化工艺相比，微弧氧化具有下列特点。

（1）微弧氧化工艺常采用（弱）碱性溶液，对周围环境和人体无害，不造成污染，属于清洁加工工艺和环保型表面处理技术。

（2）工艺简单，特别对于工件的预处理不像阳极氧化要求的那样严格和繁杂，只要求样品表面去污去油，不需要去除表面的自然氧化层，也不需要表面打磨。

（3）微弧氧化可以一次完成，也可以分几次完成，特别对于涂层要求很厚的工件可以分几次氧化，而阳极氧化一旦中断就必须重新开始。

（4）在阳极氧化不易成膜的某些铝合金如 Al-Cu、Al-Si 等合金表面，同样可获得性能很好的厚膜，尤其在 Al-Cu 合金表面（如 2024Al 合金），也可以形成高硬度的厚膜，其硬度可达 1600HV。

表 1-1 列出了微弧氧化与阳极氧化及硬质阳极氧化工艺的性能对比。可以看出，微弧氧化涂层的性能较阳极氧化膜及硬质阳极氧化膜的各项性能指标有显著提高。

表 1-1　微弧氧化与阳极氧化及硬质阳极氧化的工艺的性能对比

项目	微弧氧化	阳极氧化	硬质阳极氧化
适用性	耐磨损、抗腐蚀、隔热、绝缘、抗热冲击、抗高温氧化、防护装饰	防护装饰、做油漆底层，提高漆膜结合力	用于要求耐磨损、抗腐蚀、隔热、绝缘的铝合金件
电压/V	≤750	13～22	10～110
电流/A	强流	0.5～2.0（电流密度小）	0.5～2.5（电流密度小）
最大厚度/μm	300	<40	50～80
处理时间/min	10～30（50μm）	30～60（30μm）	60～120（50～100μm）
工艺流程	去油—微弧氧化	碱蚀—酸洗—机械性清洗—阳极氧化—封孔	去油—碱蚀—去氧化—硬质阳极氧化—化学封闭—封蜡或者热处理
显微硬度/HV	可调，范围为 400～3000	—	可调，范围为 300～500
膜层击穿电压/V	>2000	—	低

续表

项目	微弧氧化	阳极氧化	硬质阳极氧化
膜层耐热冲击	可承受 2500℃以下热冲击	—	差
工艺对环境的危害	—	需特殊处理排污	需特殊处理排污
均匀性	内外表面均匀	产生"尖边"缺陷	产生"尖边"缺陷
柔韧性	韧性好		膜层较脆
孔隙率/%	0~40	>40	>40
耐磨性	好	差，容易磨掉	一般，容易磨掉
5%盐雾试验/h	>1000	—	>300（重铬酸钾封闭）
粗糙度 Ra	可加工至 0.037μm	一般	一般
电阻率/(Ω/cm)	$5\sim10^{10}$	—	—
着色及牢固度	长期不褪色，但是颜色种类目前较少	颜色种类丰富，但容易褪色（化学染色）	颜色种类较少，容易褪色（化学染色）
电解液性质	弱碱性	酸性	酸性
工作温度/℃	<50	13~26	-10~5
抗热震性	300℃→水淬，35 次无变化	—	好

1.2　微弧氧化技术的产生与发展

微弧氧化发展历程的示意图如图 1-1 所示。早在 1880 年，Sluginov 等[5]已经发现浸入电解液中的金属通电后会产生发光现象。直到 1923 年 Dunstan 等[6]开始在铬酸盐溶液里对铝及其合金进行阳极氧化处理。1932 年，德国科学家 Günterschulze 和 Betz[7]的研究揭示了浸入电解液中的金属在高电场下会出现火花放电现象，但也指出火花对氧化膜具有破坏作用，从而认为"制备涂层的电压不应高于火花电压"，这在一定程度上限制了对该现象的深入研究。20 世纪 60 年代，美国科学家 McNiell 等[8]用火花放电在含 Nb 的电解液中将铌酸镉沉积到镉阳极上，这种技术的实际应用价值才被首次开发出来。20 世纪 70 年代，Machkova 与其合作者发展并研究了在电弧放电条件下于铝阳极上沉积氧化物[9]。随后，美国 Illinois 大学 Brown 课题组[10,11]、苏联科学家 Markov 课题组[12]和德国 Karl-Marx-Stadt 工业大学 Kurze 课题组[13]先后开始了对 Al、Mg、Ti、Zr 等阀金属表面火花放电沉积涂层的研究，并将这一方法分别命名为阳极火花沉积（ASD）、微弧氧化（MAO）和火花放电阳极氧化（ANOF）等。进入 20 世纪 80 年代，微弧氧化技术成为美国、德国、苏联、日本等国家研究的热点，并从实验室研究转向工业应用。20 世纪 90 年代后，我国学者才逐步开展微弧氧化相关技术研究，丰富了微弧氧化技术及其在金属表面处理领域的潜在应用，推动了该技术的发展。由于处理过程中对瞬间放电现象获取的信息相对较少，且缺乏理解，因此对同一技术应用了许多不同的术语："微等离子体氧化""阳极火花电解""等离子体电解阳极处理""火花放电下的阳极氧化"。目前国内学术与工业界常称为"微弧氧化"，国际上常称为"等离子体电解氧化"。

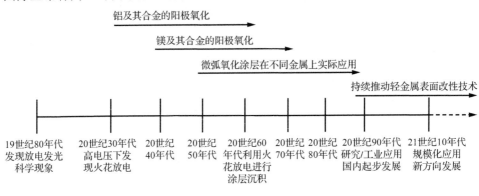

图 1-1　微弧氧化发展历程的示意图

通过 Web of Science 数据库检索可知，从 20 世纪 90 年代初至今，国内外有关微弧氧化技术研究始终是个热点。相关研究单位及发表论文和专利数量如图 1-2 所示，表明国内在微弧氧化技术方面研究发展迅猛，尤其是哈尔滨工业大学与中国科学院发表成果显著，而国外以俄罗斯科学院发表成果居多。

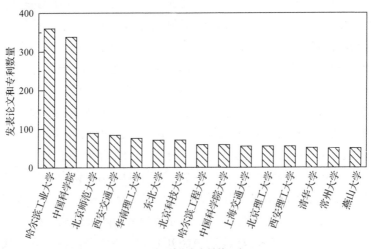

（a）国内单位发文量前15名

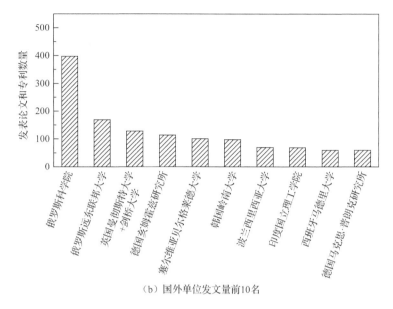

（b）国外单位发文量前10名

图 1-2　国内外发表微弧氧化相关论文的单位与数量统计（1990~2022 年）

1.3　微弧氧化技术的应用

微弧氧化技术作为一种新兴、环保、高效的表面处理技术，通过电解液与电参数的调控可制备耐磨减摩涂层、抗腐蚀涂层、热防护涂层、热控涂层、介电绝缘涂层、光催化涂层、生物医用涂层以及彩色涂层等多种功能化涂层（表 1-2），被广泛应用于航空航天、船舶、汽车、兵器、轻工机械、石油化工、化学化工、电子工程、仪器仪表、医疗卫生等工业与民生领域。

表 1-2　微弧氧化功能涂层的应用范围与领域

微弧氧化功能涂层	应用范围	应用领域
耐磨减摩涂层	抗冲击部件，纺杯、纺盘、压掌、滚筒、摩擦副中的轴、包衬、阀套、阀芯等，齿轮、气动元件的气缸和活塞	纺织机械、发动机部件、管道
抗腐蚀涂层	管道、阀门、罐体、舰船、航海	化工设备、建筑、泵部件
热防护涂层	弹体喷喉、火箭发动机喷喉、军用车辆、弹体尾翼、枪体、各种检测仪器	航空、航天、冶金、电力
热控涂层	卫星、航天器	仪器仪表

微弧氧化功能涂层	应用范围	应用领域
介电绝缘涂层	耐热/导热/绝缘电子绝缘基板（如大功率发光二极管（light emitting diode，LED）照明）	电子、化工设备、能源工业、精密仪器
光催化涂层	家具、建筑墙体、有毒有害气体处理	化工工业
生物医用涂层	人工关节、医疗检测仪器等	医疗设备、医用材料
彩色涂层	手机、笔记本、相机外壳等	电子行业

1.4　微弧氧化技术面临的挑战与未来发展方向

1.4.1　面临的挑战

目前，微弧氧化技术在金属表面改性方面越来越受到重视。采用微弧氧化技术，通过涂层的成分与结构设计已制备出各种功能化陶瓷涂层（耐磨减摩、抗腐蚀、热防护、热控、介电绝缘、催化、生物等），涂层具有独特的优异性能与较长的使用寿命；此外，通过低能耗电源与高效长寿命电解液体系的开发使涂层制造成本进一步降低，使其呈现出极大的竞争力与应用潜力。当前，微弧氧化工艺正处在基础研究向产业化应用的过渡阶段，但应用主要集中在轻合金的抗腐蚀、耐磨减摩防护。值得注意的是，对于设计制备特殊、高附加值的功能化涂层，微弧氧化是独特且不可替代的，已展现出广阔的发展与应用潜力。

尽管如此，微弧氧化涂层形成机理研究、高性能功能涂层设计制备仍面临诸多挑战。

（1）微弧氧化机理仍需深入完善。深入了解微弧氧化过程机理，是设计制备功能化涂层和进一步提升使役性能的前提。但由于微弧氧化火花放电过程时间非常短，仅为微秒级别，很难捕捉瞬间的微区火花放电状态与物理化学过程；同时膜基界面微区的放电状态对涂层的组织结构（尤其是膜基界面结构）影响较大，进而影响涂层的功能化应用。采用高速摄影、光学发射光谱（optical emission spectrum，OES）、原子发射光谱（atomic emission spectrum，AES）、原子示踪及其他新技术原位捕捉火花放电状态及元素和温度分布，采用聚焦离子束扫描电子显微镜（focused ion beam-scanning electron microscope，FIB-SEM）、透射电子显微境（transmission electron microscope，TEM）（包括原位）、扫描电子显微境（scanning electron microscope，SEM）（包括原位）等手段分析对应涂层组织结构的演变过程，仍然是阐释微弧氧化机理的有效途径。

（2）低处理效率和高耗电量是制约微弧氧化技术产业化应用的关键问题，因此开发满足批量生产要求、低能耗的微弧氧化设备已经成为当务之急。微弧氧化高能耗在实际生产中会带来诸多现实问题。首先，难以对大面积工件进行氧化处理。例如，实际生产过程中微弧氧化工作电压在 500V 左右，电流密度在 $5A/dm^2$ 以上，则处理一个普通汽车活塞外表面（约 $4dm^2$）所需要的功率至少 10kW，而如果是火箭外壳等大型部件，所需功率甚至可达到几十兆瓦[14]。高功率除了会对配电、电源提出更高的要求外，还必须考虑散热问题。在微弧氧化过程中，超过 50%的能量转化为电解液的热能，为了保证膜层质量和微弧氧化电解液的稳定，需要配备大型冷却设备，这就进一步增加了设备投入和能量损耗。因此，从经济角度来说，微弧氧化技术目前仅适用于高附加值的产品领域。

（3）高性能微弧氧化功能涂层的按需剪裁设计与精细调控制备仍需探索。

a. 耐磨减摩功能化涂层。微弧氧化耐磨减摩涂层需通过调节工艺参数、电解液成分及多层复合，提高致密层、耐磨减摩层所占比例，进而使涂层具备高致密、低粗糙度、高硬度与低摩擦系数以实现界面动态耐磨减摩，满足航天航空、高端制造等对高精密耐磨减摩涂层设计要求。

b. 抗腐蚀功能化涂层。微弧氧化抗腐蚀涂层需通过离子/粒子掺杂改性、工艺参数调控（软火花）及复合工艺，提高其致密性（封孔）、引入耐蚀或缓蚀成分、降低表面能等，实现涂层耐蚀性能的提高。由于设计自由度大，可根据不同应用环境定制抗腐蚀功能化涂层，拓展轻合金在高新技术装备领域的应用范围，延长服役寿命。

c. 热防护功能化涂层。采用微弧氧化在金属（钛、铝及镁合金、钛铝合金、铌合金、钽合金）及复合材料表面构建低热导率（<2W/（m·K））的热障陶瓷涂层，已引起研究者的潜在兴趣。通过调节微弧氧化电解液成分及低热导物相掺杂（如 ZrO_2），可进一步降低涂层的热导率。未来需要设计制备高结合、大厚度、低热导相为主的微弧氧化层，并与其他热障涂层复合形成多层结构涂层（厚度≥100μm）以实现更苛刻服役环境下的热防护。

d. 催化功能化涂层。微弧氧化涂层在催化中作为催化载体及催化活性结构。为提高催化效率，仍然需要通过调控电参数、电解液组成，设计制备具有类珊瑚状、纳米棒、纳米片等高比表面积的涂层，或通过微弧氧化后处理（热处理、溶胶凝胶等）多步复合技术，以构建具有高催化活性的微纳结构涂层。

e. 生物功能化涂层。钛合金表面微弧氧化生物医用涂层可显著提高牙根、骨植入体与周围组织之间的骨整合/骨结合能力。通过钛合金多级孔预处理、电解液成分的掺杂改性、微弧氧化后处理（碱热、水热、水汽、等离子体、紫外活化）等进一步调控涂层的生物活性成分与表面多级微纳结构，构建易于细胞黏附增殖的微纳尺度的微环境，是继续探索的方向；构建兼具生物活性与抑（杀）菌的双重功能涂层，以预防早期的炎症以免影响愈合并促进组织修复也是关注的重要方向。如何有效调控镁合金的腐蚀降解速率是镁生物材料应用中的关键问题，微弧氧化涂层被认为是最有应用潜力的腐蚀降解调控涂层。但如何通过涂层设计实现镁金属的均匀腐蚀/定向腐蚀降解是研究的重要挑战，这也是决定镁合金血管支架能否应用于临床的关键。微弧氧化涂层镁合金用于腔道支架、骨固定螺栓、骨板及大节段骨缺损修复支架等已经获得突破性进展，但仍需要通过涂层结构设计、封孔及复合工艺涂层等实现降解速率精确调控及抑（杀）菌等功能。

f. 其他功能化涂层。微弧氧化技术在介电绝缘、热管理、表面着色等功能涂层领域已获得学术界和工程界的持续关注，其在磁性调控、锂电池电极、隐身材料等新兴交叉学科的拓展应用正展现出独特的技术潜力。通过调控微弧氧化涂层电解液、工艺参数及后续改性等设计制备新型功能涂层，仍然是本领域研究者努力探索的方向。

1.4.2　未来发展方向

国内对微弧氧化技术的研究已有 30 余年，其因诸多功能特性及可实现性强而备受关注。未来的发展重点如下。

（1）在基础理论研究方面，进一步探讨微弧氧化涂层的生长机理以加深科学理解，明确微弧氧化过程-涂层结构-性能关系。

（2）在新功能涂层工艺方面，探索新的功能化陶瓷涂层与可控合成方法，以推动特种功能涂层在高技术领域的扩大应用。

（3）在工程应用研究方面：①深入了解等离子体电化学机制，以开发新电源，调控电参数，并通过探究新的电解液配方以及复合工艺来实现涂层多功能特性；②建立智能化装备，增强设备的可用性，提高涂层的自调性；③建立不同功能化涂层的国家（企业）标准，进而为推动应用提供设计依据和测试标准。

参 考 文 献

[1] Yerokhin A L, Nie X, Leyland A, et al. Plasma electrolysis for surface engineering. Surface and Coatings Technology, 1999, 122(2-3): 73-93.

[2] 王虹斌, 方志刚, 蒋百灵. 微弧氧化技术及其在海洋环境中的应用. 北京: 国防工业出版社, 2010: 1-5.

[3] 王亚明, 邹永纯, 王树棋, 等. 金属微弧氧化功能陶瓷涂层设计制备与使役性能研究进展. 中国表面工程, 2018, 31(4): 20-45.

[4] 薛文斌, 邓志威, 来永春, 等. 有色金属表面微弧氧化技术评述. 金属热处理, 2000(1): 3-5.

[5] Sluginov N P. Electric discharges in water. Journal of the Russian Physical-Chemical Society, 1880, 12: 193.

[6] Dunstan B G, Mcarthur S J. Process of protecting surfaces of aluminum or aluminum alloys. US Patent 1771910A. 1930-08-12.

[7] Güntherschulze A, Betz H. Neue untersuchungen über die elektrolytische ventilwirkung: II. Die oxydschicht von Sb, Bi, W, Zr, Al, Zn, Mg. Zeitschrift für Physik, 1931, 37(4): 726-748.

[8] Mcniell W, Nordbloom G F. US Patent 2854390A. 1958-09-30.

[9] Ikonopisov S, Girgnivv A, Machkova A. Post-breakdown anodization of aluminium. Electrochem Acta, 1977, 22(1): 1283-1286.

[10] Brown S D, Kuna K J, Van T B. Anodic spark deposition from aqueous solutions of NaAlO$_2$ and Na$_2$SiO$_3$. Journal of the American Ceramic Society, 1971, 54(8): 384-390.

[11] Sis L B, Brown S D, Van T B, et al. Polymorphic phases in anodicspark-deposited coatings of A1$_2$O$_3$. Journal of the American Ceramic Society, 1974, 57(2): 108.

[12] Nikolaev A V, Markov G A, Pshchevitskii B I. A new phenomenon in electrolysis. Izvestiya Sibirskogo Otdeleniya Akademii Nauk SSSR, 1977, 5(12): 32.

[13] Kurze P, Krysmann W, Schreckenbach J, et al. Coloured ANOF layers on aluminium. Crystal Research and Technology, 1987, 22(1): 53.

[14] 宋仁国, 孔德军, 宋若希. 微弧氧化技术与应用. 北京: 科学出版社, 2018: 9-10.

第2章 微弧氧化涂层形成过程与机理

2.1 概 述

金属表面微弧氧化涂层的生长伴随着固/液界面气泡产生、火花放电、气体演变及涂层组织结构变化过程，一般可分为氧化初期钝化膜形成、绝缘膜介质击穿、产生放电并形成放电通道几个阶段。通道内发生复杂的物理化学反应，在高温、高压以及电场等因素的作用下熔融反应物喷射—冷却—凝固—相变，通常形成由界面层、致密内层和多孔外层结构组成的陶瓷涂层。本章阐述了微弧氧化涂层的生长过程和形成机理，并讨论了涂层生长过程中阴极放电、气体演化、能量损耗与控制。

2.2 微弧氧化涂层生长过程与机理模型

典型的金属表面微弧氧化涂层制备装置示意图如图 2-1 所示，主要由高压脉冲电源装置、电解槽、搅拌器和冷却系统等组成。

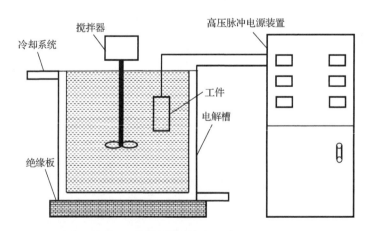

图 2-1 微弧氧化涂层制备装置示意图

通过调整脉冲电源正负半波周期的电容，可以对正负电参数（电压、频率、占空比等）的幅值比率进行单独调节，从而拓展微弧氧化涂层生长与涂层微观结构的调控范围。试样（工件）作为阳极，与电解槽的不锈钢内衬形成对等电极。用去离子水配制溶液，溶液温度一般控制在 50℃ 以内。对于涂层生长要求严格的电解液，也可通过冷却系统精确控温。

微弧氧化是由阳极氧化演变而来的，将等离子体引入化学反应机制，在高压脉冲电场作用下实现微区瞬时放电，产生 $10^4 \sim 10^6$K 量级的非平衡态高温高压物理场，呈现出剧烈的弧光放电现象。换言之，微弧氧化过程是利用等离子体放电增强阳极试样表面的电化学氧化反应，促进反应向产物生成方向进行，同时将化学反应的产物迅速熔融、凝固形成硬质陶瓷涂层。针对微弧氧化过程伴随着的火花放电行为及涂层组织结构演变，研究人员已经提出了各种微弧氧化机理模型，如电子"雪崩"、电子隧道效应、氧化膜中电解质为放电中心、电压和涂层生长关系模型、火花沉积过程模型、接触辉光放电电解模型及阴阳极产生气体与电流效率等，然而微弧氧化过程相当复杂，且放电火花瞬时存在（$<10^{-6}$s），难以捕捉，微区反应分析困难，导致目前对火花放电的本质仍存在争议。

微弧氧化涂层生长过程与电源模式、电参数、电解液成分浓度、氧化时间、合金性质、工件结构尺寸密切相关。其中，反复产生的等离子体放电是基体表面形成微弧氧化涂层过程的核心，而放电特性受诸多加工变量的影响，生长过程细节十分复杂。近年来，通过调节电源模式、揭示微区瞬态反应、捕捉放电特征，使放电条件、电解液成分、涂层微观结构和生长速率之间的相互关系变得更加清晰。同时，多种先进技术手段，如高速摄影（high speed videos）、发射光谱、元素示踪（elemental tracer）、X 射线计算机断层成像（X-ray computerized tomography，X-CT）技术、透射电子显微镜（TEM）、化学剥离技术、同步辐射显微层析成像技术等被应用于微弧氧化过程及机理研究中。其中，高速摄影技术可捕捉到等离子体放电的全过程，结合火花放电状态及能量计算，能更好地理解微弧放电及涂层生长过程；发射光谱技术可对等离子体放电光谱、放电强度、电子温度、电子密度等进行分析，发现单独放电过程为瞬时的（几十至几百微秒），且放电过程中的等离子体温度高达 4000～10000K；X-CT 技术可深入剖析微弧氧化涂层内部的组织结构，进一步了解孔的形貌、尺寸和分布，在此基础上推测涂层生长机理；同步辐射显微层析成像技术可研究涂层的相组成、相变过程以及三维组织结构，定性和定量表征涂层孔隙率特征（大小、体积、分布等）。尽管揭示微弧氧化反应机理和涂层生长过程已取得一定进展，但要全面解释微弧氧化成膜过程需要进一步探索。

由此可见，研究分析等离子体放电、涂层组织结构与基体/涂层/电解液界面的化学（电化学）反应的关系，建立微弧氧化涂层的生长过程与机理模型，仍是研究的重点和热点课题。

2.2.1 微弧氧化生长过程

在微弧氧化过程中，初始阶段金属表面氧化并形成一层钝化膜，其表面存在大量缺陷，且呈不饱和态，这为等离子体放电产生创造了条件，也为后续结构演变和调整提供了基础。

微弧氧化电解液中主要成分为氧原子比例高的分子，易发生氧双键极化。注意：若一个给定多面体几何构型的电子数发生改变（增加或减少），该原子簇会调整几何构型在一个位置打开一个键，当通过外场诱导在费米面附近实现非平衡态电子激发时，高能电子的选择性注入引发电子占据态重构，此时具有排斥作用的两轨道四电子相互作用变成具有吸引力的成键作用，从而突破动力学势垒引起吸附。因此，当氧分子吸附在上述缺陷位置时，在等离子体化学/电化学/热化学等共同作用下，形成等离子体放电中心使分解的氧形成等离子体。而氧等离子体存在激发态氧原子，处于活化状态，电子亲合势能大。当施加脉冲电压时，氧等离子体发生放电作用，此过程中电子获得高能量后高速运动，与氧原子发生碰撞，氧原子捕获电子生成负离子（$O + 2e^- \longrightarrow O^{2-}$），从而在氧等离子体轰击作用下，在与试样表面作用过程中形成沉淀核心。由于基体金属离子和氧离子沿陶瓷涂层厚度方向存在浓度梯度，从而发生互扩散运动，当金属离子、氧离子以不同配位方式组合形成缺陷固溶体时，产生了不同的氧化物，在高温熔融条件下通过放电微孔向外"喷射"，凝固形成陶瓷涂层。

当陶瓷层形成后，不间断的等离子体放电使氧分子的吸附、等离子体的氧化及金属离子、氧离子通过互扩散相结合生成氧化物的过程持续进行。同时，脉冲高压电流注入陶瓷涂层的电子会引起"雪崩"。"雪崩"作用下，促使火花放电过程中析氧反应的进行，在"雪崩"后产生的电子大量富集于氧化膜/电解液的界面上，使得氧化膜发生电击穿，不断产生等离子体放电。一般而言，"电子雪崩"常常优先在氧化膜最易被击穿的区域进行，使得等离子体放电现象总是出现在氧化膜薄弱位置，而火花放电过程中产生巨大热应力推动着"雪崩"的不断进行。也就是说，氧化膜/电解液界面在高电压（强电场）加载下引发氧化膜中的导带向金属基体弯曲，导致氧化膜一侧局部费米能级下降到电解液的费米能级以下，这样为电解液中的电子从电解液的高能级顺利进入氧化膜低能级提供了可能。电子以隧道效应的方式从电解液的满带跃迁到氧化膜的导带中，这些电子在氧化膜的缺陷区域中汇聚并不断诱发电击穿，而产生这一条件的前提是电压超过一定阈值。

电压较低的情况下，微弧氧化初期氧化膜的生长依靠离子电流作用，当氧化膜阻抗增加到一定程度时固/液界面形成双电层，溶液阴离子中的电子已经无法通过电场进入氧化膜，更不能促进氧化膜的继续生长。若样品两端电压不再增加则样品两端的伏安特性曲线将符合双电层电容器的伏安特性曲线。即如果在恒压模式下（低电压）氧化膜将停止反应，电流也将幂律分布降低到极小值，此时仅有杂质间漏电电流经过氧化膜。值得注意的是，微弧氧化过程中（高电压/强电场）阳极没有产生足够的氧气、电子和阴离子反应的量，不遵循法拉第定律，事实上仅有少量的阴离子反应和氧气析出。因此，氧化膜中的电子不完全来自阴离子氧化后失去的电子，氧化膜内部应该存在自身的电子电离机制。说明电子首先是按照隧道效应注入氧化膜的导带中，但这些初始电子数量非常有限。初始电子在杂质颗粒界面输运过程中会不断碰撞杂质离子，并引起杂质离子不断电离新的电子和空穴，这样氧化膜局部微区就具有足够的电子电流强度并维持放电。这一过程又为氧分子的极化吸附和形成等离子体放电中心进一步创造条件，有利于陶瓷涂层的增厚和晶相的形成。随着涂层的增厚，氧化进一步向深层渗透，等离子区域形成的熔融氧化物在表面被"液淬"凝固。除此之外，表面溅射出的离子与沉淀离子混合，在表面有再沉积现象，并且由于等离子体局部加热作用，与试样表面接触的电解液易于升温，离子动能增加，促进其在试样表面的扩散运动，利于氧化物形成，最终生成硬质陶瓷涂层。

2.2.2　涂层生长规律和等离子体放电模型

微弧氧化恒流或恒压模式下，涂层的形成机理基本相同。以恒流为例，图 2-2 给出了微弧氧化过程中发生的放电现象与涂层结构变化示意图。

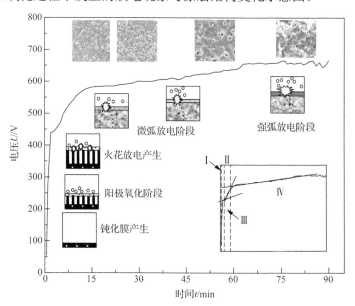

图 2-2　微弧氧化过程中放电现象与涂层结构变化示意图

　　浸入电解液中的钛合金（以 Ti6A14V 作为材料）表面存在一层非常薄且疏松的自然钝化膜，该疏松层起不到任何保护作用。刚开始施加电压时，试样表面出现大量气泡，这是传统阳极化阶段，在表面会生成基本上贯穿或垂直于基体的多孔绝缘膜。当所施加的电压值超过某一临界电压（即击穿电压）时，在绝缘膜的某些分散的薄弱区域由于介质失稳而发生击穿，并伴随有火花放电现象。此时试样表面产生了大量细小均匀游动的白亮火花，生成的涂层表面具有大量细小均匀分布的微孔。这些微孔是绝缘陶瓷层被击穿后传输物质和能量的主要通道。阴阳离子在电场驱动力的作用下通过传输"通道"氧化生成以 TiO_2 为主的氧化物。

　　在恒流模式下，为保证涂层的有效击穿，电压值不得不增大并达到一个相对稳定的数值。此时放电火花的颜色也逐渐变为黄色和橘红色，数量有所减少。此阶段涂层生长速率较快，是涂层生长的主要阶段，称为微弧阶段。随着涂层的增厚，电压值上升，放电火花的数量减少，但火花强度有所增强，生长的涂层表面逐渐变得粗糙。随电压值进一步增大，试样表面产生强烈的大斑点弧光放电并伴有刺耳的爆鸣声，弧光放电的结果使得生成的涂层产物产生剧烈飞溅，涂层表面出现严重烧蚀特性，变得很疏松。为获得高质量的涂层，此阶段应该尽量避免。

　　另外，高的外加电压使氧化膜中电场强度增大，巨大的电场强度是微弧氧化过程的主要驱动力。当然，微弧氧化是一个复杂过程，包括化学氧化、电化学氧化、等离子氧化等，所以产生的驱动力除了电场外，还有磁场、化学反应、温度梯度、压力梯度等。OES 技术通过测量和分析微弧放电火花的原子发射光谱特征，可以反映参与等离子体放电的粒子种类，并可通过计算电子温度、电子密度等参数进一步理解微弧放电行为和微弧氧化成膜机理[1]。在脉冲作用下，每个弧光放电是瞬时的，且其瞬间温度高达上千开（K），甚至更高，瞬间高温为不同的氧化物晶相转变提供条件。OES 研究表明微弧氧化过程瞬间放电温度在 800～6000K，甚至到 10000～20000K[2]，这些差别可能由于放电通道的复杂结构，即在放电通道内分热核区（6800～9500K）与冷周边区（1600～2000K），并且可估计出放电通道的直径为 1～10μm，热影响区厚度为 5～50μm。

　　在图 2-2 的 U-t 曲线中，分为 4 个特征区域，不同的区域表明阳极极化工艺机制发生了改变。在区域 I 中，电压曲线呈现最大的斜率，对应传统阳极极化阶段。在区域 II 中，电压增加变得缓慢，氧化膜生长速率减小，此区域首先在样品表面形成大量的气泡。在区域 III 中，产生大量的白亮细小的火花，电压也再次增大，这对应于氧化膜的快速生长，同时膜结构中出现不同类型的缺陷。在区域 IV 中，开始出现强烈的氧气气泡，样品表面等离子微放电现象变得更加稳定。不过后期逐渐从细小高密度的放电火花转变为小数目长周期的大放电火花。进一步给出微弧氧化涂层生长过程中厚度增长规律。在氧化起始阶段（对应于图 2-2 区域 I），涂层厚度增长很快，涂层以向基体外侧生长为主，且涂层疏松多孔。在氧化中间阶段（主要对应于图 2-2 区域 II～IV），涂层生长速率略有下降，涂层以向基体内侧生长为主，向内生长的涂层致密。随氧化时间的延长，最外多孔层的厚度逐渐增大，在图 2-2 区域 IV 后期，长周期、大的放电火花导致涂层表面非常疏松粗糙。微弧氧化涂层在整个生长过程中，以向基体内侧生长为主，向外生长的涂层厚度小于涂层总厚度的 30%。因此，经微弧氧化处理后的试样，其外形尺寸变化较小。

此外，涂层的微观结构也取决于微弧氧化过程中的微放电类型。图 2-3 是 Hussein 等和 Cheng 等根据纯铝微弧氧化的 OES 及电子温度变化特征，提出的微弧氧化放电模型[3,4]，其中 A 型和 C 型分别描述涂层表面附近和涂层孔隙内部的气体放电，而 B 型则从基体/涂层界面开始放电。电解液中物质倾向于通过 A 型和 C 型放电进入涂层，而 B 型则能显著诱导基体成分掺入涂层中。同时，微弧氧化涂层中以及靠近基体和涂层界面处发现了一些结构缺陷（连接或贯通孔洞），这些缺陷归因于 B 型放电。B 型放电对应于等离子体温度强度轮廓中的强尖峰，并且导致了煎饼状/结节状结构的形成。另外，在上述 3 种放电类型的基础上，增加了 D 型和 E 型放电，进一步拓展了等离子体放电模型和涂层形成过程。其中 D 型为涂层/基体处孔隙底部产生的放电，E 型放电穿透外层，导致在煎饼结构下方形成大孔隙。虽然 D 型和 E 型放电被视为强放电，但与 B 型放电相比，它们对涂层底部的影响不太显著。

虽然上述提到的火花放电机制提供了在电极界面处可能发生的放电行为和涂层生长模型，但并非所有方法都适用于每个微弧氧化过程。因此，需要进一步的实验证据来区分这些机制，并确定它们在涂层生长和微孔形成过程中的主导地位。

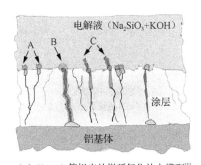 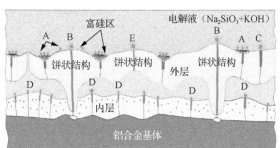

（a）Hussein 等提出的微弧氧化放电模型[3]　　　　（b）Cheng 等提出的微弧氧化放电模型[4]

图 2-3　微弧氧化过程中的等离子体放电模型

2.2.3　涂层的组织结构形成与特点

微弧氧化放电过程中，以上不同微放电类型均会击穿氧化层并产生等离子体放电通道。同时，微弧氧化涂层的微放电过程大致可分为以下三步：①首先，由于微区域的介质失稳而在氧化层内形成大量分散的放电通道，如图 2-4（a）所示。

产生的电子崩塌使放电通道内的物质在不足 10^{-6}s 的时间内被迅速加热到高温（≈2×10⁴℃），通道内产生高压（≈10²MPa）。在强电场作用下，阴离子组分通过电泳方式进入通道。同时，通道内的高温高压作用使基体金属及合金化元素熔化或通过扩散进入通道。②然后，金属基体及其他组分的氧化产物从放电通道中喷射出来并到达与电解液接触的涂层表面，在电解液的冷淬作用下迅速凝固，从而增加了放电通道附近局部区域的涂层厚度。③最后，放电通道冷却，反应产物沉积在通道的内壁并封闭放电通道，如图 2-4（a）中箭头所示。最终，单次放电结束后，放电通道内形成的产物冷却凝固后形成残留的盲孔，呈"火山口"形态，如图 2-4（b）所示。在微孔的边缘有熔融产物流过的痕迹，如图 2-4（c）中箭头所示。随氧化过程的进行，在整个涂层表面分散的相对薄弱的区域重复上述放电过程，促使涂层整体均匀增厚。

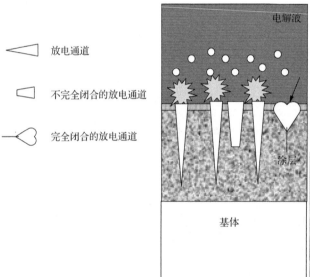
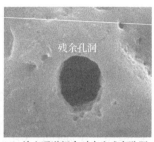
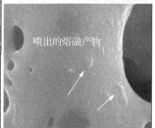

（a）放电现象　　　　　　（c）沉积在孔洞四周的喷射熔融产物

图 2-4　微弧氧化放电模型示意图

反应产物经冷却凝固后在通道内壁沉积以封闭通道，少数的放电通道未被反应产物完全封闭而保留下来（如图 2-5（a）中箭头所示）。可见，反应产物沉积在通道内壁后，通道基本上呈长喇叭状，内壁表面较光滑。未封闭的通道 A 延伸并终止到膜基界面附近的致密区域，而通道 B 终止到涂层的中间区域。可以认为，放电发生在膜基界面处或邻近界面位置，放电时形成贯穿涂层的通道。放电火花熄灭后，反应产物在电解液的冷淬作用下迅速凝固，从而增加了放电通道附近局部区域的涂层厚度。为了直观地展现不同放电类型对涂层孔结构的影响，将放电类型与对应形成的孔结构进行匹配，如图 2-5（b）所示，不同类型的孔结构分别对应不同类型放电：A 型（涂层表面放电）、B 型（金属基体/涂层界面放电）、C 型（表层下的中间孔内部放电）、D 型（涂层/基体处孔隙底部放电）和 E 型（穿透表层的放电，使内部形成大孔洞）。

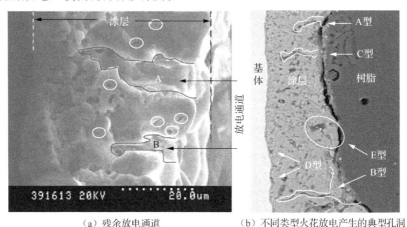

（a）残余放电通道　　　　　　　　（b）不同类型火花放电产生的典型孔洞

图 2-5　微弧氧化涂层的截面形貌

　　放电通道内的高温高压作用使得熔融物在通道内发生复杂的物理、电化学及等离子化学等反应。反应产物在电解液的冷淬作用下迅速凝固，增加了放电通道附近局部区域的涂层厚度。在放电通道冷却过程中容易形成瞬时的温度梯度，从而有利于柱状晶组织在放电通道边缘的生成。图 2-6（a）为放电结束后残留的微孔。可见，柱状晶组织分布在残留的放电微孔边缘。放电微孔是微弧氧化过程中形成的放电通道，在随后的冷却过程中没有完全封闭的形态。这也证实了在微弧氧化过程中确实存在放电通道，而放电通道是能量与物质交换的场所，是微弧氧化涂层在生长过程中必要的条件，也是微弧氧化工艺区别于其他工艺的一个重要特征。图 2-6（b）为放电结束后在涂层内部形成的柱状晶组织，这是放电通道在冷却时被熔融的反应产物封闭后形成的组织形态。

　　图 2-7 为微弧氧化涂层膜基界面处及致密层的微观组织。在膜基界面结合处，存在非常细小均匀的纳米晶层（图 2-7（a）中 A 区），层厚不均匀（<100nm），并且与基体没有明显的分界线。此层的外层为略大的纳米晶粒子，局部有粗大的晶粒。邻近膜基界面的涂层在反复放电过程中发生冶金反应，晶粒不断长大，同时界面层也不断向基体侧推移，实现涂层的增厚。远离界面层区域，涂层主要由不同尺寸的纳米晶粒子组成（图 2-7（b）），并存在非晶相。TEM 分析表明，涂层中致密层主要由不同结构的纳米晶粒构成。

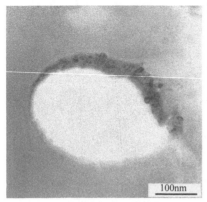

（a）放电结束后残留的微孔　　　　（b）孔边缘柱状晶组织与涂层内柱状晶组织

图 2-6　微弧氧化涂层残留放电微孔的 TEM 图

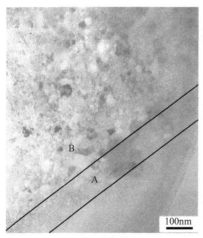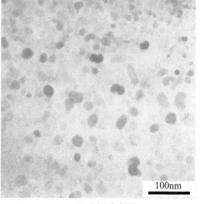

（a）涂层/基体界面层　　　　　　　　（b）中间致密层

图 2-7　微弧氧化涂层膜基界面处及致密层组织

　　本研究结果与利用截面 TEM 技术揭示的铝合金涂层的界面结构具有相似的特征，但也有不同的特征。铝合金膜基界面存在一层厚度约 140nm 的非晶层，钛合金界面处为极细纳米层；铝合金界面层的亚层为包括非晶和纳米晶的多孔结构，孔尺寸为 10~100nm，而钛合金为稍粗大的纳米晶粒子，局部有过大的粒子，远离界面区域两者均为纳米晶结构的粒子。以上分析认为，不同金属的微弧氧化涂层在界面结构上具有类似特征，界面处细小纳米晶粒子和非晶相均是放电通道内生成的产物瞬间被过冷的基体快速冷却而来不及长大或来不及结晶而形成的。

　　发生于膜基界面处或邻近区域的放电在局部引发高温高能微区（即放电通道），放电通道内的反应产物在火花熄灭后被电解液及金属基体快速冷却。放电微区产生的热量传输到"巨大"的金属基体，相对于这个"吸热无底洞金属"来说其加热效应微不足道，基体基本上保持室温。图 2-8 为涂层膜基界面处腐蚀后基体组织及远离界面处基体组织。可见，经腐蚀后的 Ti6A14V 呈现典型的双相组织，成束平行的片状 α 相和原始 β 相，α 片被 β 相隔开。膜基界面处的基体（图 2-8（b））与远离界面处的基体（图 2-8（c））具有相同的 α 和 β 双相组织，这说明即使因火花放电产生贯穿于涂层的放电通道，且其内部温度瞬时达 10^4K，也不会改变基体 Ti6A14V 本身的组织。靠近膜基界面出现一层很薄的细晶涂层区（图 2-8（c）中箭头所示），这是通道内产物被冷基体瞬间冷却而形成，此细晶区对应于图 2-7（a）中 A 与 B 区域。

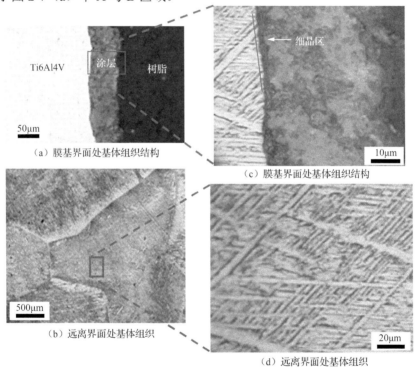

（a）膜基界面处基体组织结构

（c）膜基界面处基体组织结构

（b）远离界面处基体组织

（d）远离界面处基体组织

图 2-8　微弧氧化涂层膜基界面处腐蚀后基体组织及远离界面处基体组织

2.2.4　击穿-反应-熔凝效应与涂层形成机制模型

微弧氧化过程伴随有火花放电现象及涂层结构的变化。研究者主要针对火花放电的本质提出了各种微弧氧化机理模型，但目前火花放电的本质仍存在争议。这里从材料学角度出发，以钛合金微弧氧化过程为例，分析了微弧氧化涂层的组织结构与基体/涂层/电解液界面的化学反应，并提出击穿-反应-熔凝效应与涂层形成机制模型，示于图 2-9，对应的电压-时间变化曲线示于图 2-2。

在图 2-2 中区域 I，电压线性增长对应传统阳极化阶段，此时按传统阳极氧化方式形成非常薄的 TiO_2 绝缘膜（图 2-9（b）），膜生长遵从法拉第定律，其电流效率为 100%。在区域 II 中电压增加变得缓慢，氧化膜生长速率减小，此时阳极溶解与阳极化涂层生长同时存在，两种作用产生竞争。在区域 III 中电压值增加较快，在已形成的绝缘膜局部缺陷位置（如膜内气孔等）发生介质失稳，产生击穿放电并形成放电通道（图 2-9），同时伴随有大量的氧气释放，大量氧气的产生是电流效率降低的主要原因。在区域 IV 中电压值保持稳定，为稳定氧化阶段。

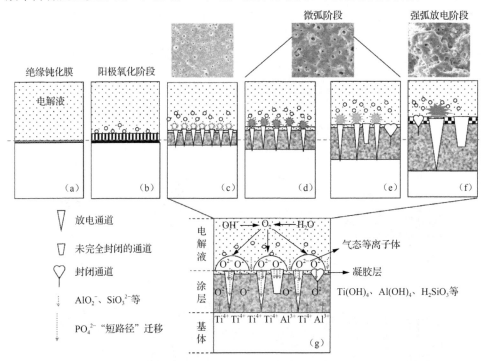

图 2-9　微弧氧化体系中发生的化学反应及涂层结构变化示意图

每一次火花放电对应一个贯穿于涂层的放电通道，导致如下的击穿-反应-熔凝效应。

（1）放电诱发离子"短路"迁移。通过分析不同电解液体系涂层沿截面的元素分布认为，PO_4^{3-} 以"短路径"到达膜基界面邻近区域并参与化学反应，不是通过扩散，而是通过放电通道进行物质的传输（图 2-9（g））。P 的"短路径"向界面处迁移及 Ti 元素在界面处含量偏高，说明新涂层产物的生成主要发生在膜基界面邻近区域，并形成贯穿于涂层的放电通道，各种离子（主要是电解液中阴离子）是通过这个通道进行物质传输的。

（2）放电诱发向基体侧生长。放电微区内基体钛溶解、熔化或溅射进入通道，并发生氧化：

$$Ti^{4+} + 2O^{2-} \longrightarrow TiO_2 \tag{2-1}$$

$$Ti^{4+} + xOH^{-} \longrightarrow [Ti(OH)_x]^{n^-}_{gel} \tag{2-2}$$

$$[Ti(OH)_x]^{n^-}_{gel} \longrightarrow Ti(OH)_4 + (x-4)OH^{-} \tag{2-3}$$

$$Ti(OH)_4 \longrightarrow TiO_2 + 2H_2O \tag{2-4}$$

膜基界面处产生的氧化产物在基体快速冷却下，形成新生涂层即细小均匀纳米晶层（图 2-7（a）中 A 区），此层在反复放电过程中发生冶金过程，晶粒不断长大，同时新生层也不断向基体侧推移，实现涂层的增厚。

（3）放电诱发涂层内外层同时生长。在通道内的高温高压作用下，微区内形成的气体由通道逃逸出氧化膜/电解液界面，通道内的反应产物或再熔融的涂层物质在压力作用下喷射并沉积于通道口附近，呈喷发的"火山口"形态。火花熄灭后，熔融物质冷却凝固后在通道内壁沉积以封闭通道，形成致密的内层。并非所有的通道均完全封闭，一些未完全封闭的通道作为疏松的外层。涂层致密的内层与疏松外层同时生长（图 2-9（c）~（f））。

（4）放电诱发表面沉积物卷入涂层。卷入的成分取决于不同电解液体系，如 $Al(OH)_4$ 或 H_2SiO_3 等不溶凝胶在氧化过程中不断在涂层表面沉积（图 2-9（g）），随后的放电过程中水合多聚物凝胶热解形成氧化物，并通过通道效应作为外层产物卷入涂层。表面沉积层产物不同，导致涂层的物相结构差异较大。

（5）放电诱发反复熔凝过程。放电通道内形成的熔融产物在冷电解液及基体的瞬间快速冷却下，形成不同结构的纳米晶或非晶态组织。在放电通道周围也形成瞬时的温度梯度，从而在放电通道边缘生成柱状晶组织（图 2-6）。同时，邻近放电通道附近的涂层区域，在瞬时局部的加热与冷却循环作用下（因反复放电引起），发生熔融、冷淬及结晶（对应图 2-9（c）~（g）阶段），此过程导致复杂氧化物形成及高温相变（如锐钛矿向金红石型氧化钛转变）。

（6）放电不会诱发基体组织改变。放电总是在膜基界面处或邻近界面区域产生，并形成贯穿涂层的通道，但放电产生的局部高能微区不会引起金属基体组织的任何改变。

综上，对微弧氧化涂层生长过程机理而言，由于过程中涉及的反应复杂，包括电化学、热化学、热学、等离子体物理学等，已经建立的涂层生长机理模型存在一定的局限性，通常只能在特定环境下（特定过程中）解释某种单一因素的作用效果。因此，明确等离子体放电的微观作用机制，综合考虑在整个涂层生长过程中诸多影响因素，建立统一完善的涂层形成过程模型，仍然是当前研究的热点。此外，通过先进的表征手段，对火花放电行为、涂层组织结构演化、微区瞬间反应等进行深入揭示，将为功能化涂层（成分/结构/表界面）设计与制备提供参考依据。进一步，除上述提到的传统微弧氧化涂层生长机理模型、等离子体放电模型以及击穿-反应-熔凝机制外，还应考虑阴极放电（特殊条件下）、气体演变以及能量损耗和控制对微弧氧化涂层生长行为和组织结构的影响，这对于深入理解微弧氧化过程机理大有裨益。

2.3　微弧氧化涂层生长过程中的阴极放电

微弧氧化过程中诱发阴极放电形成的主要条件包括：电解液成分（如 NH_4F 等）、高 pH 值、高频率、厚涂层以及基体的冶金状态等。

阴极放电产生的主要原因是微弧氧化涂层表面双电层（electric double layer，EDL）的形成。例如，阳极（正）电荷量 Q_p 与阴极（负）电荷量 Q_n 之比（通常表示为 R_{pn}）（电荷比计算方法见第 4 章 4.4 节）会影响双电层的形成[5]。将低 R_{pn}（<0.9）施加到铝电极上（较大的阴极电流）会导致 OH^- 从涂层/电解液界面向电解液的强烈萃取，从而形成主要由 H^+ 和 OH^- 组成的厚双电层。随着该过程的持续进行，这种厚的双电层使放电提早熄灭，导致金属基体的氧化不良。反之，当 OH^- 的萃取受到高 R_{pn}（>0.9）的限制，负离子保留在涂层/电解液界面附近导致形成非常薄的双电层，进而造成强烈且有害的放电，使涂层质量下降。当 $R_{pn}=0.9$ 时，OH^- 的温和萃取过程导致生成中间厚度的双电层，这可能会延迟火花放电的形成，使放电能量降低，因此不会破坏涂层。另外，在阴极极化作用下，化学转化或插层倾向于在涂层表面发生，而且阴极极化过程中析出的氢气量也会影响放电特征和涂层结构。

阴极放电与阳极放电类型存在差异性。阴极放电的物理特性与阳极放电不同，由于阴极放电中的 H_α 谱线可以用单一的 Voigt 函数拟合（只有一个电子密度），这与在阳极放电情况下的观察结果相反。同时，由发射光谱观察到阴极放电下不同种类的发射强度在涂层生长过程中保持相对恒定[6]，而在阳极放电情况下则没有观察到。因此，阴极放电仅存在一种类型，不同于由 A、B、C、D、E 等多种放电类型组成的阳极放电（2.2.2 节）。

这里，通过一个典型的阴极放电现象来揭示阴极放电对涂层生长过程的影响。在 0.27mol/L 的 NH_4F 电解液中对镁合金进行微弧氧化处理（双极电流模式、频率100Hz）[6]，发现当电流从阳极值改变为阴极值时，阴极放电突然出现。由于 F^- 倾向于在金属/涂层界面处积累，而 NH_4^+ 倾向于在涂层/电解液界面处积累，因此该层的介质击穿取决于涂层上的电场，从而取决于涂层两侧的累积电荷。也就是说，阴极放电的出现除了与 H^+ 和 OH^- 组成的双电层有关，在 NH_4F 电解液中与 F^- 的连续积累和击穿放电也有关。此外，在双极电流模式下，NH_4F 电解液中镁合金微弧氧化处理的阴极击穿机理如图 2-10 所示[7]。在阳极偏压下，电解液中处理的样品同时被腐蚀和氧化，导致形成了由 MgO 和 MgF$_2$ 组成的薄陶瓷涂层（图 2-10（b））。然而，当施加阴极偏压时，形成的电介质层的两侧均会积聚电荷（图 2-10（c）），导致局部电场增加。当局部电场值达到击穿电场时，发生介质击穿（图 2-10（d）），出现阴极放电。薄涂层的击穿将造成该层的局部剥落，从而导致基体和电解液局部电接触。因此，大量聚集在击穿位置周围的电荷倾向于流过由剥落引起的结构缺陷。这将限制电荷累积，进而减少发光和放电次数（图 2-10(e)）。然而，新的电荷积累/介电击穿可能发生在其他位置，但其程度比先前记录的要小，这由于一些电荷倾向于通过形成的开孔逸出（图 2-10（f））。经过大约 16 个周期的积累/击穿步骤后，大面积的短路会使电荷积累变得非常困难（图 2-10（g））。因此，电荷的快速逸出可以在阴极期结束之前停止放电。由此可以推断，在双极性条件下，镁的微弧氧化处理过程中使用的 NH$_4$F 不是获得防护涂层的合适电解液，这归因于基体的腐蚀和涂层的剥落分别与阳极半周期和阴极放电有关。

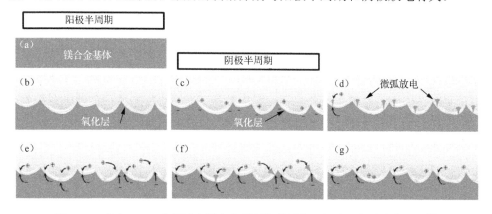

图 2-10　在含 NH$_4$F 电解液中镁合金微弧氧化过程阳极和阴极放电的形成[7]

　　因此，基于上述讨论，需要进一步探索阴极放电产生条件和对涂层生长的影响，从而改进工艺以避免有害放电。此外，"软火花"放电模式表现出阳极电压降低、瞬态电流-电压曲线滞后、声发射降低以及等离子体放电在基体表面分布更加均匀等特征，能有效避免产生大的、贯穿的孔结构，有助于形成厚而致密的涂层。关于脉冲频率对阴极放电的影响以及"软火花"放电条件的形成机理与涂层优化等内容，将在第 4 章 4.5 节进行详细讨论。

2.4　微弧氧化涂层生长过程中的气体演化

　　微弧氧化过程中的气体演化对涂层生长起着至关重要的作用，因其作为等离子体放电击穿发生的物理基础，直接影响涂层的形成过程。

众所周知，微弧氧化过程中产生的大部分气体是氧气，也有氢气以及少量的氮气来自空气中。同时，在等离子体放电条件下收集的阳极气体体积明显高于法拉第定律计算的预期体积，这种现象被称为异常气体演化，这种现象产生的主要原因可能是：等离子体放电对邻近电解液成分的辐射分解效应，以及等离子体放电崩溃后放电通道中水分子的热分解。以铝合金表面进行微弧氧化实验为例[8]，在没有明显阴极放电的情况下，阴极电流完全通过电解液通道内质子（H^+）的电子转移而流动，并在样品表面发生析氢。通过假设标准温度和压力下的理想气体条件，完整微弧氧化工艺后阴极半周期内产生氢气的计算体积为 $V_c \approx 90ml$。假设涂层由纯 Al_2O_3 组成，形成 Al_2O_3 所需氧气来自阳极半循环期间水的分解，阳极半循环期间产生氢气的计算体积为 $V_a \approx 19ml$。因此，在这两个半循环中产生的氢气总体积约为 $V_{a+c} \approx 110ml$，但实际收集的气体体积为 $V \approx 320ml$。它比通过简单的电化学过程气体演化进行的理论法拉第产率计算多出约 65%的气体，这归因于水蒸气热转化为电离物质，并通过淬灭成氢和氧的气体产物而产生的复合效应。

目前来看，等离子体放电对气体释放的贡献可能主要通过水分子热分解成氧气和氢气。然而，微弧氧化过程中，在某些特殊条件下产生的强等离子体放电会导致过度的气体释放和气泡更广泛地扩散到电解液中。同时，等离子体放电开始后产生的气泡可能含有大量水蒸气。但在等离子体放电熄灭后，气泡中的水蒸气会在冷电解液中迅速凝结，导致收集的气体中仅含有少量水蒸气。因此，微弧氧化过程中产生的气体成分和含量一直存在很大的争议。

2.4.1　电解液与电参数对气体演化的影响

微弧氧化过程中产生的气体成分和体积会受到电解液成分和电参数影响。例如，在电解液中对铝基体进行微弧氧化时产生的阳极气体主要由氧（>93%）、微量氢（≈2%）和微量氮（<4%）组成。氧气源于水电解出 OH^- 的氧化（微弧氧化初始阶段）以及水的分解（微弧氧化后期），见式（2-5）和式（2-6）[9]。

$$4OH^- \longrightarrow 2H_2O + O_2 + 4e^- \qquad (2-5)$$

$$2H_2O \longrightarrow 2H_2 + O_2 \qquad (2-6)$$

同时发现：电解液中 KOH 的量增加，逸出气体的体积会急剧减少；随着电流密度增加，产生的气体产物体积则会显著增加；高频下（2500Hz）制备涂层所产生的气体体积比低频（50Hz）更大。另外，不同电源模式对气体体积变化也会产生影响。例如，双极电流模式下释放的 H_2 体积略高于单极模式，这归因于阴极脉冲利于触发 H_2 的释放。释放的 H_2 将促使电解液物质向电极表面移动，利于均匀成膜。

2.4.2　氢气释放对涂层生长的影响

　　氢气的释放量在很大程度上取决于等离子体放电的强度，因此氢气释放对涂层生长有很大影响。阳极反应及其释放的气体产物分别是微弧氧化初期和后期的电化学和热化学过程的结果。特别是微弧氧化后期，产生氢气的含量远高于氧气。以在最小电流密度 $3A/dm^2$ 的情况下，铝合金表面进行微弧氧化实验为例，铝合金基体转化为氧化铝的效率为 100%，氢气的生成量相对较少。这一高效的转化过程不仅确保了涂层的高质量形成，而且优化了能量利用效率，使得微弧氧化技术在实际应用中更加经济和环保[10]。但随着电流密度增加，氧化物生长效率降低，孔隙率增加。由此可见，随着电流密度增加，氢气的释放量明显高于所测量厚度的涂层生长所需的氢气释放量。因此，可以推测，与测量的微弧氧化涂层厚度相关的额外氢气释放量是由于铝在水蒸气存在下通过热化学转化过程溶解到形成铝酸盐的碱性电解液中造成的。这种额外的氢气释放，再加上金属的高溶解速率和表面侵蚀，使涂层变得更加多孔。类似地，在低频率下，每个脉冲的持续时间变长，导致更多侵蚀和热化学转换，氢气的释放量将逐渐增加，从而产生具有更多孔结构的涂层。而对于双极模式，阴极脉冲有利于氢的释放，这是水还原的结果，而不是热化学转化的结果，这有利于提高涂层生长效率，减少孔隙率和侵蚀现象。因此，针对更高的热化学转化程度导致更高侵蚀、更高溶解度以及更高孔隙率的问题，可通过降低电流密度（在直流模式下）、增加频率（脉冲模式）来控制。即尽量减少脉冲持续时间，或通过引入负脉冲放电，快速释放氢气，从而提高涂层致密性。

　　由此可见，尽管许多研究旨在分析微弧氧化过程中释放的气体成分及含量，但需要准确测量气体成分和体积，以确定过量气体产量的来源，从而进一步阐明气体演化对涂层生长的影响。

2.5　微弧氧化涂层生长过程中的能量损耗与控制

　　微弧氧化是开发高性能陶瓷涂层的一种很有前途的技术，但能耗高、涂层制备效率低是商业应用的主要障碍。其中，能量消耗可归因于微弧氧化过程中发生的几种现象，如相变、等离子体电离、水蒸发和加热电解液等。而波形设计、电解槽的几何形状、电解液成分调控以及预阳极氧化技术将是降低能耗的主要途径。

　　（1）形成"软火花"放电。与在较高 R_{pn}（阳极与阴极电荷之比）值下制备涂层相比，在 R_{pn} 值为 0.8 和 0.9 时发生向"软火花"的过渡导致能量消耗显著降低。

　　（2）使用栅极形状的阴极、缩短电极距离均可降低能耗。特别是在电极距离小于 5cm 的工作条件下可达到 25% 的节能效果。

（3）使用双极脉冲电源，同时提高频率、降低占空比均有利于能耗降低。

（4）适当提高电解液浓度、调控电解液成分利于降低能耗。例如，不同浓度：在浓铝酸盐（56g/L NaAlO$_2$）中对 Al-Cu-Li 合金进行微弧氧化处理，在能耗约 1.5kW/（hm^2/μm）下可形成硬质陶瓷涂层，而在 5g/L NaAlO$_2$ 电解液中微弧氧化处理，则会产生高能耗，约 16.7kW/（hm^2/μm）。不同成分：利用直流电源，使用铝酸盐、磷酸盐和硅酸盐电解液体系，可分别实现 4.89kW/（hm^2/μm）、4.7kW/（hm^2/μm）和 2.2kW/（hm^2/μm）的能耗值。其中在硅酸盐电解液中实现的最低能耗归因于硅酸盐溶液的高导电性，确保了低的击穿电压。另外，在涂层中添加粒子也有助于降低微弧氧化过程中的能耗，因为在重复放电形成和崩溃期间，该材料不会通过基体氧化（极其耗能）过程产生。

（5）预阳极氧化处理。例如，A356 铝合金表面的预阳极氧化多孔层的存在导致微弧氧化工艺能耗降低 57%，与非预阳极氧化合金相比，涂层硬度提高 35%～40%。这归因于阳极膜可以更快地过渡到"软火花"状态。

由此可见，更好地理解放电特性与预阳极氧化层的使用，以及工艺参数的自适应控制，可以更高效、低能耗地制备出可定制微观结构和成分的涂层，使微弧氧化成为一种可大规模应用的商业可行技术。

2.6　本章小结与未来发展方向

微弧氧化过程相当复杂，微弧氧化瞬态等离子体放电、成膜及生长机理等基础理论问题仍是未来该领域的难点和热点。尽管目前"软火花"放电在一定程度上得到了优化，但由于单个放电寿命短，行为复杂，涉及热、电化学和等离子体反应，其关键作用还未被充分认识。因此，可以利用交叉学科理论与先进表征分析手段相结合进一步揭示涂层结构形成机理，为精细调控提供方法指导；利用气体/等离子体的产生和扩散作用来研究介质击穿、"软"等离子体、发光现象以及等离子体温度的引发和增长；从等离子体物理、电化学、电气工程、传输现象、热传导等方面，获得等离子体放电对陶瓷涂层微观结构形成过程的影响因素；结合计算机系统模拟计算等离子体能量、电子电流及电化学反应等来调节等离子体放电行为，并与涂层生长过程相关联。这将为微弧氧化涂层的生长机理、界面结构及其对基体材料组织与性能的影响等提供理论支撑。

参 考 文 献

[1] 廖燚钊, 薛文斌, 万旭敏, 等. 放电发射光谱在金属微弧氧化表面处理中的应用研究进展. 航空材料学报, 2021, 41(2): 32-44.

[2] Yerokhin A L, Nie X, Leyland A, et al. Plasma electrolysis for surface engineering. Surface and Coatings Technology, 1999, 122(2-3): 73-93.

[3] Hussein R O, Nie X, Northwood D O, et al. Spectroscopic study of electrolytic plasma and discharging behaviour during the plasma electrolytic oxidation (PEO) process. Journal of Physics D: Applied Physics, 2010, 43(10): 105203.

[4] Cheng Y L, Xue Z G, Wang Q, et al. New findings on properties of plasma electrolytic oxidation coatings from study of an Al-Cu-Li alloy. Electrochimica Acta, 2013, 107: 358-378.

[5] Martin J, Nominé A, Brochard F, et al. Delay in micro-discharges appearance during PEO of Al: Evidence of a mechanism of charge accumulation at the electrolyte/oxide interface. Applied Surface Science, 2017, 410: 29-41.

[6] Nominé A, Martin J, Noël C, et al. The evidence of cathodic micro-discharges during plasma electrolytic oxidation process. Applied Physics Letters, 2014, 104(8): 081603-1-081603-5.

[7] Nominé A, Martin J, Henrion G, et al. Effect of cathodic micro-discharges on oxide growth during plasma electrolytic oxidation (PEO). Surface and Coatings Technology, 2015, 269: 131-137.

[8] Troughton S C, Clyne T W. Cathodic discharges during high frequency plasma electrolytic oxidation. Surface and Coatings Technology, 2018, 352(3): 591-599.

[9] Snizhko L O, Yerokhin A L, Pilkington A, et al. Anodic processes in plasma electrolytic oxidation of aluminium in alkaline solutions. Electrochimica Acta, 2004, 49(13): 2085-2095.

[10] Snezhko L A, Erokhin A L, Kalinichenko O A, et al. Hydrogen release on the anode in the course of plasma electrolytic oxidation of aluminum. Journal of Materials Science, 2016, 52(3): 421-430.

第3章 微弧氧化涂层基本特征

3.1 概　述

由微弧击穿放电引起金属原位氧化生长陶瓷的本质所决定，涂层膜基界面具有高的冶金结合特性。涂层原位氧化生长使界面具有原子匹配，热膨胀匹配性好，但氧化后晶胞膨胀使涂层内部具有压应力特性，对界面处金属产生拉应力特性。微弧放电通道不能完全封闭，将在涂层与基体界面、涂层内部或涂层表面残留微纳米孔，涂层具有多孔性，保持一定的韧性，通过"软火花"放电控制，可明显减小甚至消除微纳米孔。涂层原位氧化生长形成高化学键能结合的氧化物陶瓷相（如 Al_2O_3），具有高硬度、高弹性模量特性。本章将从以上几个方面剖析微弧氧化涂层的基本特征。

3.2　涂层多微孔性与微孔可控性

3.2.1　涂层多微孔性

微弧氧化涂层的生长伴随着气泡产生、火花放电及组织结构演变的过程，大致可划分为氧化初期阻挡层的形成、介质击穿、放电通道形成。通道内基体金属反应生成氧化物，在高温、高压以及电场等作用下，熔融物喷射-冷却-凝固-相变，通常形成内层致密和外层疏松多孔的结构；也可分为 3 层——阳极界面层、中间层和外层疏松层，如图 3-1 所示。不同层内对应的微纳米孔分为：阳极界面孔、中间孔和表面孔。根据孔形貌可将其分为：涂层内存在的精细微孔、水平孔、垂直孔、球形孔以及弯曲孔等。

利用透射电镜进行显微分析发现，基体/涂层界面处形成由纳米晶体和非晶态 Al_2O_3 组成的薄黏结层，即约 600nm 厚的致密界面层（图 3-2）。

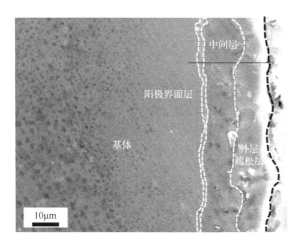

图 3-1　微弧氧化涂层的截面形貌

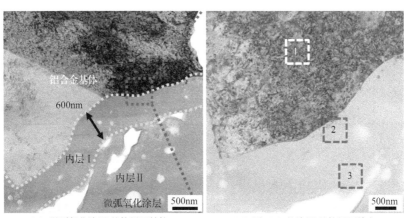

（a）微弧氧化涂层/基体界面结构　　　　　（b）图（a）的涂层/基体界面放大

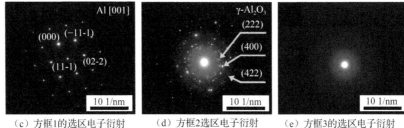

（c）方框1的选区电子衍射　　（d）方框2选区电子衍射　　（e）方框3的选区电子衍射

图 3-2　微弧氧化涂层膜基界面处的 TEM 图像和选区电子衍射图谱

3.2.2 微孔结构特征

微弧氧化涂层微纳米孔含量、孔结构和孔尺寸表征手段有：高分辨率扫描电子显微镜、静水压法、压汞法、氦比重瓶法、等温氮气吸附法等。而孔隙率的测定方法包括理论孔隙率、表面孔隙率、体积孔隙率（骨密度）等。高分辨率 X 射线计算机断层成像技术、同步辐射显微层析成像技术等也被应用于定性与定量研究微弧氧化涂层孔洞的位置、大小和形貌，以及测定孔隙率。表 3-1 总结了微弧氧化涂层中微纳米孔的存在形式、分类及结构特点。其中阳极界面层也称为过渡层，是基体与微弧氧化涂层之间的微区冶金结合界面，涂层界面孔很少，且尺寸较小，孔径一般在 100nm 之内，平均孔径为 30nm（大部分阳极界面孔尺寸在 50nm 之内），孔隙率小于 1%；中间层为少缺陷、少气孔层，连接界面层和外层，中间层内孔径一般在 100～600nm，平均孔径为 300nm，孔隙率小于 10%；外层为疏松多孔层，孔径在 5nm～10μm，平均孔径为 1～5μm，孔隙率为 5%～40%。

表 3-1　微弧氧化涂层中微纳米孔的存在形式、分类及结构特点

涂层结构	孔分类	微纳米孔结构形态	尺寸范围	平均孔径尺寸	孔隙率
阳极界面层	阳极界面孔	水平孔、垂直孔、剖面球形孔、弯曲孔、盲孔、连通孔等	<100nm	≈30nm	<1%
中间层	中间层孔		100～600nm	≈300nm	<10%
外层疏松层	表面孔	涂层表面的各种孔结构	5nm～10μm	1～5μm	5%～40%

3.2.3 涂层微孔可控性

尽管微弧氧化涂层内的微纳米孔大多是封闭孔、非贯穿性孔，但对于要求抗腐蚀、耐磨与绝缘的高性能涂层，需进一步减小孔尺寸，降低孔隙率。基于"软火花"控制方法，微孔自愈合效应可显著提高涂层致密性，图 3-3 为常规微弧氧化"大火花"放电与"软火花"放电形成涂层的表面与截面形貌比较。可见，随着从强弧放电到"软火花"的转变（图 3-3（a）、（b）），涂层逐渐从粗糙的煎饼状结构转变为更致密、均匀的表面结构，表面孔数量少很多和尺寸要小得多（图 3-3（c）、（d））。这意味着当"软火花"区完全建立时，放电强度降低，有利于缺陷（气孔、裂纹等）的修复和愈合，提高了涂层的致密性。由截面形貌可看出，"大火花"放电下制备的涂层含大量不连续的孔洞和贯穿裂纹（图 3-3（e）），而软火花模式下制备的涂层致密性显著提高，由致密的内层和相对致密的外层组成，内层与基体紧密结合，没有出现裂纹和气孔等缺陷（图 3-3（f））。

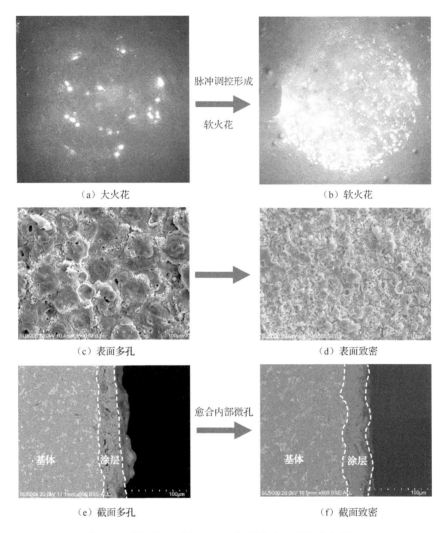

（a）大火花　　　　　　　　　　　　　（b）软火花

脉冲调控形成

软火花

（c）表面多孔　　　　　　　　　　　　（d）表面致密

愈合内部微孔

（e）截面多孔　　　　　　　　　　　　（f）截面致密

图 3-3　微弧氧化"软火花"机制愈合表面和内部微孔

3.3　涂层的高硬度/高弹性模量

3.3.1　维氏硬度

　　微弧氧化涂层的维氏硬度是工程应用中常用的参考值。金属（如铝、钛和镁合金）表面原位氧化生成高化学键能结合的氧化物陶瓷相，具有高硬度特性（如

表 3-2 所示)。微弧氧化涂层表面存在微纳米级别的孔隙，使维氏硬度压痕不清晰、压痕尺寸测量困难，导致涂层硬度值偏低；此外，涂层厚度较薄时（<20μm），维氏压头的压入深度可能抵达金属基体，也使硬度值显著偏低。涂层的横截面一般比较致密平整，有利于压痕位置的选取及压痕尺寸的测量，所以涂层截面的维氏硬度值比较准确，且涂层较厚时（>20μm），可获得沿基体至表面的截面硬度分布规律。涂层厚度较薄时，可以考虑倾斜一定角度选取压痕位置，以获取沿截面硬度分布。

表 3-2　不同金属及其微弧氧化涂层的维氏硬度值范围

金属基体	涂层主要物相	涂层维氏硬度（HV）	硬度参考值（HV） （致密块体陶瓷）
钛合金	TiO_2	300～600	880
铝合金	Al_2O_3	900～1500	2000 以上
镁合金	MgO	200～500	600～800

例如，在钛合金表面 TiO_2 基微弧氧化涂层沿截面的维氏硬度分布示于图 3-4。可见，涂层致密层的维氏硬度大于 700HV，与 TiO_2 块体陶瓷的标准硬度（880HV）相近，显著高于基体硬度（360HV）；而涂层的疏松层硬度较低，略高于钛合金基体。涂层表面多微孔，测试涂层表面的显微硬度获得的数据则更加分散。

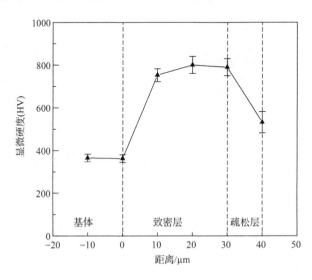

图 3-4　钛合金表面微弧氧化涂层沿截面的维氏硬度分布

3.3.2　纳米硬度与弹性模量

微弧氧化涂层的弹性模量是涂层材料的本征参数，是表征涂层抵抗弹性变形能力大小的，微观角度而言，是原子、离子之间键合强度的反映。弹性模量可用纳米压痕仪测试，同时也可获得纳米硬度值。以钛合金表面微弧氧化涂层为例，采用 Nano Indenter XP 型纳米压痕仪。在相同压入深度下，Ti6Al4V 基体与微弧氧化涂层典型的载荷——位移曲线示于图 3-5。加载曲线与卸载曲线均呈非线性，压头最大位移（最大压入深度）包括弹性变形和塑性变形两部分，卸载时产生弹性回复。表 3-3 为 Ti6Al4V 基体与微弧氧化涂层力学性能比较结果：在微弧氧化陶瓷涂层中弹性回复很大，回复量达到（40.5±4）%。残余位移主要由弹性变形决定，这体现了明显的陶瓷材料的特征，而 Ti6Al4V 基体的弹性回复只有（14.9±2），残余位移主要由塑性变形决定。相对于 Ti6Al4V 基体而言，微弧氧化涂层的弹性回复要高 1.7 倍。

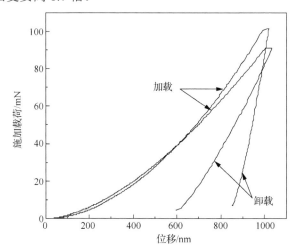

图 3-5　Ti6Al4V 基体及微弧氧化涂层纳米硬度测试时典型的载荷-位移曲线

表 3-3　Ti6Al4V 基体与微弧氧化涂层力学性能比较

压痕位置	纳米硬度 H/GPa	弹性模量 E/GPa	弹性回复/%
钛合金基体 （距离界面 10μm）	4.0±0.1	150.0±2	14.9±2
微弧氧化涂层 （距离界面 30μm）	8.5±0.3	87.4±6	40.5±4

基体与涂层界面附近纳米硬度和弹性模量的分布示于图 3-6，对应的沿截面的纳米压痕形貌见图 3-7。可见，界面两侧基体与涂层的纳米硬度与弹性模量值相差

较大。微弧氧化涂层中压痕中心距界面 3μm 处纳米硬度和弹性模量分别为 7.3GPa 和 85GPa，此点压入深度为 1μm，压头一角已与基体稍有接触，因此该点的测试值在一定程度上受基体影响。远离界面沿涂层方向硬度与弹性模量值略有增加，在涂层的致密层区域硬度与弹性模量值保持稳定。距界面 43μm 处，已经到达涂层的疏松层，由于气孔的存在硬度与弹性模量值下降并低于基体的相应值。由于微弧氧化涂层在结构上不均匀，决定所测数据有些分散，从致密层到疏松外层分散程序越加明显。

用纳米压入法测得涂层中最大硬度在致密层内，其硬度和弹性模量分别为 8.54GPa 和 87.4GPa。硬度值比文献报道的 9GPa 略低，这是由于 TiO_2 的晶粒尺寸很小，达到纳米级。

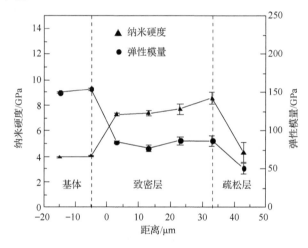

图 3-6　钛合金基体及微弧氧化涂层沿截面的纳米硬度和弹性模量分布

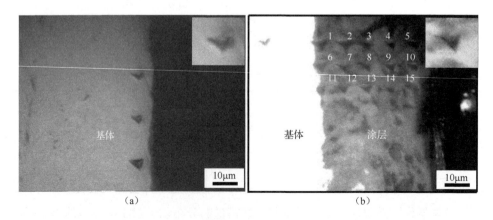

（a）　　　　　　　　　　　　　　（b）

图 3-7　钛合金基体及微弧氧化涂层沿截面的纳米压痕形貌

3.4　涂层膜基界面高的结合强度

　　根据微弧击穿放电引起金属原位氧化生长陶瓷的本质，涂层膜基界面呈冶金结合特性，具有高的膜基界面结合强度。微弧氧化涂层常用的膜基结合强度测试方式主要有：拉伸法、剪切法、划痕法和压痕法等。划痕法和压痕法有操作简便、快速、高效等优点，但这两种方法测试误差较大，一般只作为粗略的比较。拉伸法和剪切法可定量测试微弧氧化涂层的膜基结合强度，是常用的表征方法。

　　不同金属基体表面微弧氧化涂层的结合强度如表 3-4 所示。可见，对于不同金属基体，在不同微弧氧化工艺下涂层结合强度呈现出差异，但总体表现出高结合强度。高电压、大电流导致微弧氧化火花放电强度增大，涂层生长速率高，涂层厚度增大，但发生在膜基界面的强烈火花放电，影响界面处涂层的致密性，进而降低涂层的膜基结合强度。

表 3-4　不同金属基体表面微弧氧化涂层的结合强度

基体	牌号	电解液体系	涂层相组成	测试方法	结合强度
镁	AZ31B	Na_2SiO_3, KF, 丙三醇	MgO, $MgSiO_3$	搭接剪切强度	24.5MPa
	AZ31	K_3PO_4, $NaAlO_2$, MoS_2	MgO, $MgAl_2O_4$, MoS_2	划痕试验	临界载荷>50N
	ZK60	$Na_2HPO_4 \cdot 12H_2O$, $Na_3PO_4 \cdot H_2O$, $(NaPO_3)_6$	MgO, MgF_2, ZnO, ZnF_2, CaO, CaF_2, $Ca_3(PO_4)_2$	划痕试验	（127.3±1.4）MPa
铝	2024 Al	Na_2SiO_3, $Na_2P_2O_7$	$\alpha\text{-}Al_2O_3$, $\gamma\text{-}Al_2O_3$	划痕试验	临界载荷：100N
	6063 Al	Na_2SiO_3, TiO_2	$\alpha\text{-}Al_2O_3$, $\gamma\text{-}Al_2O_3$, TiO_2	划痕试验	临界载荷≈72N
钛	Ti	$(CH_3COO)_2Ca \cdot H_2O$, $C_3H_7Na_2O_6P \cdot 5H_2O$	Ta_2O_5, TaO, $CaTa_2O_6$	拉伸测试	（33.22±3.84）MPa
	Ti6Al4V	$Na_2SiO_3 \cdot 9H_2O$, NaOH	金红石 TiO_2, 非晶 SiO_2	拉伸测试	（14.4±0.8）MPa
	Ti6Al4V	Na_3PO_4, $FeSO_4$	$\alpha\text{-}Al_2O_3$, $\gamma\text{-}Al_2O_3$	拉伸测试	拉伸强度≈37.5MPa

　　在不同体系的电解液中微弧氧化，电解液成分决定了涂层的物相与组织结构，进而影响膜基结合性能：在单一组分的基础电解液（如硅酸钠、磷酸钠、铝酸钠

等）生长的涂层，物相成分及组织简单，涂层结合强度高；在复合电解液体系，涂层生长效率高，但涂层结合强度会有所降低；在功能性无机盐（如 $FeSO_4$、$NiSO_4$ 等）掺杂改性的复合电解液体系，涂层的膜基结合强度会有所下降；而在纳米/微米粒子（石墨烯、碳纳米管、SiC、Al_2O_3 等）混合改性的复合电解液体系，因主要以等离子体辅助下微纳米粒子沉积烧结方式生长涂层，膜基结合强度亦会降低。

3.5　涂层内的压应力特性

微弧氧化涂层内及膜基界面的应力状态对涂层材料的力学性能有不同程度的影响，如断裂、疲劳、腐蚀、磨损和摩擦等。微弧氧化涂层内的残余应力通过 $\sin2\psi$ 方法测量，选取 5 个不同的角度 ψ（0°、5°、10°、15° 和 20°）进行测量。选择 $2\theta=78$° 铝合金的(311)衍射峰来测量膜基界面附近的铝基体残余应力，并且通过 $2\theta=67$° 处 γ-Al_2O_3 的(220)衍射峰获得微弧氧化涂层残余应力值。测试结果列于表 3-5，发现涂层内部存在压应力，近膜基界面处的铝基体中存在拉应力，厚度为 5μm、10μm 和 15μm 的涂层内的残余压应力由（−69.7±9.2）MPa 增至（−102±22.4）MPa，而膜基界面处铝合金基体的残余拉应力值由（1.8±0.4）MPa 增至（3.1±0.9）MPa。

表 3-5　X 射线衍射法测量铝合金微弧氧化涂层试样的残余应力

涂层厚度/μm	铝合金基体靠近膜基界面的残余拉应力/MPa	微弧氧化涂层试样的残余压应力/MPa
5	1.8±0.4	−69.7±9.2
10	2.7±0.2	−85.2±12.5
15	3.1±0.9	−102±22.4

为了更直观地表征微弧氧化涂层内压应力（厚度）对薄箔试样弯曲程度的影响，采用 50μm 厚铝薄箔单面微弧氧化 30min 和 50min 分别获得 10μm 和 20μm 厚涂层试样，进一步通过计算得出试样的弯曲曲率。图 3-8 为不同厚度 10μm 和 20μm 微弧氧化涂层样品的弯曲宏观图像和弯曲曲率。氧化时间越长涂层越厚，涂层试样的弯曲越明显（图 3-8（a）、（b））。采用光学式非接触方法测量试样的弯曲曲率（图 3-8（c）、（d）），经计算，厚度为 10μm 和 20μm 的涂层试样的曲率半径分别为 118mm 和 88.9mm，表明更厚的涂层表现出更明显的弯曲幅度。厚度增加，更大的"累积放电生长"区域导致膜基界面处的应力集中更明显，同时涂层中的残余压应力增大，两者综合作用使弯曲幅度增加。

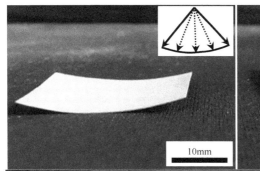

（a）厚度10μm涂层的宏观形貌　　　　　　　　　　（b）厚度20μm涂层的宏观形貌

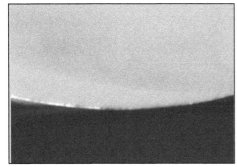

（c）厚度10μm涂层的宏观形貌主视图　　　　　　　　　（d）曲率计算

图 3-8　铝薄箔单面微弧氧化不同厚度涂层样品的侧面宏观图像和弯曲曲率

3.6　涂层界面"过生长"特性及对力学衰减的影响

为明确微弧氧化陶瓷涂层及"累积放电过生长"区域对金属基体试样断裂行为的影响，通过调控工艺参数在铝合金上制备不同厚度（5μm、10μm 和 15μm）微弧氧化涂层，进而获得尺寸为 32.0μm、36.1μm 和 44.3μm 的"累积放电过生长"区域，以研究突起尺寸对陶瓷涂层的裂缝萌生和扩展影响行为。图 3-9 为微弧氧化涂层试样在原位拉伸试验中涂层/基体界面演变过程。裂纹总是在"累积放电过生长"区域的底部产生（图 3-9（a）），尤其是在膜基界面处萌生（图 3-9（a1））。随后裂纹直接扩展到涂层表面，且大尺寸"累积放电过生长"区域导致更宽的裂纹张开位移（λ）。但值得注意的是，裂纹直接向金属基体内扩展（图 3-9（b）、（c）），并没有沿着膜基界面传播（如图中箭头所示）。如图 3-9（d）（箭头）所示，随着基体内部产生更多的裂纹扩展路径，裂纹张开位移继续扩大。当位移达到某一临界值时，试样开始出现颈缩现象，随拉伸载荷的增加，颈缩现象愈来愈明显，直至发生断裂（图 3-9（e）、（f））。

图 3-10 为"累积放电过生长"区域与微弧氧化涂层力学性能关系，随涂层"累积放电过生长"区域的增大，基体及涂层中的残余应力呈线性增加趋势。

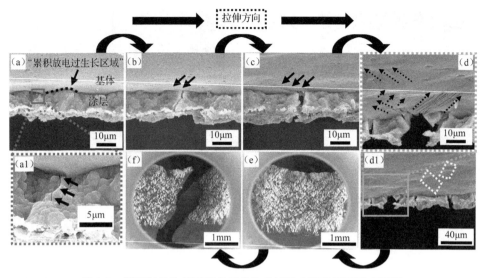

图 3-9　微弧氧化涂层试样在原位拉伸试验中膜基界面演变过程

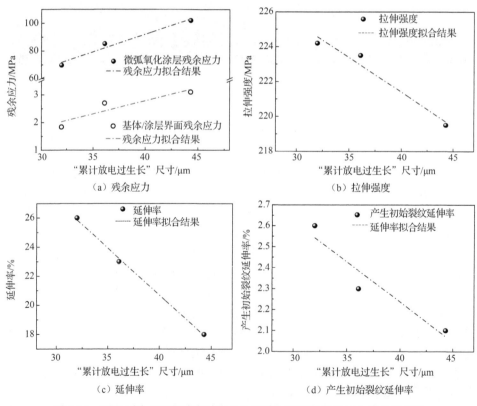

（a）残余应力　　　　　　　　　　　（b）拉伸强度

（c）延伸率　　　　　　　　　　（d）产生初始裂纹延伸率

图 3-10　不同尺寸"累积放电过生长"区域与微弧氧化涂层力学性能关系

3.7　涂层界面拉应力特性诱导疲劳寿命衰减及改进措施

如 3.5 节所述，铝合金微弧氧化处理后在涂层内部引入残余压应力，而在膜基界面处的邻近金属基体引入残余拉应力，厚度为 5μm、10μm 和 15μm 的微弧氧化涂层内残余压应力分别为（-69.7±9.2）MPa、（-85.2±12.5）MPa 和（-102±22.4）MPa，膜基界面邻近金属基体内残余拉应力分别为（1.8±0.4）MPa、（2.7±0.2）MPa 和（3.1±0.9）MPa（表 3-5）。涂层内存在较高的压应力，由此在膜基界面处对金属基体产生拉应力，涂层厚度由 5μm 增加至 15μm，拉应力增大，使涂层试样的疲劳寿命下降约 20%。

为此，提出微弧氧化处理前预置纳米晶层及压应力，即预先通过表面机械研磨工艺引入表面纳米化过渡组织，同时引入残余压应力（图 3-11（a））。通过微弧氧化技术对表面纳米晶层进行重构，在微弧氧化过程中通过消耗部分金属纳米晶层形成致密陶瓷涂层（图 3-11（b））。同时表面纳米化引入的压应力可抵消（或部分抵消）氧化后产生的拉应力。设计的微弧氧化层厚度控制在纳米晶层范围以内，使与膜基界面处基体上层仍保持为纳米晶层，这样通过保留的纳米晶层抑制裂纹萌生，而基体下层晶粒尺寸增加的微晶层组织也可抑制裂纹的萌生与扩展。表面机械研磨预处理在保持涂层内部残余压应力状态的同时，将微弧氧化后膜基界面附近基体合金内部的应力状态由拉应力转变为压应力。

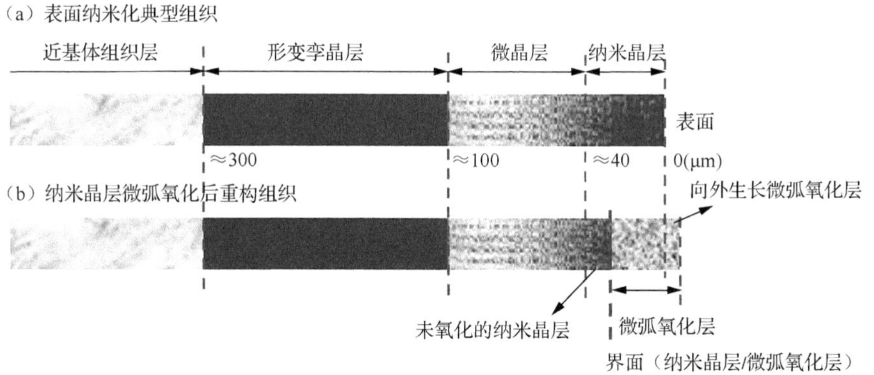

图 3-11　金属表面纳米化与纳米晶层微弧氧化后重构组织示意图

铝合金表面纳米化后引入高压应力状态为 20μm 厚的纳米晶层，其表面是经微弧氧化后生长厚度为 5μm、10μm 和 15μm 的陶瓷层，陶瓷涂层内部残余压应力分别为-82.2MPa、-95.5MPa 和-121.3MPa，而膜基界面邻近基体内由残余拉应力改变为压应力，分别为-14.9MPa、-6.3MPa 和-5.2MPa（表 3-6）。

表 3-6　表面纳米化前后铝合金及微弧氧化涂层试样的残余应力

微弧氧化涂层厚度/μm	铝合金基体靠近膜基界面的残余应力/MPa	纳米化-微弧氧化复合改性层试样的残余应力/MPa
5	−14.9	−82.2
10	−6.3	−95.5
15	−5.2	−121.3

图 3-12 为 2024 铝合金微弧氧化涂层及纳米化-微弧氧化复合改性层试样的疲劳性能。表面机械研磨处理使铝合金的疲劳寿命增加 4.6%，这是由于表面纳米化引入的残余压应力以及晶粒细化的双重机制作用，提高了铝合金试样的疲劳寿命。与基体铝合金试样相比，经过微弧氧化处理后，试样的疲劳寿命显著降低，涂层厚度为 5μm、10μm 和 15μm 的微弧氧化涂层试样的疲劳寿命分别降低了 28.2%、26.3% 和 15.9%，可见单一微弧氧化处理对铝合金材料的疲劳性能产生较为严重的损伤。微弧氧化处理在靠近膜基界面邻近基体铝合金内部引入了残余拉应力，当疲劳裂纹由涂层位置产生并传播至基体铝合金后，基体铝合金内部的残余拉应力会促进疲劳裂纹的扩展，从而降低疲劳寿命。

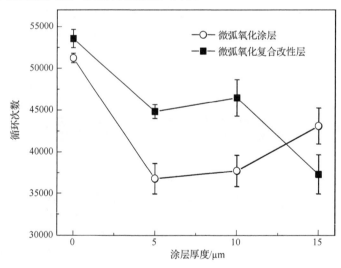

图 3-12　2024 铝合金微弧氧化涂层及纳米化-微弧氧化复合改性层试样的疲劳性能

纳米化-微弧氧化复合改性层试样的疲劳寿命随着陶瓷外层厚度的增加先增高再降低。陶瓷外层厚度为 5μm 和 10μm 的情况下，与相同涂层厚度的微弧氧化涂层相比，纳米化-微弧氧化复合改性层试样的疲劳寿命分别提高了 21.9% 和 23.0%，可见膜基界面邻近基体内残余由拉应力改变为压应力，使陶瓷外层厚度为

5μm 和 10μm 的复合改性层试样的疲劳性能要优于相同厚度的微弧氧化涂层试样。当涂层厚度增加到 15μm 时，纳米化-微弧氧化复合改性层表面微孔尺寸增大，同时涂层表面形成许多微裂纹。增大的微孔孔径会增大应力强度系数，从而导致疲劳裂纹的过早萌生。疲劳裂纹源产生后，涂层表面存在的微裂纹会加速疲劳裂纹的扩展，因而涂层厚度为 15μm 的纳米化-微弧氧化复合改性层试样的疲劳寿命要低于相同厚度的微弧氧化涂层试样。

3.8　本章小结与未来发展方向

由微弧击穿放电引起金属原位氧化生长陶瓷的本质所决定，微弧氧化涂层具有表面多孔性、高硬度与高弹性模量、高结合强度及应力状态可控的基本特征。微弧氧化功能涂层的构建仍需在上述基本性质的基础上，通过电解液与电参数调控对涂层的组织结构与性能进行设计与优化。未来发展可聚焦于通过精细调控微弧放电的瞬态过程（如低温软火花放电技术）实现对涂层微观结构（孔隙率、孔径分布、晶相组成）和功能特性的主动设计与智能控制，从而在保持其固有韧性和界面优势的同时，最大限度提升涂层的致密性、均匀性及特定功能。同时，还可进一步深化对微弧等离子体化学与基体/电解液界面作用机理的研究，结合后处理或复合技术（如封孔和沉积纳米颗粒技术）开发多功能一体化涂层。后续第 5～12 章从抗磨减摩、抗腐蚀、热防护、热控、介电绝缘、光催化、生物医用等方面重点阐述微弧氧化陶瓷涂层的功能特性，以及新涂层与新工艺在特殊苛刻服役环境中的应用前景。

第4章 工艺参数与涂层优化策略

4.1 概　述

微弧氧化是将金属浸入电解液中,通过施加高电压使金属表面钝化膜发生击穿,产生微弧放电,放电微区的局部高温高压作用使金属发生氧化,在金属基体表面形成以基体元素氧化物为主、电解液所含元素为辅的陶瓷涂层。微弧氧化涂层的质量取决于电源模式、电参数、电解液成分、电解液的浓度及温度、基体材料等。因此,本章从微弧氧化工艺参数与涂层优化的角度出发,通过改变电源模式、电参数、电解液成分、基体材料等来阐述涂层的生长规律与涂层优化策略。

4.2 电源输出模式与涂层优化

微弧氧化工艺发展中的一个重要方向是电源的研发。电源模式对陶瓷层结构性能具有重要影响。1932 年,Güntershculzte 和 Betz 首次报道了在高电场下浸在液体里的金属表面出现火花放电的现象,并生成微弧氧化涂层。但由于难以调节表面放电特性,微弧氧化工艺的可控性受限,因此仅限用在形状简单的零件和薄涂层制备。20 世纪 70 年代美国伊利诺伊大学和德国卡尔马克思工业大学使用直流和单极脉冲电源对微弧氧化进行研究。但受制于电源模块的局限,脉冲电源的频率很低,易出现强烈火花放电烧损陶瓷层,而且所制备的涂层特别疏松,不具备良好的致密结构。1977 年苏联科学院无机化学研究所采用交流电源模式,使用比阳极氧化电压高的火花放电电压,并称之为微弧氧化。用交流电源可以避免电极的附加极化,并可利用弧光的间断来改善工艺。但受制于电源技术的发展,初期脉冲电源稳定性和电源设计仍有局限,主要通过等电通量模式对电源频率和占空比进行调控。因此频率、占空比和单脉冲峰值功率受限于恒定的电通量而不能独立可调,频率升高会引起单脉冲峰值功率的相应增加。随后电源改进并设计出频率、占空比和单脉冲峰值独立可调的电源模式。同时,非平衡交流电源的应用,如不同正极和负极组幅值的交流电的应用,拓展了功能性涂层的设计与生长。在此电路中,根据正负半周电源的总阻抗,用一套高压电容重新分布电能,通过改变电源两半周的电容,正负电流幅值的比率可以单独调节。由于工艺可控以及简单、经济，其在实验室规模的微弧氧化处理中得到了广泛应用。2000 年后各国对电源模式不断进行更细致的研究，主要集中在单脉冲波形和双极性脉冲的研究中，目的是提高陶瓷涂层孔隙率的可调控范围，提高峰值功率及陶瓷层处理效率和处理面积，抑制出现强的火花放电，延长电源寿命，减小电能消耗等方面。

另外，本节总结了典型电源模式示意图以及对涂层生长的影响。

1）传统直流电源模式

直流电源输出的电压或电流不随时间的变化而变化，产生的放电电压明显高于交流电源，且具有高的放电能量，不利于涂层均匀致密生长。而且直流电源产生的放电火花粗大、分散、不密集、尺寸增加快，容易形成橘黄色、黄色强弧放电火花，同时生成大量的气泡，对于涂层生长质量和致密性造成不利影响。因此，直流电源下涂层生长速率快，涂层较厚，但涂层宏观表面不均匀且易出现大的孔洞和缺陷，粗糙度大，耗能高。

2）脉冲电源模式

与传统直流电源相比，脉冲电源的输出波形、频率、占空比和平均电流密度均可单独调节和设定。脉冲电源模式分为单极性脉冲、双极性对称脉冲以及双极性非对称脉冲三种。

（1）单极性脉冲电源模式。单极性脉冲具有电路简单、控制量少和成本低廉等优势，在早期微弧氧化技术中有较多应用。单极性脉冲是通过对直流电压或电流进行斩波获得方波脉冲。其中可控整流桥可将工频电压整流得到电压幅值可调整的直流电压，大容量电容滤除电压纹波，得到稳定的直流电压，通过控制开关管导通频率及时间，频率和占空可调节。图 4-1 为微弧氧化电源单极性脉冲波形与电参数定义（包括：电压、频率、占空比）。

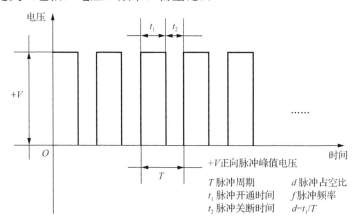

图 4-1　微弧氧化电源单极性脉冲波形与电参数定义（包括：电压、频率、占空比）

（2）双极性对称脉冲电源模式。在单极性脉冲作用下的放电反应进程中，电荷在工件表面的积累方向和电解液中离子运动的方向始终单一极性，这种单向极性在金属基体上易形成极化效应，导致金属基体无法将多余电荷释放，制约了微弧氧化技术的进一步发展。通过整流电路再经过滤波后得到幅值可调的直流源，通过逆变电路即可得到正负双极性的对称脉冲，波形如图4-2所示。

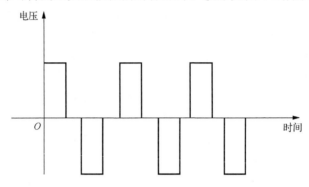

图4-2 微弧氧化电源双极性对称脉冲波形

（3）双极性非对称脉冲电源模式。双极性对称脉冲可以实现施加于负载电场极性的翻转，消除电荷极化效应，有利于提高涂层质量。但其施加电场的特点是正负极性的脉冲输出对称，而往往放电反应对正负极性的电场需求是不一样的，这使得双极性对称脉冲应用范围受到了制约，而双极性非对称脉冲具有更好的作用效果。双极性非对称脉冲有两种形式：一是方波脉冲幅值相等，但是导通时间和正负脉冲比例个数不一致；二是脉冲幅值、占空比、频率和正负脉冲数量均不相等。波形如图4-3所示。

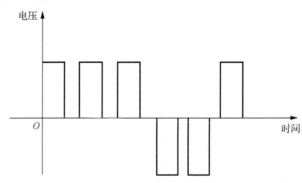

图4-3 微弧氧化电源双极性非对称脉冲波形

总之，脉冲电源模式下产生的电流密度稳定，微弧阶段时间长，利于涂层生长和提高致密性。同时，脉冲电源模式易产生白色火花，小且均匀密集，尺寸增加缓慢，火花放电不集中，易于形成孔隙率低、致密性高的涂层。所制备的涂层表面均匀平整，无大的孔洞和缺陷，粗糙度低。就能耗而言，脉冲电源能耗更低。

此外，根据波形分析，脉冲电源可分为：方波（上述提到）、梯形波、三角波、正弦波、余弦波、锯齿波及多波形。除了方波，微弧氧化用正弦波脉冲电源也较多，在这里用阳极电流与阴极电流密度的比值（I_a/I_k）来表示正弦波形的基本特征。当阴极电流与阳极电流密度的比值（I_k/I_a）等于 1.0 和 1.2 时，分别对应图 4-4（a）（双极性对称）和图 4-4（b）（双极性不对称）。微弧氧化过程中阴极电流的引入会改变等离子体放电特征，促使涂层获得新的结构，同时可调控涂层结构以及致密性。即通过改变电流的极性，单独调节阴极电流或阳极电流（图 4-4（b）、（c）），从而有效地改变涂层的生长方式、速率及质量。特别是涂层质量与阳极电流与阴极电流密度的比值（I_a/I_k）、最终电压（U）和脉冲波形密切相关。其中，根据涂层工艺和性能要求，可通过阳极-阴极式附加阴极电流模式（图 4-4（c）），即在不同时间、不同位置插入不同数量、不同强度和不同波形的附加阴极电流，创造自调节放电模式，使涂层按需生长，并在其生长过程进行自优化，从而提高涂层质量并降低能耗。另外，电源输出制度的自调节和自反馈是未来微弧氧化数字化、智能化的一个发展趋势，优化出可使涂层致密性生长的最佳波形、放电强度、持续时间等，从而真正实现涂层按需定制、设备无人值守，在线监控和智能化操作。

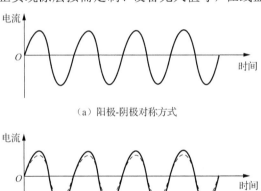

（a）阳极-阴极对称方式

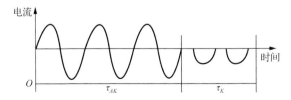

（b）阳极-阴极不对称方式

（c）阳极-阴极式附加阴极电流

图 4-4　微弧氧化过程中的电流方式

4.3　微弧氧化放电过程控制与涂层优化

微弧氧化不同于常规的阳极氧化技术，它需要施加较高的电压，将工作区域由普通的阳极氧化法拉第区引入高压放电区域，完全超出了传统阳极氧化的范围。在微弧氧化过程中化学反应、电化学反应、等离子体反应同时存在。因此，陶瓷涂层的形成过程与控制非常复杂，但一般认为微弧氧化过程可分为 4 个阶段（具体见第 2 章 2.2 节）：第 1 阶段——阳极氧化阶段，第 2 阶段——火花放电阶段，第 3 阶段——微弧放电阶段，第 4 阶段——强弧放电阶段。由于强弧放电阶段会在涂层表面形成大的缺陷，损坏涂层的整体均匀性。因此应通过改变实验条件尽量避免它出现。微弧氧化过程中，火花、微弧、强弧均属微区弧光放电现象，放电区域处于等离子状态。因此，基于微弧氧化工艺过程，本书提出了相应的工艺指导，首先需要达到等离子体电解所需的条件，电流密度一般在 $0.01 \sim 0.3 A/cm^2$。根据法拉第第一法则，随着涂层厚度的增长电压升高，开始时快速升高，然后变慢，这时建立了稳态的等离子条件。电压改变的临界点对应于阳极表面火花放电的建立，此值取决于金属-电解液体系的特征。同时，要保持或延长微弧放电阶段，从而保证涂层均匀致密的生长，以及具有较高的质量和较好的综合性能。

4.4　电参数调控制度与涂层优化

电源及其输出控制模式决定了微弧氧化过程中电压的输出方式，进而决定了作用于单个微弧放电的能量分布与持续时间。该过程显著影响氧化物生成速率与涂层表面、界面的结构特性。

本节以 Ti6Al4V 钛合金作为材料，以双极脉冲电源为例，讨论了工艺参数（电压、电流密度、频率、占空比和时间）对涂层结构的影响。图 4-5 示出所施加双极脉冲参数与波形。其中脉冲电参数（电压或电流、脉冲开和脉冲关时间、正负脉冲束的工作时间）可以独立调节，这为选择放电强度生长特定结构的涂层提供了很大自由度。从实践经验可知，电源正脉冲对涂层结构的形成起关键作用，而数量很少的负脉冲分布在正脉冲束中，起到打断连续火花放电的作用，它允许放电微区表面快速冷却，诱使可溶性组分重新转化为氧化物。因此，图 4-5 中的正脉冲比负脉冲要多，即 20 个正脉冲附加 2 个负脉冲。

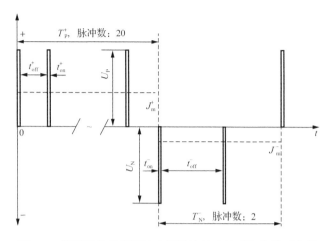

图 4-5　微弧氧化双极脉冲电源脉冲输出波形与参数示意图

t_{on}^+：正脉冲开时间；t_{off}^+：正脉冲关时间；t_{on}^-：负脉冲开时间；t_{off}^-：负脉冲关时间；

T_p^+：正脉冲工作脉冲数；T_N^-：负脉冲工作脉冲数；J_m^+：正平均电流密度；J_m^-：负平均电流密度；

U_p 和 U_N 分别是正电压幅值和负电压幅值（$U_p = U_N$）

结合工艺试验结果，可将脉冲电参数对钛合金微弧氧化涂层生长与组织结构的影响规律示于表 4-1。

表 4-1　脉冲电参数对钛合金微弧氧化涂层生长与组织结构的影响规律

脉冲电参数	涂层生长	表面形貌	相结构
电压（V）： 350, 400, 450, 500, 550	电压↑，生长速率↑（4～33μm）	表面微孔数量↓，孔径↑，逐渐变粗糙	由锐钛矿为主，变为金红石相为主，发生锐钛矿→金红石相转变
频率（Hz）： 1800, 1400, 1000, 600, 200	频率↑，生长速率↓（6～36μm）		
占空比： 4%, 8%, 12%, 16%, 20%	占空比↑，生长速率↑（10～35μm）		
氧化时间（min）： 15, 30, 60, 120, 180	生长速率略有↑（10～35μm）		金红石相为主，锐钛矿→金红石相转变不明显
电流密度（mA/cm²）： 40, 60, 80, 100, 120	电流密度↑，生长速率略有↑（17～21μm）		金红石相为主，锐钛矿→金红石相转变不明显

改变脉冲电参数实质上是改变单脉冲作用的能量，也就是微弧氧化过程中对单脉冲能量的控制与作用。单脉冲作用的能量 E_p 可由下式定义：

$$E_p = \int_0^{t_p} U_p I_p \, dt \qquad (4\text{-}1)$$

式中，U_p 为脉冲电压；I_p 为脉冲电流；t_p 为脉冲开放时间。改变脉冲参数可对放电特性进行调控，从而影响涂层的生长、结构与物相组成。综合考虑涂层表面形貌与生长速度等因素，给出了涂层最佳的电参数范围：脉冲电压 450～550V，频率 400～1000Hz，占空比 4%～8%。氧化时间根据涂层厚度进行设定。

由上可知，涂层的生长速率与表面质量主要由单脉冲的放电能量决定。增大脉冲电压、占空比、电流密度或减小频率均使单脉冲的放电能量增大，使单脉冲的涂层生成量、生长速率提高。单脉冲放电能量增大时，热析出增加，等离子放电区的温度迅速升高，使得在放电区的金属基体和氧化涂层熔融量增大，等离子放电也更加强烈，这使放电通道形成物凝固后留下更大的孔洞，涂层表面变得更加粗糙。同时单脉冲放电能量的提高可使放电区域温度升高，这有利于钛合金表面微弧氧化涂层中锐钛矿向金红石相 TiO_2 的转变。在铝合金微弧氧化过程中也产生类似结果，随着电压和电流密度的提高，放电强度显著增强，导致涂层厚度增加，高温稳定相 α-Al_2O_3 含量增多。

总之，对于特定的电解液体系和金属基体，涂层的生长速率与表面形貌可通过电参数优化进行设计。单极性脉冲电源：通过选择合理的电参数能够制备出结构致密的陶瓷涂层。同时，孔结构、孔隙率和生长速率在一定范围内可调，但可调范围比较窄，达不到陶瓷涂层所需的高致密度（低孔隙率）要求。双极性脉冲电源：在单极性脉冲电源的基础上每个脉冲周期除了正向电流外增加一定比例的负向电流，形成双极性脉冲模式。在负向电流作用下氧化膜作为阴极通过还原反应发生溶解，溶解后的离子随机分布在微孔和微裂纹当中。当下一次阳极电流经过时，这些随机分布的离子通过电化学阳极反应生成氧化物或络合物颗粒并填充到微孔和微裂纹中，实现涂层致密性的提高。进一步，采用电参数阶段式调控放电火花强度"衰减"模式。例如，恒流模式下（60mA/cm²），微弧氧化前期（占空比 8%、频率适当降低至 300～500Hz），涂层在相对强火花放电作用下（单脉冲放电能量高）快速增长，并形成相对较厚的致密层；微弧氧化后期（占空比 2%、频率适当提高至 500～800Hz），在相对弱火花放电强度下，对前期形成的多孔疏松涂层及各种缺陷（如微裂纹等）进行一定程度的弥合与修复。阶段递减的电流密度相比于常电流密度极大地改善了涂层的结构，这与火花放电行为的改变有关，即放电后期自由衰减的电流密度导致前期已形成的微孔孔隙的愈合。在强火花放电强度下，放电能量较高，导致涂层表面形成更多的微孔和微裂纹，同时可能引发局部熔融和重结晶现象。虽然强火花放电能够加速涂层的生长，但由于能量集中，容易造成涂层结构不均匀，甚至产生较大的缺陷。因此，强火花放电强度下涂层的致密性和力学性能通常较差，需要后续工艺进行修复或优化。值得注意的是，在双极性脉冲模式下调控出"软火花"放电制度（具体见 4.5 节），以形成均匀致密的火花放电，从而显著提高涂层的致密性。

此外，基于火花放电强度本质，微弧氧化系统中两电极间的相对位置对氧化过程的影响主要体现在放电强度的变化强度上。研究表明两极间距离越大，阳极电流越小。流经样品前表面的电流高于后表面，高的电流密度引发高的放电强度，因此高电流导致更厚更硬的涂层生长，这与试样前表面比后表面有更高的耐磨与抗腐蚀性能一致。

4.5 "软火花"放电制度与涂层优化

双极性脉冲模式下，阴极极化过程中的不同阶段、阴极放电以及涂层表面气体演化行为，均会导致微弧氧化涂层生长和结构发生改变。特别是"软火花"放电模式，表现为阳极电压降低、瞬态电流-电压曲线滞后、声发射降低以及等离子体放电在基体表面分布更加均匀等特征，能有效避免产生大的、贯穿的孔结构，有助于形成厚且致密的涂层，有关"软火花"的实现与机制将在 4.5.2 节阐述。

4.5.1 脉冲频率对阴极放电的影响与涂层优化

双极脉冲模式下适当的阴极放电，可有效调控涂层的组织结构，从而获得高致密涂层。与直流或单极微弧氧化模式相比，交流或双极脉冲微弧氧化时，附加阴极放电将有助于阳极放电位置的随机化，从而避免产生对涂层均匀性有害的高能阳极放电，而且阴极电压提高，或者阴极电流与阳极电流的比率增加，可以调控火花放电强度，有利于提高涂层致密性。此外，阴极放电的诱发主要与微弧氧化涂层表面形成的双电层有关，而高频率、厚涂层、表面预处理、电解液成分（包括强碱性电解液、含 NH_4F 电解液）以及金属基体冶金状态均会导致形成双电层[1]，其中微弧氧化过程中的阴极放电的具体内容见 2.3 节，本节主要分析脉冲频率对阴极放电的影响与涂层优化。

阴极放电与脉冲频率密切相关。频率为 50Hz 或 60Hz 时，放电周期通常约 20ms，这足够长的时间使每个（阳极）半循环周期内延长级联。当提高频率至 1000Hz 或 1500Hz 会导致涂层生长速率降低，涂层致密性提高。图 4-6（a）显示了在涂层厚度约 50μm 的阶段，单个 50Hz 周期（即 20ms）内的典型（方波）电压分布。可以看出阳极电压为 600V，阴极电压为 125V。图 4-6（b）显示了相应的电流分布图，包括总电流和通过小区域样品的电流。除了短暂的初始瞬态，整个阳极和阴极半周期的总电流都略高于 2A（与预先选择的电流密度相对应）。通过小区域的阴极电流与总电流几乎保持一致。这表明它是一个平稳而连续的阴极过程，如质子转化为氢气的预期过程。与此相反，阳极电流是由一系列与放电相对应的电流脉冲组成的[1]。

如图 4-6（c）、（d），随着电源频率增加至 2500Hz，半周期开始接近放电的典型寿命，并且电压和电流分布的性质发生了变化。现在的半周期为 0.2μs，与典型的放电寿命相似。电压分布（图 4-6（c））与 50Hz 相似，不同之处在于阴极电压由 50Hz 时的 125V 上升至 250V 左右，而阳极电压保持在 600V 不变。这表明切换到阴极放电过程需要更大驱动力。从电流分布（图 4-6（d））也可看出，在循环的阴极部分小区域现象发生了变化。虽然阳极放电仍在进行（寿命大致不变，为 0.1～0.2μs，占据了大部分的半周期，类似的电流水平 50～100mA），但在该周期的阴极部分也出现了清晰的电流脉冲。此外，其中一些脉冲上升到比阳极放电更高的电流水平，峰值接近 200mA。它们的寿命与阳极脉冲相似，但有缩短的趋势（＜0.1μs）。对于阳极放电，阴极半循环中的放电也出现在空间局部级联，尽管这两种类型的放电发生在不同位置。因为级联放电之间的周期被认为是电解液重新填充孔隙所必需的，因此该位置将不能用于相反符号的级联（在高频运行期间）。通过促进循环阴极部分的放电，可提高能源效率，因为这可能会导致涂层生长，而析氢不会导致涂层生长，而且有潜在危险。因此，有必要预测在何种条件下阴极放电倾向于发生，以便通过避免有害放电来改进微弧氧化工艺。

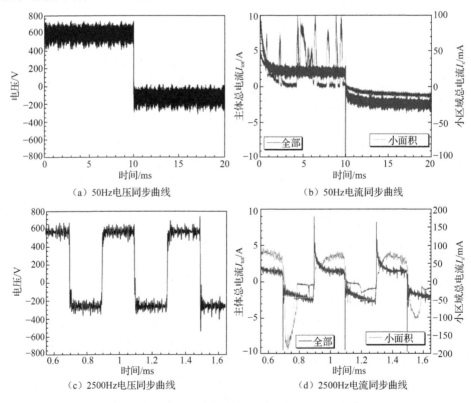

（a）50Hz电压同步曲线　　　　　　（b）50Hz电流同步曲线

（c）2500Hz电压同步曲线　　　　　　（d）2500Hz电流同步曲线

图 4-6　50Hz 和 2500Hz 电源频率下铝合金微弧氧化期间的电压
和电流（主体和小区域）同步曲线[1]

4.5.2　"软火花"放电条件形成与涂层优化

双极脉冲模式下"软火花"放电可调控涂层的微观结构，提高涂层的厚度与致密性。这可以突破传统微弧氧化涂层厚度增加时，等离子体放电变得更加强烈，使涂层疏松多孔的瓶颈。"软火花"放电转变模式利用阳极电荷与阴极电荷的比率（称电荷比率 R）来判定，通过使 $R<1$ 即阴极的电荷转移速率大于阳极，从而实现放电模式的转变。周期（T）、电流波形中每个步骤不同持续时间（T_i）、正极（I_p）和负极（I_n）电流的振幅都可以在很大范围内进行调整（T_i，$i=1, 2, \cdots, 8$ 的定义如图 4-7 所示）[2]：

$$R = \frac{q_p}{q_n}, \quad q_p = \int_0^{T_1+T_2+T_3} I_p \cdot \mathrm{d}t, \quad q_n = \int_{T_1+T_2+T_3}^{T} I_n \cdot \mathrm{d}t \tag{4-2}$$

根据工作条件，调整 T_i 值和振幅 I_n 以匹配所需的 R 值。

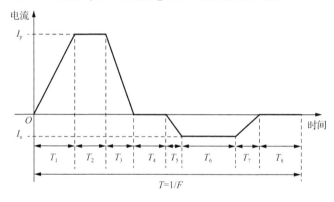

图 4-7　一个脉冲周期内施加的脉冲电流形状[2]

在"软火花"放电模式下，随时间增加，电压会发生变化，且有一个稳定和下降的趋势（图 4-8）[3]，由此产生细碎"弱"放电火花，使得涂层均匀致密生长，从而避免微弧氧化后期出现的强放电聚集现象，导致涂层出现大的孔洞和裂纹。同时在金属/氧化物界面处，"软火花"模式下孔隙率较低，阳极层（包括界面层）较厚，且涂层截面没有明显贯穿整个涂层的大孔洞和裂纹。"软火花"建立后，放电通道周围形成的熔池直径几乎保持恒定，而在标准条件下（非"软火花"模式下），这些直径往往随着处理时间线性增加。另外，"软火花"形成可能是由于大量小的放电发生在金属/氧化物界面上，但这些放电并没有以常规方式发展，因此不能到达涂层的自由表面，从而几乎没有光发射。"软火花"可能代表着对阳极化过程中占主导地位的生长机制的逆转。在"软火花"放电模式下由于电场分布均匀，涂层生长效率提高，但电场重新分布如何影响电荷转移机制需进一步深入探索。

　　"软火花"模式形成还受其他因素影响，如更高的电流密度、更高的交流电源频率，以及电解液成分和浓度的变化（包括电导率、pH、离子种类含量）。铝合金表面预阳极氧化层（涂层厚度在转变过程中起重要作用）均会提高向"软火花"模式的转变速度。另外，在向"软火花"过渡期间，加载电压的降低，表明在"软火花"处理过程中消耗的功率在下降。由于微弧氧化的主要问题之一是高能耗，而"软火花"放电强度小、无聚集强放电、耗电量（动力消耗量）均匀分布在整个涂层且能降低电流密度和损耗，这意味着"软火花"模式会降低能耗。

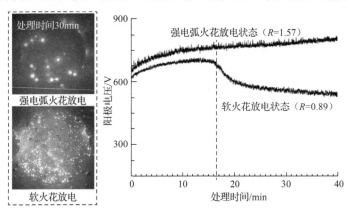

图 4-8　在标准条件（称为电弧放电区域）和软火花放电区域条件下阳极电压随时间的演变[3]

虚线表示向软火花放电区域的转变

4.6　电解液影响与涂层优化

　　电解液的选取（组成与配比）对微弧氧化过程起到决定性作用。在微弧氧化过程中，不同组分含量和不同浓度的电解液表现出不同的特性（如 pH、电导率、黏度、稳定性、分散性、成膜性等），对离子迁移、电荷变化、提供氧源、膜层钝化、介质击穿、起弧时间、放电电压、放电电流，以及火花尺寸、数量、寿命以及分布等有不同程度的影响，从而影响陶瓷涂层的生长行为和性能。

4.6.1　电解液的作用及分类

　　电解液作为影响微弧氧化过程的重要因素，可以归纳为如下作用：①促进金属表面钝化形成薄的介质绝缘膜，它是在外电压下引起介质击穿导致放电的先决条件；②作为导电的溶液介质，传递在金属基体/电解液界面处进行氧化反应所需要的能量；③以含氧盐的形式提供氧化所需的氧源；④微弧放电过程可使电解液成分进入涂层中，为进一步设计新颖涂层提供途径；⑤部分电解液成分对涂层具有选择性溶解作用，会提高涂层孔隙率，形成分级微纳米孔结构；⑥非水电解液体系也可为涂层制备提供所需成分，可制备非氧化物；⑦离子液体电解液体系的发展将为微弧氧化涂层结构/组成调控提供更大的自由度。

为满足介质击穿的先决条件，能够促进强烈金属钝化的添加剂（如硅酸盐、铝酸盐和磷酸盐）被广泛用于电解液的基本组成。上述三类强钝化剂有如下优点：①微弧氧化放电前阶段，它们使火花电压很容易达到，节省氧化时间；②电解液中存在的组分（如 SiO_3^{2-}、AlO_2^- 和 PO_4^{3-}）容易通过多聚合反应或沉积作用进入涂层，增加涂层生长速率；③不含重金属离子的环境友好、低成本电解液用于制备最常用的耐磨、抗腐蚀涂层，可节约成本。

制备铝合金微弧氧化涂层的电解液可分成以下 7 类：①使铝快速溶解的盐溶液，如 $NaCl$、$NaClO_3$、$NaOH$、HCl、$NaNO_3$ 等；②使铝慢速溶解的电解液，如 H_2SO_4、$(NH_4)_2S_2O_8$、Na_2SO_4 等；③在窄的电压范围内使铝钝化的电解液，如醋酸钠、磷酸等；④氟化物电解液，特点是具有复杂的行为，如 KF、NaF、NH_4F 等；⑤使铝轻微钝化的电解液；⑥使铝强烈钝化的电解液，如硼酸和碳酸盐、磷酸盐、无机聚合物（硅酸盐、铝酸盐、钨酸盐、钼酸盐）以及碱金属的磷酸盐（可形成聚合物阴离子）等；⑦非水电解液体系，制备非氧化物（氟化物等）。

可以看出，④～⑥类的电解液可使火花电压容易达到，这对微弧氧化工艺制备涂层最为有利。从对于涂层物相组成贡献的角度，又把上述的电解液分成以下五类：①仅提供氧进入涂层的电解液；②电解液中包含阴离子组分，提供其他元素进入涂层；③电解液中包含阳离子组分，提供其他元素进入涂层；④提供对宏观粒子进行阴离子传输的悬浊液，这种宏观粒子有助于涂层形成；⑤非水电解液体系也包含阴离子组分，提供其他元素制备非氧化物。

一般而言，在上一段新分类的电解液（②～⑤类）中，涂层是靠基体氧化或其他电解液物质在基体表面上沉积产生的，这使得涂层的组成和性能可在较宽的范围内进行调节，具有广泛的应用前景。其中，胶质的硅酸钠和硅酸钾溶液以及基于硅酸钠的多组分电解液多用于微弧氧化工业生产中。实际上，已经证实在单一的 $NaOH$ 碱性溶液（仅起钝化与导电作用）中也可通过放电生长涂层，但是单一或简单的溶液体系导致涂层生长速率慢、能耗高，不利于工艺的产业化应用。因此，对复合电解液体系及配方的探索对于学术研究者与工程应用均产生极大吸收力。

为优化调控涂层组织结构，下面分别从基础电解液体系、特殊微纳米离子/粒子添加电解液体系、自封孔涂层的电解液体系及非水电解液体系出发，阐述特殊电解液对涂层组织结构和性能的影响与优化。

4.6.2　基础电解液体系与涂层优化

电解液体系由早期的酸性（硫酸、磷酸或磷酸盐混合等）发展为现在的碱性，并被广泛应用。这是由于在碱性电解液中，阳极反应生成的金属离子及其他金属离子易于转变成带负电的胶体粒子而重新进入涂层，并通过调整和改善涂层成分结构而获得新的功能特性。无论是酸性还是碱性电解液，氧向金属传输的主要机制涉及在电场的影响下，OH^- 通过电解液的运动。在阳极氧化过程中，离子只是沿着电解液通道稳定流动，而微弧氧化过程更为动态和瞬态。电解液的电导率很重要，因为它影响电流和穿过电解液的电压降，从而影响放电等离子体的起弧。但决定起弧电压的不是电解液电导率，而是电解液/基体界面上的电子注入能力，这种注入能力取决于电解液中阴离子的种类和浓度。

碱性电解液体系多由吸附能力较强的阴离子对应的溶液构成。阳极氧化膜对溶液中阴离子的选择性吸附研究结果表明，阴离子吸附能力由强到弱排列次序为：$SiO_3^{2-} > PO_4^{3-} > VO_4^{3-} > MoO_4^{3-} > WO_4^{3-} > B_4O_7^{2-} > CrO_4^{3-}$。硅酸盐和磷酸盐成为碱性电解液的两大主要体系，此外铝酸盐体系、碱金属的氢氧化物体系也是选择的对象。

表 4-2 总结了典型电解液对微弧氧化涂层结构的影响：①硅酸盐的添加，使溶液电导率增大，起弧电压降低，易于形成钝化膜。同时 SiO_3^{2-} 与电解液中的其他阴离子协同作用，促使放电火花的燃、熄两种状态在基材表面此起彼伏，交替进行，加速了放电火花在基材表面的游移，从而避免局部热量累积导致的宏观小凹坑和微裂纹的产生，可同时增加涂层厚度和整体致密性，提高耐磨、电绝缘性能；②磷酸盐的添加可以增加涂层厚度，降低表面粗糙度，使涂层更加平滑致密，且微孔数量明显减少，提高抗腐蚀能力；③铝酸盐及氢氧化物的添加会使电解液电导率大幅度提高，降低起弧电压，调节电弧大小，从而促进涂层厚度均匀增加，避免产生大的孔洞，并减少微裂纹；④四硼酸盐的添加会使在微弧放电过程中形成的氧化物溶解在电解液中，很少或没有沉积在放电通道外，可构建出双尺度 cortex-like 状复合结构，导致涂层表面形成具有相互连通的分级微纳米孔结构；⑤碳酸盐具有很好的扩孔效果，可显著提高涂层表面孔隙率、孔尺寸，构建出多尺度的孔结构，使涂层表面形成多级微纳米孔结构。

表 4-2　典型电解液对微弧氧化涂层结构的影响

电解液	成膜速率	涂层结构	厚度	孔隙率
硅酸盐	快	致密性高、粗糙度高、裂纹少	厚	内层致密、多孔外层、孔径较大
磷酸盐	较快	致密性高、粗糙度低、表面光滑、裂纹少	薄	孔隙率低、内层致密层薄、孔径较小

续表

电解液	成膜速率	涂层结构	厚度	孔隙率
铝酸盐、氢氧化物（多作为添加剂）	快	高致密性、裂纹少	较厚	孔隙率低、内层致密、孔径适中
四硼酸盐	中等，强选择性溶解作用	微纳米孔结构、cortex-like 结构	不均匀	孔隙率高、微纳米孔分布不均
碳酸盐	中等	微纳米孔结构	不均匀	扩孔作用、孔隙率高

通常，为了改善涂层结构并提高其综合性能，复合电解液体系（含两种或两种以上电解质）受到极大关注，并被广泛探索。特别是一些添加剂，可使电解液成分进入涂层、改善火花放电、延长微弧放电周期等，从而提高涂层致密性并实现多功能特性。例如，添加 Na_2WO_4、Na_2SnO_3、Na_2MnO_4 等，降低起弧电压，可以同时增加涂层厚度和表面粗糙度；加入甘油、$C_4H_4Na_2O_6$ 等，可以稳定微弧放电火花，使涂层孔隙率下降；添加氢氧化物、氟化物等，可以调节电解液的 pH 值，控制涂层生长速度和厚度；添加 $Na_3C_6H_5O_7 \cdot 2H_2O$，可提高电解液稳定性、电导率，从而提高涂层的生长速率和厚度，有助于耐蚀性的提高；添加乙二胺四乙酸（ethylenediaminetetra-acetic acid，EDTA）可以延长电解液的使用寿命；添加柠檬酸钠可以提高电解液的电导率。同时，pH 越大或电导率越大，起弧电压越低，有利于涂层致密层的快速形成，从而提高涂层的厚度、致密度，并防止外层疏松层产生大的孔洞；但 pH 或电导率过大，会使涂层孔隙率增加，使表面更加粗糙，致密性下降，表面质量下降。因此，需要调节合适的 pH，一般在 9～13 范围内。

此外，电解液浓度增加，可提高微弧氧化反应的生长速率和程度，在此基础上，调节电解液不同成分的比例，可大幅度调控涂层微孔的尺寸、分布和数量，并不同程度地提高涂层厚度，优化涂层的表面特性。电解液浓度降低，有利于防止涂层中孔隙的产生，减小孔径。但是，电解液浓度太低（反应难以进行，不利于成膜）或太高（反应太剧烈，不利于形成致密膜，甚至对基体和涂层产生腐蚀作用），都不利于涂层生长和微纳米孔结构的调控，从而阻碍表面功能化改性。

由此可见，对电解液而言，涂层生长的前提条件是介质击穿。为了优化涂层生长，调控孔结构，可以利用提高金属强钝化的添加剂以降低起弧电压，促进金属/涂层/电解液之间的界面反应，从而控制涂层孔隙率，提高涂层致密性，加快涂层生长。进一步通过调控电解液配方，综合考虑单一电解液成分对涂层生长的影响，将两种或两种以上电解液成分混合搭配使用，这样能更好地稳定涂层微弧放电，从而达到同时提高涂层厚度和致密度的目的。

4.6.3　特殊离子/粒子添加的电解液体系与涂层优化

为了构建多种功能性微弧氧化复合涂层（如抗菌、催化、电磁、光学、生物、铁电、装饰和半导体等），各种特殊选定的电解液及配方也被成功开发出来。

将特殊离子、分子、微纳米金属/陶瓷/聚合物粒子等添加到电解液中，对涂层结构和性能会产生很大的影响。将其引入涂层内，可以调控涂层表面微纳结构与物相成分，从而实现功能特性。将离子型添加剂（以 NH_4VO_3 为例）加入基础电解液中，NH_4VO_3 溶于溶液中电离产生 VO_3^-。在涂层生长过程中，与涂层直接接触的溶质阴离子聚集层中的 VO_3^- 同溶液中其他部位相比具有较高的浓度和化学势，从而为吸附的进行创造条件。涂层生长过程中，在放电通道内部和周围微弧放电产生的熔融态的氧化物在溶液的快速冷却作用下迅速凝固，形成非稳态氧化物相。这些具有高表面能的非稳态氧化物相的活性表面起到吸附中心的作用，将溶液中的 VO_3^- 吸附到其表面降低了新生的非稳态氧化物相的表面能。此外，微弧放电区温度可在 3000～6000K，甚至 10000～20000K，热影响区也具有瞬间高温（1600～2000K）。热影响区内的高温促进了吸附在新生氧化物相表面的 VO_3^- 向内层的扩散，为 VO_3^- 的持续吸附创造条件，而且热影响区的高温还使得吸附的 VO_3^- 向钒的氧化物进行转变，形成 V_2O_3 和 V_2O_5。因此，离子型添加剂可以参与涂层反应并形成相应的氧化物或化合物。

此外，将微纳米陶瓷粒子作为添加剂添加到电解液中，大量粒子会在涂层中大的孔洞和缺陷附近优先聚集，沉积并烧结生长。大部分粒子主要位于涂层的外层和中间层，说明添加的粒子通过放电通道可以随熔融的陶瓷层氧化物回流，并随着陶瓷层一起生长，在孔洞周围团聚。同时，大量粒子聚集形成大尺寸颗粒或多层结构复合涂层，从而调控不同结构的微纳米孔，实现功能特性，以满足不同环境服役的需求。另外，将有机微纳米粒子添加到电解液中（如聚四氟乙烯（polytetrafluoroethylene，PTFE）），其在孔洞内填充，并实现密封，有利于提高涂层的耐蚀性、电绝缘性，以及构建特殊微纳米表面结构，并结合低表面能，实现疏水性，满足功能化应用要求。

因此，为了实现特殊功能，离子/粒子添加剂加入主电解液中后，通过火花放电、化学反应、电泳效应、沉积、烧结等方式参与反应从而进入涂层，甚至形成多层复合涂层。表 4-3 列出了典型离子/粒子添加电解液体系及其对应的涂层组成结构特点。为了进行特殊功能涂层的设计与制备，添加钒盐、铜盐、镍盐、铁盐、锌盐、钼盐、钴盐、铬盐、铈盐、锆酸盐、氟锆酸盐以及一些稀土元素的盐，从而改善涂层的光学性能、热控性能、催化性能、电磁性能、装饰作用以及生物医学等。为提高耐磨减摩或耐蚀性加入离子型添加剂（Na_2MoO_4、K_4ZrF_6）或粒子型添加剂（高硬、高熔点的微纳米粒子（Al_2O_3、$MoSi_2$、SiC、ZrO_2））、干润滑剂（石墨、PTFE、（碳纳米管（carbon nanotube，CNTs）、金刚石）），另外还可以添加着色剂（NH_4VO_3、Na_3VO_4、$Cu(CH_3COO)_2$、Na_2WO_4、CeO_2、Ce_2O_3、Cr_2O_3、V_2O_3）、具有生物活性的羟基磷灰石等。由此可见，特殊离子/粒子添加电解液体系为功能化涂层成分和结构设计与构建提供了途径。因此，通过选择合适的添加剂，进一步优化电解液成分，可为功能化涂层的构建提供新途径，并开辟新的应用领域。

表 4-3　典型的离子/粒子添加优化与功能化涂层构建

多功能特性	电解液组成	离子型添加剂	粒子型添加剂	涂层组织结构
抗磨、减摩、硬度	硅酸盐、磷酸盐、偏铝酸钠	过氧化氢、钨酸钠、钼酸钠、氟锆酸盐	金刚石、Al_2O_3、TiN、TiC、ZrO_2、PTFE、MoS_2、Si_3N_4、石墨、石墨烯	涂层致密、低孔隙率、内层均匀分布的纳米晶、封孔、耐磨粒子掺杂、低摩擦系数材料的复合改性
抗腐蚀	硅酸盐、磷酸盐、氢氧化物、偏铝酸盐	Na_2EDTA、$C_6H_{12}FeN_3O_{12}$、$Zn_3(PO4)_2$、缓蚀剂、氟化物	Al_2O_3、AlN、BeO、MgO、BN、SiO_2、CeO_2、PTFE、SiC、莫来石、氧化石墨烯等具有封孔作用的微纳米粒子	涂层光滑致密、厚内层致密层、低孔隙率、粗糙度低、孔隙浅而封闭、颗粒掺杂改性封孔、提高耐蚀相成分和含量
催化	H_2SO_4、硅酸盐、磷酸盐、偏铝酸钠、氢氧化物、钨酸镍、钨酸锌	Fe、Zn、W、V、Cu、Ru、Mn、Eu、Ag、Tb、Ni、Mo、Re、Co、La、Y、B、C、N、S、P 及卤族元素对应的盐	CdS、WO_3、ZnO、SnO、V_2O_5、CeO_2、TiO_2 等可调控光谱响应范围，提高光量子效率、增大比表面积，可生成强氧化性的活性基团	大的比表面积、纳米线、纳米棒、纳米片、纳米团簇、纳米球以及具有高催化活性的微纳结构
生物医学（骨植入、生物活性）	Ca、P、Y、Ba、Zn、Mg、F、Si、$Ca(CH_3COO)_2·H_2O$、$Ca(H_2PO_4)_2·H_2O$、EDTA-2Na、NaOH、NaH_2PO_4、$C_3H_7CaO_6P$、$Ca_5(PO_4)_3OH$、$Ca_5(PO_4)_3F$	HA 是磷灰石通式 $M_{10}(XO_4)_6Y_2$，其中 M 为 Ca^{2+}、Sr^{2+}、Ba^{2+}、Cd^{2+}、Pb^{2+}、Na^+、K^+、Al^{3+}，XO_4 为 PO_4^{3-} 和 VO_4^{3-}，Y 是 OH^- 或卤族元素 F^-、Cl^-、Br^-	HA/ZnO 等具有生物活性的微纳米粒子	比表面积大、利于细胞黏附生长的微纳结构：微纳米孔、花瓣状纳米结构、颗粒纳米结构、微珠、微孔上的 Sr-HA 纳米棒、纳米颗粒、微/纳米尺度的分层表面、cortex-like 结构
抗菌	Ca、P、Y、Ba、Zn、Mg、F、Si、$Ca(CH_3COO)_2·H_2O$、$Ca(H_2PO_4)_2·H_2O$、EDTA-2Na、NaOH、NaH_2PO_4、$C_3H_7CaO_6P$、$Ca_5(PO_4)_3OH$、$Ca_5(PO_4)_3F$	Cu、Ag、Zn、Mn 对应的盐	Ag 等具有抗菌效果的微纳米粒子	比表面积大、利于细胞黏附生长的微纳结构：微纳米孔、花瓣状纳米结构、颗粒纳米结构、微珠、微孔上的 Sr-HA 纳米棒、纳米颗粒、微/纳米尺度的分层表面、cortex-like 结构

续表

多功能特性	电解液组成	离子型添加剂	粒子型添加剂	涂层组织结构
电绝缘	硅酸盐、磷酸盐、氢氧化物、偏铝酸盐	能提高涂层厚度和致密度的离子	Al_2O_3、AlN、BeO、MgO、BN、SiO_2、$PTFE$、莫来石等具有封孔作用的电绝缘高的粒子	涂层光滑致密；致密层厚；低孔隙率；无通孔；粒子掺杂改性封孔
铁电、存储、介电	$Ba(CH_3COO)_2$、$NaOH$	$Ba(CH_3COO)_2$、$Ba(OH)_2$、$Sr(OH)_2$、$BaCO_3$	具有铁电、介电性能的陶瓷粒子或聚合物	涂层光滑致密；包含介电、铁电物相
光学性能（涂层表面颜色）	磷酸钠、硅酸钠、偏铝酸钠	钨酸盐、钒酸盐、钼酸盐、铬酸盐、锆酸盐、氟锆/钛酸盐、铁盐、铜盐、镍盐、锌盐、钴盐、铬盐、铈盐、$(NH_4)_6Mo_7O_{24}$、Na_2SnO_3、$CePO_4$	着色剂 Cr_2O_3、CuO、CeO_2、Ce_2O_3、Fe_3O_4、TiO_2、V_2O_3、V_2O_5（不同颜色粉体掺杂）	表面光滑、粗糙度适中、涂层致密 目前调控出的颜色有白色、灰色（深灰色、浅灰色）、黄色（浅黄色）、咖啡色、黑色、蓝色、红棕色、绿色
电磁性能	磷酸盐、硅酸盐、氢氧化物、硼酸钠、钨酸盐、EDTA	铁盐（$Fe(NO_3)_3$、$Fe_2(C_2O_4)_3$、$Fe_2(SO_4)_3$），钴盐	Fe、Fe_2O_3、Co、Fe_2O_3/SiO_2 复合、$EuFeO_3$	涂层孔隙中含有微米晶、纳米晶；不同尺寸孔结构
热防护	硅酸盐、磷酸盐、偏铝酸钠	Na_2CrO_4、$Y(NO_3)_3$ 等可反应形成耐温、耐烧蚀、隔热、耐热冲击等的陶瓷结构层	ZrO_2、YSZ、$MoSi_2$、SiC、HfO_2、Al_2O_3、$HfSi_2$、BN、Y_2O_3、ZrC、$ZrSi_2$、HfC、Yb_2O_3、SiO_2（耐热、隔热粉体材料）	孔隙度<10%；细小孔隙网络；致密层；多层结构；封闭孔隙；多尺度孔隙；内层致密外层多孔
热控性能	硅酸盐、磷酸盐、偏铝酸钠、EDTA	高吸收发射：Cu^{2+}、WO_4^{2-}、VO^{3-}、VO_4^{3-}、$Cr_2O_7^{2-}$、Co^{2+}、Cr^{3+}、MoO_4^{2-}、Mn^+、Ni^+、Fe^{2+}、Fe^{3+} 低吸收发射：K_2ZrF_6、Zn^{2+}、Ti^{4+}、Zr^{2+}	高吸收发射：CuO、$CNTs$、SiC、Fe_3O_4、K_2TiF_6、NiO、炭黑等黑色粉体 低吸收发射：ZnO、Al_2O_3、Y_2O_3、YSZ、ZrO_2、BN、TiO_2、$PTFE$ 等白色粉体	高表面粗糙度；孔径与入射光谱匹配；微乳突结构；微纳米纵横交错结构；多层结构；不同形状和尺寸的多孔结构；颗粒填充孔隙；纳米团簇，分形结构
染料敏化太阳能电池	氢氧化物、甘油、$(NH_4)_2SO_4$、NH_4F、$NH_3·H_2O$、乙二醇	银盐；增强光吸收，激发产生更多电荷载流子，提高电子存储能力，高费米能量（参考光催化性能）	Ag、TiO_2、$CdTe$（进行热处理）	大的比表面积、粗糙表面、微孔结构、纳米片、纳米管、纳米线、纳米棒、纳米团簇、纳米球、微晶

续表

多功能特性	电解液组成	离子型添加剂	粒子型添加剂	涂层组织结构
光致发光	硅酸盐、磷酸盐、偏铝酸钠、EDTA	稀土元素：Tb^{3+}、Tm^{3+}、Yb^{3+}、Eu^{3+}、Nb^{5+}、Ln^{3+}、Er^{3+}、Ho^{3+}、Gd^{3+}、Pr^{3+}	半导体、过渡金属氧化物、稀土氧化物：Eu_2O_3、Ce_2O_3、Tb_4O_7、Pr_2O_3、Tm_2O_3、Yb_2O_3、TiO_2、ZrO_2、HfO_2、Gd_2O_3、Nb_2O_5、Y_2O_3	提高涂层光致发光特性：紫色、绿色、橙色、浅绿、黄绿、红色光发射。拓宽光谱范围（参考光催化）

4.6.4　自封孔涂层的电解液体系与涂层优化

微弧氧化涂层表面一般呈现多微孔结构特征，非常不利于在液体侵蚀性介质中的腐蚀防护，特别是腐蚀敏感性强的镁合金或铝合金。微孔结构的形成是由于涂层生长过程中氧化生成的金属氧化膜的体积与生成这些氧化膜所消耗金属的体积之比（pilling-bedworth ratio，PBR）小于 1（如 MgO），因此在微弧氧化过程中所制备的涂层具有自封孔特性是非常必要的。四种途径可形成自封孔涂层：一是电解液中加入参与成膜的，且可形成低凝固点相的离子型成分（如氟酸盐）；二是电解液中加入参与成膜的强氧化性离子型成分（如高锰酸钾）；三是电解液中加入微/纳米粒子通过等离子体辅助沉积烧结填充孔洞或形成自封孔双层涂层结构；四是电解液中加入自修复的难熔盐。

（1）电解液中加入参与成膜并能形成低凝固点相的离子型成分（如氟酸盐）。研究人员利用电解液中金属复盐在高温时发生分解参与成膜的原理，发展了一种新型氟钛酸盐电解液体系（2g/L $Na_5P_3O_{10}$、6g/L $(NaPO_3)_6$、3g/L $NaOH$ 和 10g/L K_2TiF_6）。电参数设置为：电流密度 40mA/cm^2、电压 420V、氧化时间 2min、频率 1000Hz、占空比 30%。氧化涂层由 MgO、Ti_3O_5 与 MgF_2 组成。由于在熔融物冷凝过程中具有最低凝固点的 MgF_2 最后冷凝并沉积在微孔处，完成了对放电通道的封闭处理，有效改善了涂层的致密性，因此该涂层表面微孔具有自封闭特性（图 4-9）。除了封孔作用，所形成的涂层含有大量化学稳定性高的钛氧化物，耐蚀性比普通微弧氧化涂层提高 5～6 倍，表面无须涂覆有机涂层就可为镁基体提供良好的防护[4]。除了氟钛酸盐，在含氟锆酸盐的电解液中也形成了自封孔的微弧氧化涂层，其致密性高，缺陷少，耐蚀性优异。

自封孔相形成的机理：电解液体系主要成分有氟钛酸盐或氟锆酸盐，利用产生熔融物各组分间熔点相差较大的特点，借助凝固顺序的差异实现微弧氧化涂层的自封孔。也就是说,在微弧氧化过程中,放电通道内部气压明显低于外界气压,在此影响下微弧氧化反应生成物更易于沉积在放电通道内壁上,而不是涂层表面。在氟酸盐电解液中形成的涂层各组分熔点差异较大,凝固点最低的 MgF_2 最后冷凝并沉积在微孔处,并且微弧氧化反应可生成稳定性好的钛氧化物或锆氧化物(PBR 值>1),提高涂层致密性并减少微孔数量,对 MgF_2 的封孔有一定促进作用。氟酸盐电解液体系利用以上三点实现涂层的自封孔,阻挡腐蚀介质的侵入并提高膜层的耐蚀性,在盐雾试验 2000h 后涂层仍保持完整,这归因于自封孔处的完整性以及内外层的高致密共同起到保护基体的作用。

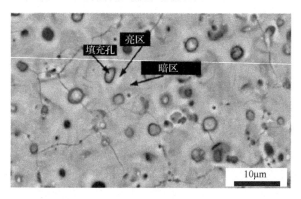

图 4-9　氟钛酸盐电解液体系制备自封孔微弧氧化涂层微观形貌[4]

（2）电解液中加入微纳米粒子通过等离子体辅助沉积烧结形成封闭外层。例如,镁合金在含 Al_2O_3 粒子的电解液中进行微弧氧化处理, Al_2O_3 粒子参与了涂层表面的成膜反应,涂层中 MgO 的含量减少, Al_2O_3 含量增加,改善了涂层致密性。在电解液中添加一定含量的 SiC 纳米颗粒,发现在火花放电前,部分半导体 SiC 被氧化成非导电的 SiO_2 ,进而促进了火花放电、涂层生长以及原位密封。著者提出微弧氧化-纳米粒子（金属/陶瓷/高分子颗粒）同步沉积烧结高效构建大厚度自封孔双层复合涂层的新技术（在第 12 章新涂层与新工艺探索重点介绍）。该技术通过在电解液中添加有机、无机纳米粒子,在强电场作用下,大量的纳米粒子定向迁移并同步沉积烧结形成富含纳米粒子的外层,与微弧氧化底层形成双层复合涂层,实现了对孔洞的消除和封闭（图 4-10）。

（3）在电解液中加入参与成膜的强氧化离子成分（如高锰酸钾）。强氧化离子成分具有强氧化作用,可显著降低微弧氧化所需的外加电压和电流、抑制强火花放电并对多孔层产生原位密封效果,进而同时提高涂层厚度与致密性,最终形成厚度可控、组织均匀且致密的自封孔涂层。

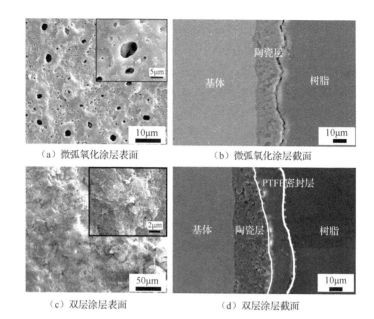

（a）微弧氧化涂层表面　　　　　　　　（b）微弧氧化涂层截面

（c）双层涂层表面　　　　　　　　　（d）双层涂层截面

图 4-10　微弧氧化及其微弧氧化-同步沉积烧结纳米粒子双层涂层的表截面形貌

（4）电解液中加入自修复的低溶解度盐。微弧氧化涂层的破坏性腐蚀主要起源于腐蚀液沿孔渗入，因此利用具有自愈合效应的盐进行掺杂改性，在表面和孔中设计自修复的难溶磷酸盐原位封孔，大大提高涂层的耐蚀性，并分别实现了耐盐雾腐蚀 1800h 和 8000h 的超强抗腐蚀涂层的制备，有望应用于多种腐蚀环境、长寿命铝合金防腐蚀产品。例如：在含六偏磷酸钠和草酸铁铵水合物的电解液中，采用微弧氧化在铝合金表面制备了一种含稳定 Fe 和 P 相的致密陶瓷涂层。该涂层表面粗糙度小，硬度可达 1200HV，同时难溶性盐可实现封孔作用，使涂层具有良好的耐蚀性[5]。

4.6.5　非水电解液体系与涂层优化

非水电解液体系微弧氟化处理是采用含氟熔盐、硝酸盐作为电解质或醇-氟化物溶液作为电解质。表 4-4 总结了非水电解液体系制备陶瓷涂层组织结构、性能与工艺优缺点。

（1）低温含氟熔盐作为电解质的微弧氟化处理。制备过程：在超高浓度熔融氟化物体系中（NH_4HF_2），温度 150℃，施加电压 100～140V，处理时间 30s。结构特点：孔径 600～900nm，厚度 1～14μm，成分为 MgF_2。性能：与镁合金相比，涂层在模拟体液中的耐蚀性显著提高[6]。

（2）硝酸盐熔盐作为电解质的微弧氧化处理。制备过程：铝合金在 280℃的共晶成分硝酸盐熔盐体系中（$NaNO_3$-KNO_3 质量比 45.7：54.3）进行 10min 微弧氧化处理，电流密度 70mA/cm^2，频率 50Hz。涂层结构特点：涂层由两层组成，内层致密层由 γ-Al_2O_3 组成，外层由 α-Al_2O_3 相组成。涂层不含来自电解液的任何污染物，区别于水系电解液体系。并且由于冷却速率低，涂层未发现通孔和裂缝。在熔融盐中涂层的生长速率比在硅酸盐电解液中高 3 倍，能量效率提高近 6 倍。性能：在熔盐中制备涂层的抗腐蚀性是在硅酸盐溶液中涂层的 3 倍，比未处理合金高近两个数量级，这归因于该涂层具有高的致密性[7]。

（3）醇-氟化物溶液作为电解质的微弧氟化处理。制备过程：在非水系 EG-NH_4F（乙二醇溶液中含有 H_4F）电解液中对镁或铝合金进行微弧氟化处理，电流密度 8A/dm^2，频率 100Hz，占空比 8%，温度 25℃。涂层结构特点：涂层分别以 MgF_2（镁基体）或 AlF_3（铝基体）为主，且具有均匀的组织成分和多孔结构。性能：MgF_2 涂层对镁合金以及 AlF_3 涂层对铝合金在中性和酸性介质中均表现出优异的腐蚀防护作用[8]。

表 4-4　非水电解液体系制备陶瓷涂层组织结构、性能与工艺优缺点

非水电解液体系	制备过程	涂层组织结构	性能	工艺优缺点
低温含氟熔盐体系	超高浓度熔融氟化物（NH_4HF_2）温度：150℃	孔径 600～900nm，厚度 1～14μm，成分为 MgF_2	与基体相比，耐蚀性显著提高	优点：无须冷却、涂层生长速率高、涂层结构均匀及涂层成分简单、可生成非氧化物
硝酸盐熔盐体系	共晶成分硝酸盐熔盐体系中 $NaNO_3$-KNO_3 质量比：45.7：54.3 温度：280℃	致密层由 γ-Al_2O_3 组成，外层由 α-Al_2O_3 相组成。涂层不含来自电解液的任何污染物。致密性高	涂层耐蚀性是硅酸盐溶液制备涂层的 3 倍，比未处理合金高近两个数量级	不足：加热系统增加能耗、数百度高温对实验装置的要求高、熔盐腐蚀对装置的要求高、熔盐体系对基材的适应性低以及实验操作安全性低等
醇-氟化物溶液体系	非水系 EG-NH_4F（乙二醇溶液中含有 8%NH_4F）温度：室温	涂层分别以 MgF_2（镁基体）或 AlF_3（铝基体）为主，具有均匀的组织成分和多孔结构	涂层对中性和酸性的腐蚀介质有很好的防护作用	优点：可生成非氧化物涂层，室温进行、无须加热，对实验装置没有要求、基体适应性广、安全无污染 不足：涂层厚度和致密性有待进一步提高，工艺有待完善

综上所述，应进一步了解不同电解液体系中（包括非水电解液体系、离子液体电解液体系）等离子放电特性与成膜机制间的内在关系，从而丰富和发展阳极等离子体电解理论；电解液组分对涂层制备和性能有很大影响，应选取最佳的电

解液浓度和合适的添加剂比例；涂层的成分与结构可以通过添加微纳米粒子/离子/掺杂剂来协调调控，为新型功能化涂层的构建提供途径；新型电解液体系的发展包括自封孔涂层的电解液体系、非水电解液体系以及离子液体电解液体系，它们的反应机制、成膜过程以及对涂层结构和性能的影响需要深入研究。

4.7　金属成分影响与涂层优化

对于不同的基体材料，由于其所含元素成分以及冶金状态不同，会呈现出不同的成膜特性。其中，金属合金成分、第二相、金属间化合物、金属基复合材料、冶金处理以及预处理等都会影响火花放电状态，进而影响涂层生长过程、组织结构的均匀性以及表面质量。在探究上述因素对微弧氧化火花放电过程影响的基础上，选择合适的工艺参数对涂层结构进行优化，就显得尤为重要。

4.7.1　金属发生微弧氧化反应难易程度与热力学解释

金属转化为氧化物的自由能变化与微弧氧化过程有关。这种自由能变化在环境温度下对所有金属（金除外）都是负的，因此金属的氧化在能量上是有利的（至少在金属为固体或液体的温度下）。但由于在微弧氧化过程中产生的等离子体崩溃和冷却，可能存在驱动力更高的竞争性氧化反应。特别是，等离子体很可能包含氢（存在竞争关系：氧化驱动力和氢转换水驱动力），那么金属离子的氧化只有在能量上比氢氧化形成水更有利的情况下，才能在很大程度上发生。

对于能量变化较低的金属（Cu、Ni、Fe、Sn、Mo 和 W），氧化的驱动力与氢转化为水的驱动力相似，甚至更低。因此，当微弧氧化等离子体崩溃和冷却时，这些金属不太可能氧化。因此有一些常见的金属类型（铜合金、钢和镍基高温合金）不适合微弧氧化加工。目前，在钢和铜表面制备微弧氧化涂层，大部分氧化物的形成可能是通过电解液的沉积烧结，从而导致涂层易碎且结合强度差。对于第二类金属（包括 Cr、Nb、Ta 和 V），其氧化能高于氢的氧化能，尽管并不明显，但其表面能生长氧化膜。最后，第三类金属包括 Ti、Al、Mg、Be、Hf、Zr、Y 和 Sc，具有非常高的氧化能和非常强的氧化热力学驱动力。值得注意的是，最常用于微弧氧化处理的是 Al、Mg 和 Ti，而 Nb、Ta、Zr、Be（有毒）、Hf 金属的微弧氧化也逐渐受关注，Y 和 Sc 的微弧氧化在未来也可进行尝试。

从工艺实现角度来说，对于不适合微弧氧化处理的金属（镍、铜、锡、钢等及其合金），可选择适当的预处理工艺（如物理气相沉积（physical vapor deposition，PVD）、化学气相沉积（chemical vapor deposition，CVD）、热浸镀、电镀等）在上述金属表面预制可微弧氧化的金属层（如铝层），然后再进行微弧氧化处理，这提供了一种新型涂层的优化制备途径，但在实践中可能出现基材和涂层之间留下残余（未完全氧化）或铝层与基体结合强度差等问题。但预处理与微弧氧化相结合的复合工艺仍然是可以探索优化的方向。

4.7.2　金属合金成分对涂层生长的影响

微弧氧化反应难易程度除取决于金属基体元素及其氧化物的特征外，合金中其他元素成分的存在对微弧氧化涂层生长也有很大影响。一般而言，金属中的溶质元素可进入涂层：①以基体氧化物为主，其他合金元素氧化物为辅；②作为混合氧化物；③作为某种其他类型的夹杂物。同时，这些元素可能以离子或固体悬浮液的形式进入并存在于电解液中。因此，本节对含有其他成分和物相结构的合金进行微弧氧化处理，考察不同类型第二相对微弧氧化过程的影响，并揭示第二相对金属材料微弧氧化行为的影响规律，阐明其影响机制，为多相金属材料微弧氧化工艺的优化及氧化膜的组织性能控制优化提供参考依据。

1）铝合金中合金成分对涂层生长的影响

表 4-5 总结了铝合金基体中其他元素对微弧氧化涂层生长过程、结构特征和性能的影响。对于铝硅或铝铜合金，用传统阳极氧化工艺，高硅铸造铝合金或高铜铝合金是很难进行氧化的。而用微弧氧化工艺，尽管在高硅（或铜）富集区有局部缺陷和稍高的能量消耗，但制备较厚涂层以改善耐磨与耐蚀性能是适用的。

（1）对于 Al-Si 合金，涂层表面不均匀性随合金中 Si 含量增加而增大，然而 Si 质量分数达 30%时仍然可形成质量较好的涂层，尽管孔隙率增大、致密性下降导致涂层硬度下降，但仍能较大程度改善 Al-Si 合金的耐磨耐蚀性能。

（2）对于 Al-Cu 合金，其主要合金元素铜一般以沉淀的形式存在。微弧氧化涂层中存在 Cu 的残留和生成的 Cu_2O，并且 Cu 对 α-Al_2O_3 相转变不利。根据微弧氧化处理过程中 AA2214 铝合金中富铜沉淀的演变，发现富铜沉淀脱合金化为铜纳米颗粒。这说明铜纳米颗粒增加了氧化物的导电性，延缓了介电击穿的开始，对涂层生长不利。

（3）Al-Fe 合金进行微弧氧化处理，Fe 元素会影响介电击穿、放电产生和涂层生长，特别是在初期阶段，Fe 不易形成钝化膜导致电流泄露，造成涂层不均匀生长。合金元素锌和镁也会抑制铝合金微弧氧化涂层中 α-Al_2O_3 的生长，其中镁的抑制效应更大。

为了深入理解金属基体中存在不同第二相时微弧氧化涂层的生长过程，对 $AlSi_9Cu_3$ 合金进行不同时间（15~480s）的微弧氧化处理，在磷酸盐电解液中形成的涂层主要由 γ-Al_2O_3、莫来石和非晶相组成。等离子体放电中不同物相的参与顺序为：首先从 Al 基体开始放电，然后同时在金属间化合物 Al_2Cu 和β-Al_5FeSi 相上放电，最后在共晶 Si 上放电。大多数初始微孔（放电）优先出现在 Al_2Cu 金

属间化合物周围的 α-Al 基体上，表明这些区域的等离子体放电更活跃。金属间化合物 Al_2Cu 的存在显著影响了加工初期的初始溶解、转化产物的沉积和放电的起弧。基体中的共晶硅在所有阶段都表现出最高的电化学稳定性，并形成了独特的涂层形貌。若延长处理时间，可得到较均匀微弧氧化涂层，并呈现双层结构[9]。

表 4-5　铝合金基体中其他元素对微弧氧化涂层生长过程、结构特征和性能的影响

基体	其他合金元素	成分含量	涂层生长过程	涂层结构特征	性能
铝合金	Si	<20%	Si 富集区放电不活跃，起弧电压高，影响涂层均匀生长（影响较小）	涂层疏松多孔，致密性较高，部分位置存在独特形貌	耐磨、耐蚀
		>20%（高硅铸铝）	高 Si 富集区有局部缺陷和高的能量消耗，涂层不均匀生长，孔隙率增大	涂层疏松多孔，致密性相对较低，多位置存在独特形貌	耐磨、耐蚀
	Cu	高铜铝合金	高 Cu 富集区有局部缺陷和高的能量消耗，涂层不均匀生长，孔隙率增大，不利于 α-Al_2O_3 转变，延缓了介电击穿的开始	涂层疏松多孔，致密性相对较低	耐磨、耐蚀
	Fe	Al-Fe	Fe 不易形成钝化膜导致电流泄露和高的能量消耗，造成涂层不均匀生长	涂层疏松多孔，致密性相对较低	耐磨、耐蚀
	Zn	3%～7.5%	抑制涂层生长	涂层表面平整，但部分位置存在缺陷，孔隙率高	耐磨、耐蚀
	Mn	1%～8%	Mn 可在 Al_2O_3 晶体结构中取代 Al，加速涂层生长。在火花形成过程中，Mn 的蒸气压高，涂层易产生高孔隙率和大粗糙度	表面粗糙度、厚度、孔隙率均增加	耐磨、耐蚀
	Mg	—	抑制 α-Al_2O_3 形成	涂层表面粗糙	耐磨、耐蚀
	$AlSi_9Cu_3$	—	先在 Al 基体上放电，然后在金属间化合物 Al_2Cu 和 β-Al_5FeSi 相上放电，最后在共晶 Si 上放电	涂层表面粗糙，孔隙率高，部分位置存在独特形貌，时间延长后，涂层趋于均匀	耐磨、耐蚀
	稀土元素	—	Er 添加能细化晶粒，使膜层晶粒间构成腐蚀电池的概率下降	提高涂层致密性，硬度增加，结合强度提高，对膜厚无影响，提高耐蚀性	耐磨、耐蚀

由此可见，常见 Al 合金中其他元素（Si、Cu、Fe、Zn、Mg 等）的存在会降低膜层厚度和致密度，增大孔隙率。Si 元素阻碍了初始微弧氧化膜的生长，使其难以形成连续的氧化膜，并且在高电压的作用下易发生局部溶解而难以起弧放电，但涂层达到一定厚度后 Si 的影响减小；Cu、Fe 元素属于非阀金属，初始阶段不易形成钝化膜，延缓介电击穿，使试样表面的界面电压难以建立，阻碍等离子体的产生；Zn、Mg 元素易于形成钝化膜，对涂层整体厚度、致密性以及微观结构影响较小，但会抑制 α-Al$_2$O$_3$ 相的生长。值得注意的是，由于铸造铝合金中主要元素 Al、Si、Cu、Fe 等的化学活性不同，在微观尺度上存在电化学的不均匀性，造成元素反应先后顺序以及反应难易程度的差异性。

此外，稀土元素对铝合金微弧氧化涂层结构和性能也有影响。例如，由于 Er 与 Al 结合生成的 Al$_3$Er 相会产生大量非均质形核，进一步达到细化晶粒的作用，因此添加 Er 的铝合金试样微弧氧化陶瓷涂层致密度更高，粗糙度更低，孔隙度减少，硬度增加，但涂层厚度变化较小。另外，Er 的添加使涂层晶粒间构成腐蚀电池的概率下降，提高抗腐蚀性。

2）镁合金中合金成分对涂层生长的影响

相对于铝合金，镁合金上的陶瓷涂层则显得致密，但其厚度较薄，不易增厚。镁在酸性和弱碱性溶液中，在-2.5V 以下的阴极电位时，理论上以金属镁存在；在-2.5V 以上的阳极电位时，理论上以离子存在。因此，镁在强碱电解液中（pH＞12），其表面易于生成氧化膜而发生钝化，这样可以促进氧化膜在外加电场作用下产生微弧氧化现象，而溶液 pH＜12 时，镁合金在溶液中不易发生钝化，且长时间不发生微弧氧化，还会出现腐蚀现象。因此，通常情况下镁合金发生微弧氧化现象的合适 pH 值为 12～14.5。另外，在弱酸和中性电解液中镁合金也能进行微弧氧化处理并能生成较为致密的涂层，显著提高耐蚀性能。

通常而言，基体合金微观组织的不均匀性仅对涂层的初期生长起作用。表 4-6 总结了镁合金基体中其他元素对微弧氧化涂层生长过程、结构特征和性能的影响。

（1）不同相成分：在微弧氧化过程中，镁合金组织中 α 相比 β 相表面有更高的生长速率，且 β 相的微弧氧化涂层主要在 α 相形成氧化膜的外围生长，这可能是由于 α 相有更高的反应活性，在高电场与焦耳热的作用下可释放更多的 Mg^{2+} 参与成膜反应。同时，存在的 β 相也会导致微弧氧化涂层生长不均匀（影响很小）。

（2）其他合金元素：镁合金的微弧氧化过程中，基体元素会参与成膜反应，因此不同基体材料对膜层的组分、性能等有直接影响。AZ、AM 系列镁合金中的铝元素在电解液中参与反应均可以形成镁铝尖晶石，而 AZ 系列镁合金表面涂层的致密性、结合强度以及表面均匀性均优于 AM 系列。进一步对比 AZ31 和 AZ91

合金微弧氧化涂层生长过程发现，AZ91 合金上形成的涂层比 AZ31 上形成的涂层更致密，这与内层生长和氧化物溶解速率的差异有关。与 AZ91 相比，由于 AZ31 中铝含量较低，其氧化膜稳定性较差，且溶解速率较高。同时，在 AZ31 合金的微弧氧化过程中，释放出更高能量的放电，容易形成大的水平孔洞。而 AZ91 合金只出现微放电，因此涂层无大的通孔，所形成的涂层更致密，具有较好的抗腐蚀性。这说明合金元素影响涂层形成过程的放电强度以及孔结构变化等。

表 4-6　镁合金基体中其他元素对微弧氧化涂层生长过程、结构特征和性能的影响

基体	其他合金元素	成分含量	涂层生长过程	涂层结构特征	性能
AZ91D	α, β 相	—	α 相比 β 相表面有更高生长速率，且 β 相微弧氧化涂层主要在 α 相形成氧化膜的外围生长，这可能由于 α 相有更高的反应活性，可释放更多 Mg^{2+} 参与成膜反应。同时，存在 β 相也会导致涂层生长不均匀	多孔结构，孔隙率可控	耐蚀、耐磨
AZ/AM 系列	Al	—	铝元素参与反应可形成镁铝尖晶石，不影响涂层均匀生长	多孔结构，孔隙率可控，AZ 系列涂层致密性、结合强度、均匀性均优于 AM 系列	耐蚀、耐磨
AZ1/AZ91	—	—	与 AZ91 相比，由于 AZ31 中铝含量低，其氧化膜稳定性差，且溶解速率较高。AZ31 合金微弧氧化过程中，释放出高能电量，在垂直和弯曲孔的基础上形成了大的水平孔洞，AZ91 只出现微放电	AZ91 表面涂层比 AZ31 上涂层更致密，无大通孔，耐蚀高（与内层生长和氧化物溶解速率差异有关）	耐蚀
Mg-Ag	Ag	0%～4%	Ag 颗粒和 Mg 颗粒之间形成良好颗粒级配，抑制了 Mg 颗粒聚集长大，利于细化晶粒。同时良好颗粒级配也提高致密度	随 Ag 含量增加，微弧氧化电压和多孔表面氧化膜厚度均先减小后增加	耐蚀、耐磨
Mg-Mn	Mn	0%～4%	随 Mn 元素含量增加，起始电压、击穿电压和稳定电压均下降，但是当 Mn 含量>2%时，电压均上升	随 Mn 元素含量增加，微孔孔径减小，孔隙增多，厚度先降低而后增加	耐蚀、耐磨
Mg-Zn-Ga	Zn	1%～5%	不影响涂层均匀生长	多孔结构，孔隙率可控	生物、耐蚀、耐磨
Mg-Si	Si	—	Si 富集区放电不活跃，起弧电压高，影响涂层均匀生长，孔隙率增大	涂层疏松多孔，致密性较高，部分位置存在独特形貌	耐蚀、耐磨

续表

基体	其他合金元素	成分含量	涂层生长过程	涂层结构特征	性能
Mg-Cu	Cu	—	Cu 富集区有局部缺陷和高的能量消耗，涂层不均匀生长，孔隙率增大，延缓了介电击穿的开始	涂层疏松多孔，致密性相对较差	耐蚀、耐磨
Mg-稀土	稀土元素	—	细化组织结构，抑制放电产生，导致弧光放电强度减弱，阻碍微弧氧化过程，降低陶瓷层厚度、孔隙率及表面硬度	膜层成分发生变化，形貌变化不大，结构更加均匀致密，耐蚀性略微提高	耐蚀、耐磨

（3）稀土元素：含稀土元素的镁合金微弧氧化处理后，涂层成分发生改变（可能有新相生成），涂层结构变化不大但更加均匀致密，耐蚀性有所提高。例如，镁合金中的少量稀土元素可细化晶粒，且有利于提高从基体中转化的 Mg^{2+} 在微弧氧化过程中向外层迁移的速度，使镁合金表面陶瓷化后涂层致密性提高，导致耐蚀性和硬度提高（若镁合金中稀土含量较大，涂层表面易出现微裂纹（性能下降），因此镁合金中稀土元素的含量应当适宜）。但有研究表明，稀土元素的加入会抑制放电产生，导致弧光放电强度减弱，阻碍微弧氧化过程，降低了涂层的厚度、孔隙率以及表面硬度。因此，需将含不同稀土元素的镁合金与电解液、电参数进行匹配设计才能提高涂层质量，实现表面功能化。

值得注意的是，基体对微弧氧化涂层的影响主要是由各合金上微弧氧化涂层的 PBR 值（即氧化物与形成该氧化物所消耗的金属的体积比）差异性所致，PBR 值越高，微弧氧化涂层越致密。对比不同合金氧化膜的 PBR 值发现，Mg-Gd-Y＞AZ91D＞ZM6，说明 Mg-Gd-Y 表面微弧氧化涂层更完整致密，有利于耐蚀性提高。

3）钛合金中合金成分对涂层生长的影响

对于钛合金，合金中其他元素参与涂层反应，并形成相应的氧化物或者混合氧化物及一些复杂的玻璃相。镍合金不能进行微弧氧化处理，但在钛元素含量高的情况下，如镍钛形状记忆合金，利用王水去合金化法和微弧氧化法可在 NiTi 基体上制备锐钛矿型涂层。结果表明，NiTi 合金与工业钛的微弧氧化可制造性接近，并且涂层表面多孔、裂纹少。涂层中主要由 NiTi 相和锐钛矿相组成。

4.7.3 不同冶金状态的基体对涂层生长的影响

基体材料的不同冶金状态及不同成型方式也会对微弧氧化涂层生长过程造成影响。例如，超细晶 AZ91D 镁合金（523K 挤压 12 道以上，获超细晶）微弧氧化处理后，所制备的涂层孔隙率仅为 8.3%，膜厚 20μm，耐蚀性优于单次挤压后微弧氧化涂层；对 Mg-Al 合金进行固溶处理后（室温下 Al 在 α-Mg 中固溶度只有

2%，热处理 24h，温度 415℃，使镁合金中 Al 元素完全固溶）元素的均匀化缓解了微弧氧化反应选择性成膜的不均匀性，从而改善微弧氧化涂层中微裂纹的数量和形态，提高了涂层的生长速率，降低了能耗；铸造铝合金经适当热处理后基体组织晶粒细化，Si 元素分布均匀，改善了涂层结构和性能。同时，时效处理会使微弧氧化涂层中的残余应力得以释放，形貌没有明显改变，但处理后涂层表面微裂纹数量明显下降。此外，固溶处理后改变了 β 钛合金的相组成，元素分布随之改变，使试样表面更容易起弧，且放电均匀。与未经过热处理的试样相比，固溶处理后所获膜层的厚度较薄且致密，表面裂纹少，综合性能较好。

除上述提到不同冶金状态的基体对涂层生长有重要影响外，预处理也显著影响涂层生长行为及性能。如喷丸处理和表面机械研磨处理（surface mechanical attrition treatment，SMAT）可以显著提高涂层合金的疲劳寿命（详细见 12 章 12.3.2 节）；预阳极氧化、激光加工、化学刻蚀、电化学刻蚀等可以使制备的微弧氧化涂层具有大的比表面积，用于能源材料相关的设计与应用；预阳极氧化可以提高涂层生长速率，更容易达到"软火花"放电条件，制备的涂层厚且致密，同时可降低能耗；铌合金包埋渗预处理可大幅度提高金属的热防护性能，有望使合金微弧氧化后在高温甚至超高温环境下服役。

4.7.4　金属基复合材料对涂层生长的影响

陶瓷颗粒或纤维增强的轻金属基复合材料由于具有低密度、高比强度与高比刚度等优异性能，在汽车、航空、航天等领域具有诱人的应用潜力。但是，在服役环境（特别是腐蚀气氛）中它们比对应的轻合金更容易腐蚀，这是由于增强相与金属基体间的局部腐蚀或电流反应腐蚀，以及新化合物在界面的形成，进而导致的选择腐蚀作用显著。传统的阳极氧化工艺已经用于在 Al8090/SiC 和 A6061/(Al$_2$O$_3$)p 表面制备薄的涂层，然而存在于界面的颗粒或晶须严重破坏膜层的完整性，因此腐蚀防护性能受到限制。微弧氧化可替代传统阳极化在铝基或镁基复合材料表面制备高性能的防护涂层。不管怎样，金属基体中的增强相（如颗粒、晶须或纤维）不可避免地影响微弧放电过程而导致低的涂层生长效率，因为在微弧氧化火花放电前的初始阶段它们已经破坏了初始障碍层形成的完整性。表 4-7 为典型的轻金属基复合材料微弧氧化电解液体系与涂层组成结构特点。

（1）SiC 颗粒增强铝基复合材料经微弧氧化处理后，涂层向外生长的同时，膜/基界面也逐渐向复合材料内部推进，SiC 颗粒在反应过程中逐渐变小甚至消失。尺寸在变小的过程中，其形状由球形变为椭球形，且椭球形的长轴方向垂直于膜的表面，从而参与涂层形成过程。增强相是否参与反应可能取决于颗粒尺寸，大部分小尺寸 SiC 增强相在火花放电通道内高温烧结作用下已经熔化形成 SiO$_2$，而大尺寸 SiC 增强相可能发生表面部分氧化并保留在涂层中。

（2）Al_2O_3 纤维增强铝基复合材料经微弧氧化处理后的涂层比 SiC 颗粒增强的致密度高，由于 Al_2O_3 稳定，而 SiC 增强体在超过 800℃时，SiC 和铝基体在界面反应生成 Al_4C_3。另外，SiC 增强复合材料起弧时间偏长，电压随时间的变化不理想，微弧氧化涂层表面粗糙，这是由于具有一定导电性的 SiC 破坏了阻挡层的电绝缘性，延缓了涂层的生长，且微弧氧化时 SiC 被氧化，严重阻碍了涂层的持续生长。

（3）碳纤维增强镁基复合材料在微弧氧化过程中不能形成涂层，碳纤维由于导电性能良好成为电流泄露的通道，微弧氧化始终无法进入火花放电阶段，并在载流焦耳热的作用下剧烈氧化而消耗。碳纤维与 SiC 增强相的不同之处在于，微弧氧化初期，SiC 发生氧化反应生成的氧化物可以有效弥合阻挡层局部缺陷，逐渐消除 SiC 导致的不利影响，使微弧氧化能够进入火花放电阶段，而碳纤维的氧化产物为气体，阻挡层缺陷无法通过其氧化产物得到修复，因此无法产生火花放电。

（4）$Al_{18}B_4O_{33}$ 晶须增强镁基复合材料在微弧氧化过程中火花放电只发生在复合材料镁基体，而不会在晶须上发生。晶须作为异相存在于微弧氧化涂层中，微弧氧化处理时逐渐被覆盖在涂层内，并不参与反应，并且复合材料的 $Al_{18}B_4O_{33}$ 相没有破坏微弧氧化时阻挡层的连续性。

由此可见，金属基复合材料中具有阀金属特性的第二相有利于微弧氧化的进行，具有不导电的陶瓷相对涂层连续生长有一定阻碍作用，而具有一定导电性的第二相则阻碍了微弧氧化涂层的生长，甚至不能形成微弧氧化涂层。

表 4-7　典型的轻金属基复合材料微弧氧化电解液体系与涂层组成结构特点

金属基复合材料	增强相尺寸	电解液组成	涂层	
			相组成	应用
2024/15%SiCp	≈12.8μm	Na_2SiO_3 (6~10g/L) KOH (1~2g/L)	莫来石, α-Al_2O_3, γ-Al_2O_3, 非晶 SiO_2	抗腐蚀
Al/55%SiCp	≈60μm	Na_2SiO_3 (15g/L) NaOH (2g/L) Na_2WO_4 (2g/L) EDTA-2Na (2g/L)	α-Al_2O_3, γ-Al_2O_3, SiC	抗腐蚀
Al/45%SiCp	≈3μm	$NaAlO_2$ (20g/L) NaOH (1.2g/L)	α-Al_2O_3, γ-Al_2O_3, SiC, 莫来石	抗腐蚀、电绝缘、导热、散热
ZC71/12%SiCp	≈2μm, 20μm	Na_2SiO_3 (0.05mol) KOH (0.1mol)	MgO, Mg_2SiO_4	抗腐蚀
A356/20 %SiCp	—	Na_2SiO_3 (15g/L) $NaAlO_2$ (3g/L)	α-Al_2O_3, γ-Al_2O_3, 莫来石	抗腐蚀、耐磨

续表

金属基复合材料	增强相尺寸	电解液组成	涂层	
			相组成	应用
AZ91/22%Al$_{18}$B$_4$O$_{33w}$, AZ91/22%SiC$_w$	—	Na$_2$SiO$_3$ (15g/L) KF (8g/L) KOH (8g/L)	MgO, Mg$_2$SiO$_4$, MgF$_2$	抗腐蚀

4.7.5　高熵合金对涂层生长的影响

高熵合金（难熔金属元素）具有良好的力学性能、抗腐蚀性和耐磨性。然而高熵合金通常含有 V、Mo、W 等元素，导致其耐高温氧化性差，限制实际应用。利用微弧氧化在其表面制备的陶瓷涂层具有高硬度、高强度、高耐磨性、耐蚀性、热稳定性以及高温抗氧化性。例如，将 AlTiNbMo$_{0.5}$Ta$_{0.5}$Zr（含有高温易氧化挥发元素 Mo）、AlTiCrVZr（含有高温易氧化挥发元素 V）进行微弧氧化处理，高熵合金中阀金属元素易被氧化形成相应的氧化物，有利于涂层连续性生长，均匀成膜。其中，AlTiNbMo$_{0.5}$Ta$_{0.5}$Zr 微弧氧化涂层以 SiO$_2$ 和 Ta$_2$O$_5$ 为主；AlTiCrVZr 涂层表面以 Al$_2$O$_3$、SiO$_2$、ZrO$_2$、CrO$_3$、TiO$_2$ 及 V$_2$O$_5$ 为主。高温氧化增重曲线表明微弧氧化涂层在 800℃能抑制 O 元素向内扩散及合金中 V 和 Mo 元素的氧化挥发，具有好的抗高温氧化性能。同时，由于较致密的陶瓷涂层阻碍了腐蚀介质与基体接触，表现出良好的耐蚀性。另外，利用微弧氧化在 Zr 基金属玻璃上制备陶瓷涂层，涂层由 ZrO$_2$、SiO$_2$ 及其他相组成，具有高结合强度、高变形能力、高抗压强度以及良好的塑性，说明微弧氧化可能是提高金属玻璃力学性能的有效方法[10]。

4.8　本章小结与未来发展方向

基体合金的微弧氧化工艺因材料性能、热处理状态、零件结构及数量、膜层厚度、成膜速度、设备功率等不同，工艺条件有所不同。特别是不同金属基体的性质（如导电性、组织及缺陷、第二相掺杂及含量等）对微弧氧化过程影响很大，需要采用特殊的溶液与电参数匹配才能保证涂层均匀生长。同时，金属基复合材料微弧氧化工艺更难控制，针对不同金属、金属基复合材料成分和组织结构，需要合理控制工艺参数和能量分配，以提升效率，改善性能。针对金属微弧氧化，可选择合适电导率、与金属匹配的电解液，对涂层有一定封孔作用，可以提高涂层致密性和耐蚀性；针对镁合金中合金成分，可通过调节微弧氧化过程、调控涂层形貌、提高 PBR 值以及耐蚀相比例来改善涂层性能。针对高铜铝微弧氧化处理，可以采用侵蚀性相对较小的电解质配制电解液，同时电解液中添加柠檬酸钠、草酸铵等络合剂可与铜离子形成稳定的络合物，阻碍其生成非介电性的氧化物，消除 Cu 元素不利影响，利于微弧氧化初期成膜。针对高硅铝合金微弧氧化处理，同样需要采用侵蚀性较小的电解液，而且合金工件在电解液中停留时间不宜过长，否则硅元素有从合金表面被腐蚀掉的危险。在限制氧化处理时间的同时，增大电流密度，使其提前进入稳定放电阶段，促使 Si 熔化并氧化，涂层厚度增加的同时提高涂层的绝缘性和完整性，从而实现均匀致密的微弧放电，加快涂层均匀生长。针对金属基复合材料的电解液可以适当使用添加剂（导电剂 NaF、稳定剂 $C_3H_8O_3$、改性剂 $Ce(NO_3)_3$），起到稳定电解液、改善溶液电导率的作用，同时适当提高电流密度并选择合适的氧化时间，使涂层厚度增大，耐蚀性提高。总而言之，金属基体中不同相在微弧氧化过程中的腐蚀溶解、氧化钝化、阻抗变化、介质击穿、火花放电、电化学反应等对涂层生长有重要影响。因此，需要加强机理研究，为工艺优化和实际应用提供理论指导，这也意味着微弧氧化工艺的实现需要金属与电参数、电解液的精确匹配。

　　未来研究可聚焦于工艺-结构-性能协同调控，通过智能化控制电源模式与电参数，结合电解液协同效应设计和基体材料预处理/合金化，进而实现对涂层微观结构的定向构筑。还可深入研究微弧放电等离子体物理化学过程与涂层生长动力学的原位监测，实现涂层制备工艺从"经验调参"向"模型预测驱动"转变，进而面向航空航天、船舶海洋和生物植入体等领域对工况和寿命的苛刻需求，加速开发多功能一体化且高可靠性的微弧氧化涂层。

参 考 文 献

[1] Clyne T W, Troughton S C. A review of recent work on discharge characteristics during plasma electrolytic oxidation of various metals. International Materials Reviews, 2019, 64(3): 127-162.

[2] Jaspard-Mécuson F, Czerwiec T, Henrion G, et al. Tailored aluminium oxide layers by bipolar current adjustment in the plasma electrolytic oxidation (PEO) process. Surface and Coatings Technology, 2007, 201(21): 8677-8682.

[3] Melhem A, Henrion G, Czerwiec T, et al. Changes induced by process parameters in oxide layers grown by the PEO process on Al alloys. Surface and Coatings Technology, 2011, 205(S2): 133-136.

[4] Song Y W, Dong K H, Shan D Y, et al. Investigation of a novel Self-sealing pore micro-arc oxidation film on AM60 magnesium alloy. Journal of Magnesium and Alloy, 2013, 1(1): 82-87.

[5] Ji S, Weng Y, Wu Z, et al. Excellent corrosion resistance of P and Fe modified micro-arc oxidation coating on Al alloy. Journal of Alloys and Compounds, 2017, 710: 452-459.

[6] Jiang H B, Wu G S, Lee S B, et al. Achieving controllable degradation of a biomedical magnesium alloy by anodizing in molten ammonium bifluoride. Surface and Coatings Technology, 2017, 313: 282-287.

[7] Sobolev A, Kossenko A, Zinigrad M, et al. Comparison of plasma electrolytic oxidation coatings on Al alloy created in aqueous solution and molten salt electrolytes. Surface and Coatings Technology, 2018, 344: 590-595.

[8] Qi Y, Peng Z, Liang J, et al. Fluoride-dominated coating on Mg alloys fabricated by plasma electrolytic process in ambient non-aqueous electrolyte. Surface Engineering, 2021, 37(3): 360-364.

[9] Wu T, Blawert C, Zheludkevich M L. Influence of secondary phases of AlSi9Cu3 alloy on the plasma electrolytic oxidation coating formation process. Journal of Materials Science and Technology, 2020, 50(15): 75-85.

[10] Huang Y J, Xue P, Cheng X, et al. Plasticity improvement of a Zr-based bulk metallic glass by micro-arc oxidation. Journal of Iron and Steel Research International, 2017, 24(4): 416-420.

第 5 章 微弧氧化耐磨减摩涂层设计与应用

5.1 概　　述

轻质高强金属（钛、铝、镁及其复合材料）替代高强钢等传统材料制作相对动部件，减重高达 50%，在航空、航天、舰船、汽车、手动机械等轻量化减重增效中起到关键作用，但轻质金属质软、耐磨减摩性差，严重限制其广泛替代使用。在金属表面原位生长微弧氧化高硬度陶瓷涂层，可提高耐磨性，通过微弧氧化涂层改性或复合工艺，还可进一步降低摩擦系数，显著提高耐磨减摩性能。本章重点介绍微弧氧化及复合工艺用于耐磨减摩涂层设计及应用。

5.2 微弧氧化耐磨减摩涂层设计

5.2.1 摩擦磨损与润滑原理

摩擦发生在两个相互接触的物体表面，在外力的作用下发生相对运动或者相对运动趋势时，在接触面之间产生切向的运动阻力，这一阻力又称为摩擦力。磨损是由于在机械作用和（或）化学反应（包括热化学、电化学和力化学等反应）下，在固体的摩擦表面上产生的一种材料逐渐损耗的现象，这种损耗主要表现为固体表面尺寸和（或）形状的改变。磨损分为黏附磨损、磨粒磨损、疲劳磨损、腐蚀磨损、冲蚀磨损及微动磨损等。

润滑主要是在摩擦表面做相对运动时减少摩擦和磨损，提高材料的减摩性能，对提高设备利用率及延长设备使用寿命具有重要意义。此外，在减摩的同时，密封也是应用过程中的重要考核指标。一般要求材料具有减摩密封及稳定的物理、力学等性能。

5.2.2 微弧氧化耐磨减摩涂层设计原则

微弧氧化涂层技术相比于传统阳极氧化具有更厚、更致密的涂层结构，相比于硬质阳极化涂层具有更强韧性，表现出更好的耐磨性。获得优异的耐磨减摩涂层主要可通过以下三个方面实现：

（1）高硬度耐磨物相的可控形成。不同金属基体（Al、Mg、Ti）微弧氧化耐磨或减摩涂层体系与性能各有差异。如铝合金微弧氧化涂层中主晶相为 Al_2O_3，其中 α-Al_2O_3 相具有更高的硬度（1800HV 以上）；镁合金表面微弧氧化涂层（以 MgO 为主相）的硬度在 300～600HV；钛合金表面微弧氧化，以 TiO_2 为主相的硬度达到 700HV，以 Al_2O_3、Al_2TiO_5 或 ZrO_2 为主相的硬度在 1500HV 以上。因此，可通过调节电参数（电压、电流密度、时间、频率等）及电解液成分获得高硬度相的陶瓷涂层，可显著降低磨损率，提高耐磨损性能。

（2）高硬度低摩擦系数的复合相的引入。通过电解液成分掺杂改性，可有效实现涂层中高硬度低摩擦系数的复合相的引入，进而设计出高性能/高精度的耐磨减摩涂层。如通过在电解液中掺杂高硬度（金刚石、Si_3N_4、ZrO_2、TiN 等）或自润滑（石墨、PTFE、CNTs、MoS_2 等）粒子以提高涂层的耐磨或减摩性能。

（3）耐磨减摩微弧氧化基复合涂层的设计制备。微弧氧化层表面固有的多孔结构为构建高结合性的多层复合耐磨减摩涂层提供了很好的黏附基质表面。通过对微弧氧化/其他工艺复合（喷涂、浸涂、化学转化、等离子体浸没式离子注入等技术）设计制备低摩擦系数、低磨损率的多层复合涂层，可提高涂层的耐磨或减摩性能。

5.3 钛合金微弧氧化涂层的摩擦学行为

钛合金（如 Ti6Al4V）具有低的塑性剪切抗力和加工硬化性能，不足以抵抗由机械力引起的摩擦磨损（如黏着、磨粒磨损等）。利用微弧氧化技术在钛合金表面制备耐磨减摩涂层，采用微弧氧化/喷涂石墨复合工艺进一步提高减摩特性。本节主要研究了钛合金微弧氧化涂层及复合润滑涂层的摩擦学行为，并揭示涂层的耐磨与减摩机理。

5.3.1 微弧氧化涂层的摩擦学行为

（1）钛合金微弧氧化涂层的结构。钛合金表面微弧氧化涂层制备工艺为：电解液体系为 Na_2SiO_3、KOH、$(NaPO_3)_6$ 和 $NaAlO_2$，涂层的物相组成以金红石 TiO_2 为主，含有锐钛矿 TiO_2 及少量晶态 SiO_2。图 5-1 给出滑动摩擦测试用钛合金微弧氧化涂层的表面与截面形貌。可见，微弧氧化涂层表面存在微孔及粗糙凸起的陶瓷粒子。钛合金体系表面微孔尺寸约 5μm，从涂层截面形貌分析，涂层内部不均匀，存在少量微孔等缺陷。由于放电通道封闭后残留的微孔分布于涂层的表面，因此，涂层的外表层更加疏松，而涂层的内层相对致密。涂层的表面粗糙度对摩擦过程有较大的影响。为了减轻粗糙度对摩擦过程的影响，依次采用 400#、600# 和 800#砂纸对涂层表面进行研磨抛光处理，以移除最外表面粗糙凸起的陶瓷粒子所构成的疏松层。抛光处理后微弧氧化涂层的表面形貌如图 5-1（b）所示。

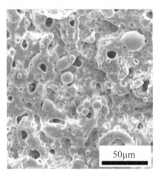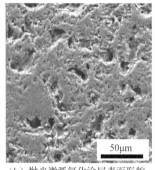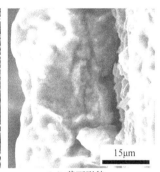

（a）未抛光微弧氧化涂层表面形貌　（b）抛光微弧氧化涂层表面形貌　　（c）截面形貌

图 5-1　滑动摩擦测试用钛合金微弧氧化涂层的表面形貌与截面形貌

（2）钛合金微弧氧化涂层的滑动摩擦行为。图 5-2 示出钛合金和微弧氧化涂层与 GCr15 钢球对磨时摩擦系数随循环次数的变化。可见，在试验条件范围内，Ti6Al4V 的摩擦系数在起始阶段为 0.3～0.4，随摩擦的进行，摩擦系数逐渐增大。超过 1000 次摩擦循环，摩擦系数稳定在 0.4～0.6，摩擦过程中摩擦系数出现明显的跳动。未抛光涂层的摩擦系数明显高于抛光处理后的涂层。在同一摩擦条件下（载荷为 1N），随滑动次数增多，未抛光涂层的摩擦系数由开始时的 0.2 左右迅速增大，当摩擦循环超过 1000 次数时，摩擦系数已经达到 0.6（图 5-2（b））；而经抛光的涂层在同一摩擦条件下，其摩擦系数长期稳定在 0.2 左右（图 5-2（c）），表现出良好的减摩特性。

图 5-3 为钛合金微弧氧化涂层与 GCr15 钢球对磨后的磨痕形貌。未经过抛光处理的微弧氧化涂层表面，在摩擦过程中会形成大量磨屑，造成硬质粒子处于两个被磨表面之间引起三体磨损（图 5-3（a））。而对于抛光后的涂层，由于对磨钢球所施加的正压力低，在对磨过程中钢球发生轻微的机械振动，因此摩擦系数略有波动。但与未抛光时相比，摩擦过程中因振动产生的噪声明显减小。摩擦系数基本保持在 0.2 左右（图 5-3（b））。接近 5000 次数时，摩擦系数略有增大，这可能是由于轻微振动引起陶瓷粒子剥落，同时使对磨钢球表面发生犁削，犁削后的钢材料转移到涂层表面。

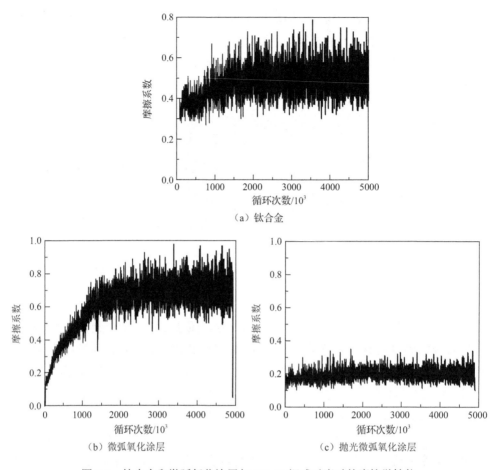

（a）钛合金

（b）微弧氧化涂层　　　　　　　　（c）抛光微弧氧化涂层

图 5-2　钛合金和微弧氧化涂层与 GCr15 钢球对磨时的摩擦学性能

（a）微弧氧化涂层　　　　　　　　（b）抛光微弧氧化涂层

图 5-3　钛合金微弧氧化涂层与 GCr15 钢球对磨后的磨痕形貌

5.3.2　微弧氧化同步沉积烧结 PTFE 涂层的摩擦学行为

钛合金表面微弧氧化同步沉积烧结 PTFE 获得 TiO_2+PTFE 双层涂层（图 5-4），

制备工艺条件为：电解液成分 15g/L Na$_2$SiO$_3$ + 10g/L (NaPO$_3$)$_6$ + 2g/L KOH，电压＞500V，添加 PTFE 体积分数≥8%，电解液温度 50～70℃，时间＞20min，占空比 8%，频率 600Hz。区别于传统微弧氧化涂层表面多孔结构，PTFE 沉积生长铺满整个试样表面，形成 PTFE 外层完全覆盖 TiO$_2$ 陶瓷底层（图 5-4（a）），并由陶瓷底层和 PTFE 外层经锚固镶嵌而成（图 5-4（b））。由图 5-5 可知，在干摩擦/GCr15 对磨工况下（偶件对磨试球由 GCr15 轴承钢制成，硬度 61HRC，半径 3mm，所加载荷 3N），微弧氧化涂层摩擦系数较高，约 0.41，表明涂层与钢球发生了严重的磨粒磨损。而 TiO$_2$+PTFE 双层涂层则表现出很低的摩擦系数（0.1～0.2），这是由于 PTFE 外层的固有自润滑减摩特性。

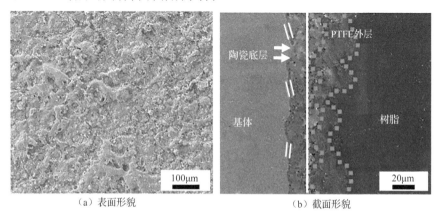

（a）表面形貌   （b）截面形貌

图 5-4   钛合金表面 TiO$_2$+PTFE 双层涂层表面形貌和截面形貌

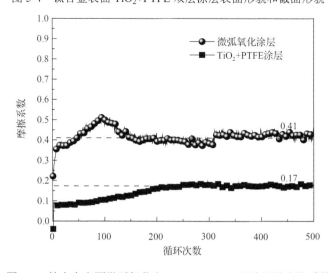

图 5-5   钛合金表面微弧氧化和 TiO$_2$+PTFE 双层涂层的摩擦系数

5.3.3　微弧氧化/喷涂石墨复合涂层的摩擦学行为

采用喷涂法于多孔涂层表面制备石墨润滑层，最终生成特殊结构的具有良好减摩性能的源润滑涂层，即内层与基材结合好，中间层具有合适的硬度与强度，外层具有很好的耐磨减摩复合涂层。图 5-6 为微弧氧化/喷涂石墨复合涂层的表面形貌。可见，涂层的表面均匀覆盖一层薄的石墨，石墨经固化后呈现薄片状。

（a）低倍形貌　　　　　　　　　　　　　　（b）高倍形貌

图 5-6　微弧氧化/喷涂石墨复合涂层的表面形貌

图 5-7 为微弧氧化/喷涂石墨复合涂层与 GCr15 钢球对磨的摩擦性能。与抛光前后微弧氧化涂层的摩擦系数相比较，微弧氧化多孔表面喷涂石墨固体润滑层后，摩擦系数显著降低，摩擦系数长期保持在 0.1～0.15。

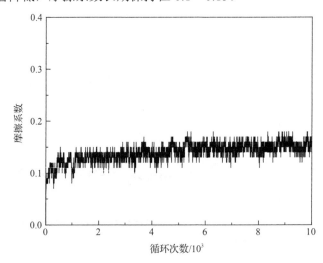

图 5-7　微弧氧化/喷涂石墨复合涂层与 GCr15 钢球对磨的摩擦性能

图 5-8 为微弧氧化/喷涂石墨复合涂层与 GCr15 钢球对磨后的磨痕形貌。喷涂石墨固化后，仅有一薄的均匀润滑层覆盖在多孔涂层表面。部分石墨在喷涂压力

作用下及随后的固化过程中填充到微孔孔隙中。复合涂层在与 GCr15 钢球对磨过程中，润滑薄层将首先与 GCr15 钢球面接触，此时形成连续的固体润滑膜，摩擦系数很低（循环次数小于 500 时，摩擦系数小于 0.1）。随摩擦的进行，涂层表面少数突出的陶瓷粒子将突破固体润滑膜，并直接与对磨钢表面接触。突出润滑膜表面的陶瓷粒子在剪切力作用下，由于反复的疲劳载荷发生断裂。作为磨屑的少数陶瓷粒子进入摩擦表面，在固体润滑膜表面产生细小的犁沟，如图 5-8（b）所示。

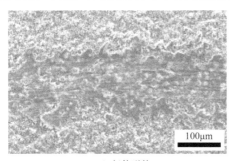 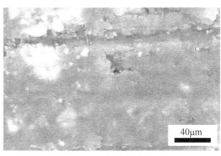

（a）低倍形貌　　　　　　　　　　　　　　（b）高倍形貌

图 5-8　微弧氧化/喷涂石墨复合涂层与 GCr15 钢球对磨后的磨痕形貌

但最终陶瓷粒子在压力的作用下，陷入到涂层表面的微孔间隙中或存在于固体润滑膜中。尽管有陶瓷粒子剥落并参与摩擦过程，但在摩擦过程中，存在于微孔中的石墨润滑剂不断补给到摩擦表面，这样摩擦表面一直维持一层有效的固体润滑膜，因此复合润滑涂层长期保持稳定且低的摩擦系数。

可见，多孔微弧氧化涂层表面涂覆石墨层后，复合涂层具有优异的减摩特性，这取决于固体润滑石墨层的性质。在摩擦过程中，微弧氧化底层作为承载层，且具有高的膜基结合力（≥40MPa），保证在循环载荷作用下涂层不剥落，而涂层表面多孔的特性为引入和储存固体润滑石墨提供了条件。

5.4　铝合金微弧氧化涂层的摩擦学行为

采用表面机械研磨处理技术在 2024 铝合金表面构建一定厚度的纳米晶层，再利用微弧氧化技术对铝合金表面纳米晶层进行微弧放电重构获得纳米化-微弧氧化复合改性层。对比研究铝合金表面纳米晶层、微弧氧化涂层及纳米化-微弧氧化复合改性层的滑动摩擦学行为。

5.4.1　铝合金纳米晶层的摩擦学行为

图 5-9 为钢球表面机械研磨处理 2024 铝合金与 GCr15 钢球对磨时（对磨速度

0.10m/s、载荷 1.5N）摩擦系数随时间变化曲线。

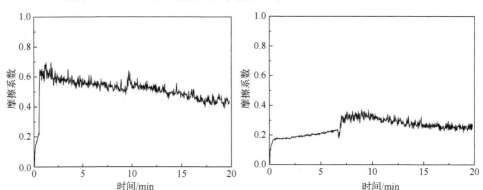

（a）铝合金基体　　　　　　（b）机械研磨铝合金

图 5-9　铝合金和机械研磨处理铝合金与 GCr15 钢球对磨时摩擦系数随时间的变化图

可见，对铝合金基体，摩擦系数最大值约 0.7，摩擦系数曲线没有明显的稳定阶段，摩擦系数在 0.45～0.7。而机械研磨后，在摩擦测试初期，摩擦系数稳定在 0.2 左右，且波动幅度小；在对磨约 8min 后，摩擦系数增大至 0.4，之后摩擦系数随对磨时间的增加逐渐降低。

5.4.2　铝合金表面微弧氧化涂层的摩擦学行为

图 5-10 示出厚度 10μm 的微弧氧化涂层与 GCr15 钢球对磨时摩擦系数随时间变化曲线。在对磨速度为 0.1m/s、载荷为 1.5N 的摩擦测试条件下，摩擦系数由 0.15 逐渐增大至 0.65，未发现涂层被磨穿的现象。

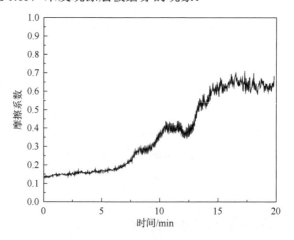

图 5-10　铝合金表面 10μm 厚微弧氧化涂层与 GCr15 钢球对磨时摩擦系数随时间的变化图

图 5-11 为厚度为 10μm 的微弧氧化涂层与 GCr15 钢球对磨 20min 后的表面磨痕形貌。由图 5-11（a）可知，微弧氧化涂层表面"火山口"凸起部分首先与钢球表面接触，并在摩擦过程中被磨损形成小平面，图 5-11（b）为摩擦后在涂层表面形成的平整岛状磨痕形貌。磨损微粒子也排除出摩擦表面，进入"凹坑"位置；涂层表面部分区域仍可以观察到放电微孔的存在，表明涂层具有良好的耐磨性能。

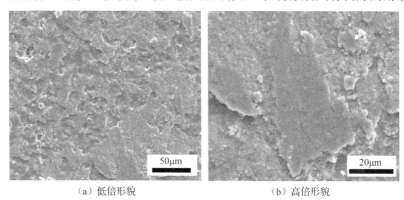

　　　　（a）低倍形貌　　　　　　　　　　　　（b）高倍形貌

图 5-11　铝合金表面 10μm 厚微弧氧化涂层与 GCr15 钢球对磨 20min 后的磨痕形貌

5.4.3　纳米化-微弧氧化复合改性层的摩擦学行为

图 5-12 为干摩擦条件下纳米化-微弧氧化复合改性层（陶瓷外层厚 10μm）与 GCr15 钢球对磨时摩擦系数随时间变化曲线。可见，对磨速度为 0.1m/s、载荷为 1.5N 时，摩擦系数随测试时间的增加逐渐增大，由 0.15 逐渐增加到摩擦测试结束时的 0.65。纳米化-微弧氧化复合改性层（陶瓷外层厚 10μm）的耐磨性能要明显优于相同厚度的微弧氧化涂层，这是由于纳米化-微弧氧化复合改性层显微硬度（HV970）高于微弧氧化涂层（HV850）。

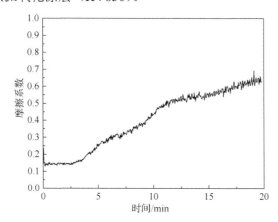

图 5-12　铝合金表面纳米化-微弧氧化复合改性层（陶瓷外层厚 10μm）
与 GCr15 钢球对磨时的摩擦系数随时间的变化图

图 5-13 为纳米化-微弧氧化复合改性层（陶瓷外层厚 10μm）与 GCr15 钢球对磨 20min 后的表面磨痕形貌。

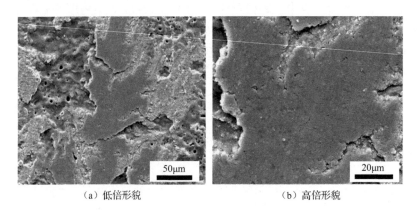

（a）低倍形貌　　　　　　　　　　（b）高倍形貌

图 5-13　铝合金表面纳米化-微弧氧化复合改性层（陶瓷外层厚 10μm）
与 GCr15 钢球对磨 20min 后的磨痕形貌（0.1m/s，1.5N）

如图 5-13 所示，复合改性层与钢球的磨痕区域大部分被平整而致密的黏着层所覆盖，而未覆盖黏着层的区域可以观察到放电微孔，说明黏着层下面的涂层保持完好，且没有观察到涂层裂纹或者破碎的现象，说明在该摩擦测试条件下陶瓷外层厚度为 10μm 的纳米化-微弧氧化复合改性层具有良好的耐磨性能。

5.4.4　耐磨性能比较

图 5-14 为 2024 铝合金、表面机械研磨处理铝合金、10μm 厚微弧氧化涂层以及纳米化-微弧氧化复合改性层（陶瓷外层厚 10μm）与 GCr15 钢球对磨 20min 后的磨痕轮廓曲线。

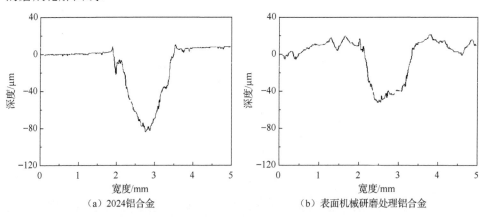

（a）2024 铝合金　　　　　　　　　　（b）表面机械研磨处理铝合金

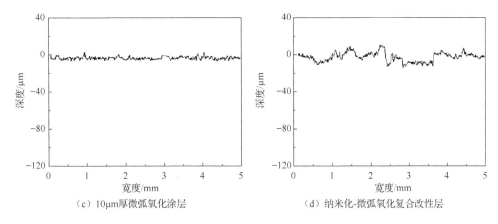

（c）10μm厚微弧氧化涂层　　　　　　（d）纳米化-微弧氧化复合改性层

图 5-14　不同试样与 GCr15 钢球对磨 20min 后的磨痕轮廓（0.1m/s，1.5N）

对比图 5-14（a）和（b）可以发现，表面机械研磨处理后铝合金的磨痕截面积小于未经处理铝合金，说明表面机械研磨处理可以提高铝合金的耐磨性。由图 5-14（c）和（d）可以发现，陶瓷涂层厚度均为 10μm 的微弧氧化涂层与纳米化-微弧氧化复合改性层的表面磨痕轮廓曲线相关不大，摩擦后轮廓变化的范围在表面粗糙度范围内，表明两种涂层在摩擦过程中均未产生明显的磨损。可见微弧氧化涂层与纳米化-微弧氧化复合改性层均可以明显改善铝合金材料的耐磨性能。

5.5　微弧氧化耐磨减摩涂层应用实例

当用于轻载荷下的耐磨减摩涂层时（表面低粗糙度），建议使用的涂层厚度为 10～20μm；当用于重载荷下的耐磨减摩涂层时，建议使用的涂层厚度为 20～150μm。微弧氧化涂层在金属基体上均匀生长，部分在基材表面内（约 1/3），部分在基材表面外（约 2/3），但由于电解液体系与金属基体不同，向内与向外生长比例会有改变，因此如果对零件尺寸精度有要求，需要在设计尺寸时留出涂层生长预留量。有时整体部件的局部（如个别工作孔）需要更厚涂层，可以使用其辅助电极在最关键的表面上构建更厚的涂层。微弧氧化涂层具有高硬度，同时中外层具有微纳米孔，存在低硬度、高韧性区域，两者配合，非常适合抵抗多种磨损工况。除非有意设计牺牲某一种材料，微弧氧化涂层的硬度通常需要与对偶的部件材料硬度相匹配。根据需要，通过选用不同的金属基材及涂层的物相组成，微弧氧化涂层的硬度可在较宽的范围（400～2000HV）内变化，以匹配铝合金、钢、玻璃、陶瓷、高分子等典型的不同硬度的对偶部件。在滑动磨损中，铝合金微弧氧化涂层的耐磨性是硬质阳极氧化的 7 倍以上。镁合金微弧氧化涂层的耐磨性，比裸镁高出 60 倍。钛合金微弧氧化涂层的耐磨性，比钛合金阳极氧化高 10 倍以上。

5.5.1 滑动摩擦工况下应用

微弧氧化耐磨减摩涂层适用于滑动摩擦条件下工作的航空航天器（航空发动机、舰载飞机、导弹、火箭、卫星等）钛合金与铝合金轻量化动部件，如活塞、活塞连接杆、活塞环、卫星用高速轴、轴承、缸体、压缩机轴等零部件，特别是难以实施润滑或只允许真空条件下使用的零部件。

应用实例 1，钛合金减摩密封微弧氧化涂层：长征七号火箭伺服控制系统钛合金蓄压器壳体内壁（图 5-15）要求高精度、耐磨减摩密封涂层，突破了纳米 TiO_2 基致密纳米晶层的工艺控制、复杂型腔内壁涂层均匀生长关键技术瓶颈，实现了高精度高腔深复杂壳体内壁耐磨减摩涂层的制备。纳米 TiO_2 基耐磨减摩陶瓷涂层通过加严磨合与高压气密性试验考核，应用于长征七号大推力火箭伺服控制系统用钛合金关键，以钛代钢，使伺服系统减重约 10kg。

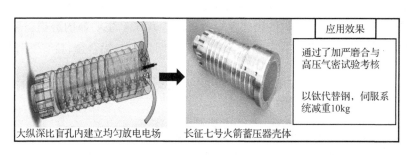

		应用效果
大纵深比盲孔内建立均匀放电电场	长征七号火箭蓄压器壳体	通过了加严磨合与高压气密试验考核 以钛代替钢，伺服系统减重10kg

图 5-15　钛合金减摩密封微弧氧化涂层用于长征七号火箭高精密动部件

应用实例 2，铝合金减摩密封微弧氧化涂层：某复杂多孔铝合金壳体零件主工作孔内壁（图 5-16）要求高精度、耐磨减摩密封涂层，攻克了纳米 Al_2O_3 基致密纳米晶层的工艺控制、复杂缸孔内壁涂层均匀生长关键技术难题，实现了高精度、高腔深、复杂壳体图 5-16 中箭头所指。主缸孔涂层厚度 5μm，台架实验磨合次数分别为 83406 次和 83478 次（磨合时间分别为 2756min 和 2708min）后，涂层保持完好，磨损量小于 0.0015μm；而硫酸阳极氧化涂层的磨合次数为 40530 次（磨合时间为 1515min）时，涂层已经磨损掉（已不能正常使用）。微弧氧化涂层硬度远优于硫酸阳极氧化涂层（用单刃刀划试，无划痕无损伤；用砂纸砂除检查，涂层较难去除）；主缸孔耐磨性优于硫酸阳极氧化涂层（约 2 倍）；在周转和装配过程中，不易出现外观划伤，装配时螺纹不易出现挤伤和咬死。

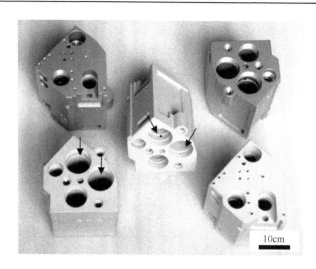

图 5-16　铝合金减摩密封微弧氧化涂层用于某高精密动部件

对于更苛刻摩擦环境下使用的轻质耐磨部件，可提高微弧氧化涂层厚度至20μm，作为应力承载层，再通过喷涂/刷涂自润滑涂层（如 PTFE、MoS$_2$ 或石墨），进一步降低摩擦系数，提高耐磨减摩性能。图 5-17 为铝合金耐磨部件微弧氧化/石墨复合减摩涂层，其中灰黑色工作表面为 10μm 厚石墨干膜润滑涂层，可提高苛刻摩擦环境下耐磨性能。

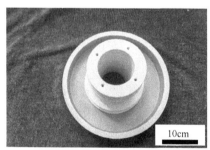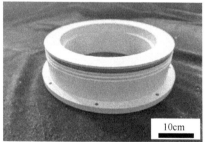

图 5-17　苛刻环境下铝合金耐磨部件微弧氧化/石墨复合减摩涂层

5.5.2　微动摩擦工况下应用

微动条件下（即各种压配合或收缩配合构件在交变应力或环境振动作用下）工作的部件，如铆接件、螺栓、压气机叶片及轮盘、叶片榫头与盘榫槽、锥套、法兰连接件、键或销固定件、弹簧密封或支承面等，容易产生微动裂纹或微动导致的咬死焊合（图 5-18）。例如：微弧氧化耐磨防腐涂层可以解决航空航天器、船舶舰艇、武器装备使用的钛合金紧固件（图 5-19（a）、（b））和某油气井钛合金输气管的防黏着咬死失效问题。

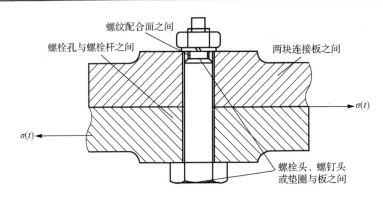

图 5-18　螺纹连接件微动损伤位置示意图

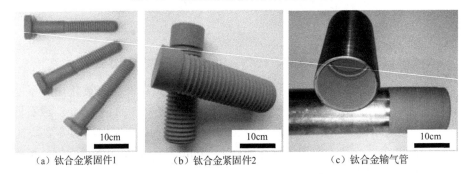

（a）钛合金紧固件1　　　　（b）钛合金紧固件2　　　　（c）钛合金输气管

图 5-19　钛合金螺纹连接件抗微动磨损微弧氧化涂层样件

5.6　本章小结与未来发展方向

　　轻量化金属（钛、铝及镁合金）及复合材料可替代钢、铜等用于相对动部件：应用于高载荷耐磨环境中时，要求涂层具有大厚度、高硬度；应用于低载荷精密减摩环境中时，要求涂层具有高致密、低粗糙度与低摩擦系数。未来挑战仍然是通过微弧氧化参数设计提高致密层所占比例，通过溶液离子掺杂或石墨、PTFE、MoS_2 等低摩擦系数物相的复合，辅以精密抛光等后续加工，以满足航空航天或高端制造中对高精度、耐磨减摩涂层的设计要求。

第6章　微弧氧化抗腐蚀涂层设计与应用

6.1　概　　述

轻量化金属（Al、Mg、Ti、Zr 等）及其合金在航空、航天或核反应堆等领域得到广泛应用，但特种苛刻的腐蚀性服役环境对金属构件的使用寿命产生严重的威胁。例如：海洋环境中，海水、盐雾、潮湿、霉菌及烟尘等对金属构件产生腐蚀；发动机周边环境中，燃气烧蚀和沾染沉积物部位更容易受到腐蚀；核反应堆的高温高压环境中，会引起核包壳锆合金材料的腐蚀。上述工况导致的腐蚀失效严重制约了金属构件的适用范围和寿命。本章阐述了微弧氧化及复合技术在金属表面抗腐蚀涂层设计、性能优化以及工程方面的应用，并介绍微弧氧化涂层抑制电偶腐蚀及对焊缝耐蚀性的影响。

6.2　微弧氧化抗腐蚀涂层设计原则

微弧氧化涂层一般具有双层结构：外部多孔层和内部致密层。由于腐蚀液容易渗透表面多孔层到达致密层，提高内部致密层厚度对涂层整体的抗腐蚀能力起关键作用；同时，应减小（或消除）涂层孔洞和缺陷以提高整体致密性，增加涂层中的耐蚀和缓蚀相。因此，微弧氧化抗腐蚀涂层设计需要考虑如下几方面。

（1）工艺参数：通过电压、电流密度、频率、占空比、时间等调控涂层的致密性，可显著提高耐蚀性。通过工艺参数的协调控制是重要的途径。其一是通过控制微弧氧化过程中不同氧化阶段的能量分布策略，改善涂层致密性，从而提高耐蚀性能：微弧氧化前期，在相对强脉冲放电作用下，使涂层厚度快速增长，后期通过降低电流密度及调节频率和占空比，使电压稳定在某一范围，在相对弱脉冲放电强度下，对前期形成的多孔疏松层进行部分愈合，提高涂层致密性。其二是在双极性脉冲模式下调控出"软火花"放电制度（详见第 4 章 4.5 节），以形成均匀致密的火花放电，有利于制备厚且致密的抗腐蚀陶瓷涂层。

（2）电解液成分：常用电解液体系主要是基于磷酸盐、硅酸盐和铝酸盐发展而来的。其中，磷酸盐可以增加涂层厚度，降低表面粗糙度，制备的涂层平滑致密，具有较好的耐蚀性；硅酸盐体系下涂层生长速率快，涂层较厚且耐磨性优异，耐蚀性也较好；铝酸盐及氢氧化物的添加会显著提高电解液电导率，降低起弧电压，调节电弧大小，促进涂层厚度均匀增加，但相较于硅酸盐与磷酸盐体系涂层的成膜速率及耐蚀性有所降低。复合电解液体系（含 2 种以上电解质）在提高涂层生长速率的同时，提高涂层的致密性。电解液体系的发展趋于多元多功能化，比如自封孔涂层和非水系电解液体系备受关注（详见第 4 章 4.6 节）。特别是电解液中添加剂成分进入涂层形成耐蚀或缓蚀物相，将进一步改善耐蚀性。

（3）添加剂改性：包括稀土元素、微纳米有机/无机粒子以及特殊盐类等。其中 La、Ce、Nd 等稀土元素的添加有利于降低起弧电压、提高涂层的均匀致密性，增强抗腐蚀性；微纳米粒子参与放电反应对涂层自封孔作用有效果，同时能将耐蚀/缓蚀相成分的粒子引入涂层中，强化涂层腐蚀防护性。部分难溶盐（磷酸盐）、易反应盐（钙盐）或钝化性好的盐（氟酸盐）不仅起到了原位封孔的作用还引入了缓蚀相。因此，所制备的涂层有望应用于更加苛刻的腐蚀环境。

（4）微弧氧化前预处理：包括机械研磨、喷丸、喷涂、热浸镀、超声辅助、稀土盐浸渍等，通过前预处理引入纳米化压应力层、牺牲阳极层等，形成复合改性层，提高抗腐蚀性能。

（5）微弧氧化后处理：包括涂漆、硅烷化处理、电沉积、冷喷涂、溶胶凝胶、水热、浸渍、热处理、电泳、电化学沉积、电镀、物理化学气相沉积等，通过复合处理工艺除了提高金属基体的耐蚀性，还赋予涂层优越的力学、热学、装饰及其他功能特性。

6.3 铝合金微弧氧化抗腐蚀涂层设计与制备

铝合金长期服役于海洋舰船及舰载飞机等高技术装备，要求全面提升其抗腐蚀、力学等关键性能。首先，研究单一微弧氧化涂层的组织结构与腐蚀学性能的关系；然后为进一步提高抗腐蚀性能与抗疲劳性能，利用机械研磨法对铝合金进行表面纳米化预处理，再采用微弧氧化制备兼具抗腐蚀与抗疲劳性能的复合涂层，对比研究微弧氧化涂层和复合改性层的组织结构与腐蚀学行为的关系。

6.3.1 微弧氧化涂层的组织结构与抗腐蚀性能

利用微弧氧化技术在 6g/L Na_2SiO_3、35g/L $(NaPO_3)_6$ 和 1.2g/L NaOH 电解液中，电压 600V、频率 600Hz、占空比 10%、氧化时间 10min 条件下制备陶瓷涂层。涂层厚度约为 5μm，内层致密，外表层分散有细小微孔，与基体铝合金结合良好（图 6-1）。

图 6-2 为微弧氧化涂层在质量分数为 3.5%NaCl 溶液中的阻抗谱随浸泡时间变化曲线。随着浸泡时间增加，涂层试样在低频段（0.01Hz）的阻抗模值由 0.5h 时

的 $6.34 \times 10^6 \Omega \cdot cm^2$ 逐渐降低为 360h 时的 $1.69 \times 10^5 \Omega \cdot cm^2$，表明涂层在浸泡过程中逐渐被腐蚀液侵蚀、渗透，导致耐蚀性逐渐降低。由阻抗伯德（Bode）图 6-2（b）可见，在浸泡前期（0.5～96h），相位角随频率变化曲线中含有两个时间常数，其中高频部分的时间常数来自微弧氧化涂层外部多孔层的阻抗响应，中频部分的时间常数则来自微弧氧化涂层内部致密层的响应。在这个浸泡阶段内，代表微弧氧化涂层电化学响应的两个时间常数所对应的相位角值随着浸泡时间的增加逐渐降低，表明涂层的电容性响应逐渐变弱，原因是涂层表面多孔结构特征导致腐蚀液逐渐向涂层内部渗透，这使涂层的电化学响应类似于多孔电极，同时腐蚀溶液对涂层有一定的化学溶解作用，导致涂层厚度随浸泡时间的增加缓慢减少。当浸泡时间超过 120h 时，在阻抗谱低频段出现了第三个时间常数，该时间常数对应于涂层下基体合金与腐蚀介质之间发生的点蚀。

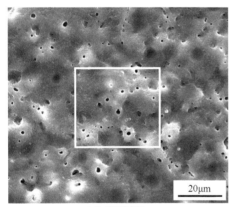

（a）表面形貌　　　　　　　　　　（b）截面形貌

图 6-1　铝合金微弧氧化涂层表面和截面形貌

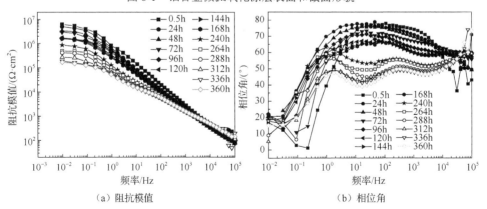

（a）阻抗模值　　　　　　　　　　（b）相位角

图 6-2　微弧氧化涂层试样在 3.5%NaCl 溶液中的阻抗 Bode 图

　　随着浸泡时间继续增加，腐蚀产物在点蚀坑底部生成并塞满点蚀坑，之后腐蚀产物和生成的 H_2 由点蚀坑内部向外溢出。图 6-3 为微弧氧化涂层浸泡 360h 后的腐蚀形貌，点蚀坑直径约 150μm，呈火山口状，腐蚀产物和 H_2 的溢出导致点蚀坑周围的涂层向上凸起、产生裂纹并伴有部分涂层的剥落。与布满大量腐蚀产物的铝合金相比，微弧氧化涂层点蚀坑周围未观察到不溶性腐蚀产物，尽管浸泡过程中涂层被腐蚀液所浸透，但涂层大部分保持完好，仍对基体铝合金起到保护作用。可见，微弧氧化涂层显著提高了基体铝合金的抗腐蚀性能。

图 6-3　铝合金微弧氧化涂层在 3.5%NaCl 溶液浸泡 360h 后的腐蚀形貌

　　微弧氧化涂层试样在质量分数为 3.5%NaCl 溶液浸泡过程中的物理模型及等效电路图见图 6-4（a）：R_s 为溶液电阻，Q_p 和 R_p 为微弧氧化涂层外部多孔层的电化学响应，Q_b 和 R_b 代表微弧氧化涂层内部致密层的电化学响应，当涂层被溶液渗透，腐蚀液与基体接触，腐蚀反应发生后在等效电路中引入了 Q_{dl} 和 R_{ct}，分别代表铝合金表面的双电层电容和电荷转移电阻。拟合结果见图 6-4（b），与试验数据吻合良好。

　　腐蚀防护机理：微弧氧化涂层使腐蚀介质不能与基体直接接触，抑制腐蚀反应的发生。涂层一般由外部多孔层和内部致密层组成，外部多孔洞的结构特征，短时间浸泡后，腐蚀液即可以穿透多孔层，导致涂层的抗腐蚀性能快速下降。持续浸泡过程中，腐蚀液不断侵蚀、渗透到内部致密层，但由于内层致密，抗腐蚀性能随浸泡时间的增加而缓慢降低。浸泡一定时间后，内部致密层被腐蚀介质穿透，腐蚀液到达膜基界面位置，引发腐蚀反应，腐蚀反应产物向外溢出在涂层表面形成点蚀坑，涂层逐渐失去对基体合金的保护作用。

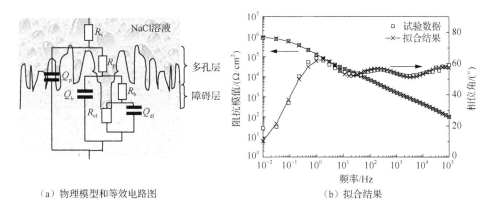

（a）物理模型和等效电路图　　　　　　　　（b）拟合结果

图 6-4　微弧氧化涂层试样在 3.5% NaCl 溶液中浸泡情况

6.3.2　纳米化-微弧氧化复合改性层的组织结构与抗腐蚀性能

铝合金表面纳米化-微弧氧化复合改性层的构建在第 4.7 节已经阐述。如图 6-5 所示，纳米化-微弧氧化复合改性层（陶瓷外层厚 5μm）与微弧氧化涂层有类似的形貌特征，表面分布着微米级孔隙。对比发现，复合改性层表面微孔较多，孔径较大，其原因是机械研磨处理后，铝合金表面晶粒被细化至纳米量级，缺陷位置增多，使微弧击穿放电的位置增多，且更容易诱导微弧放电，因而产生更多的放电通道，导致涂层表面微孔数量增加。铝合金表面纳米晶层诱导产生更多的细小火花放电有利于形成致密的内部陶瓷层。如图 6-5（b）所示，复合改性层致密，且与基体铝合金结合良好。

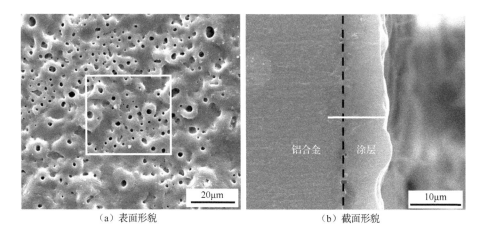

（a）表面形貌　　　　　　　　　　　　（b）截面形貌

图 6-5　铝合金纳米化-微弧氧化复合改性层的表面与截面形貌

图 6-6 为铝合金纳米化-微弧氧化复合改性层膜基界面附近纳米晶内层 TEM 照片，可见界面附近的基体铝合金组织为晶粒尺寸＜200nm 的等轴晶，最细晶粒尺寸仅几十纳米。图 6-6（b）的选区电子衍射花样为连续的衍射环，说明复合改性层膜基界面附近基体组织晶粒尺寸仍保持纳米量级。这表明在微弧氧化过程中，微弧放电产生的热量不会影响界面附近的基体组织结构，界面附近的基体组织仍为细小的纳米晶，说明成功设计制备出了外层为陶瓷涂层而与之接壤的内层为铝合金纳米晶层的纳米化-微弧氧化复合改性层结构。

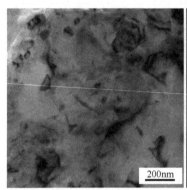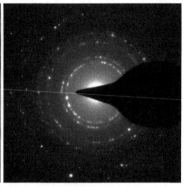

（a）界面附近基体微观组织形貌　　　　　　（b）选区电子衍射花样貌

图 6-6　铝合金纳米化-微弧氧化复合改性层膜基界面附近纳米晶内层 TEM 照片

纳米化-微弧氧化复合改性层是采用微弧氧化在铝合金表面纳米晶层范围内进行表面陶瓷化处理制备而来。结构特点：外层为微弧氧化陶瓷涂层，与之接壤的内层为铝合金纳米晶层。本节重点研究复合改性层的腐蚀学行为及复合改性层内层纳米晶层对腐蚀性能的影响。

图 6-7 为纳米化-微弧氧化复合改性层在质量分数为 3.5%NaCl 溶液中浸泡不同时间的电化学阻抗 Bode 图。与微弧氧化涂层相比，复合改性层的阻抗谱变化表现出完全不同的趋势。如图 6-7（a），复合改性层在浸泡初期（0.5h）低频段阻抗模值为 $1.2 \times 10^6 \Omega \cdot cm^2$，约为微弧氧化涂层的 1/5，表明在浸泡初期微弧氧化涂层相比复合改性层具有较好的耐蚀性。原因是复合改性层陶瓷外层表面孔隙率要明显高于微弧氧化涂层，导致腐蚀溶液迅速渗透多孔层到达致密层，从而使初期阻抗模值降低。在随后浸泡过程中，复合改性层的阻抗模值与微弧氧化涂层不同，未出现单调递减现象，而是呈现出复杂的变化趋势。浸泡 336h 后，复合改性层低频段阻抗模值仍高达 $9.91 \times 10^5 \Omega \cdot cm^2$，与浸泡 0.5h 时相比下降了约 20%，而相同情况下微弧氧化涂层的阻抗模值降低为原来的 1/35。可见，复合改性层表现出更稳定的抗腐蚀性能。

图 6-7（b）为纳米化-微弧氧化复合改性层不同浸泡时间下的相位角频响特性

曲线。在整个浸泡过程中，复合改性层试样仅含两个时间常数，即代表陶瓷外部多孔层电化学响应的高频段时间常数和代表陶瓷内部致密层电化学响应的中频段时间常数。而表征金属基体与腐蚀介质之间电化学腐蚀反应的低频段阻抗响应在整个浸泡试验过程中未出现，说明复合改性层可以有效阻挡腐蚀液渗透至基体合金，抑制腐蚀发生。在浸泡初期 0.5h 到 72h，代表复合改性层内部致密层的中频部分的时间常数基本保持不变，表明浸泡初期致密层电化学特性保持不变，可以有效阻挡腐蚀液的渗透；中频段时间常数所对应的相位角峰值逐渐降低，其电容性响应逐渐变弱，表明复合改性层内部致密层逐渐被腐蚀液渗透，耐蚀性随浸泡时间增加而减弱。浸泡超过 72h 后，随着浸泡时间增加，中频段时间常数位置逐渐向低频段移动，表明复合改性层内部致密层的电化学特性由于腐蚀液渗透而发生变化。

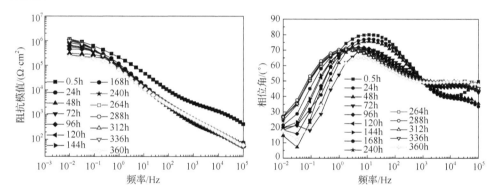

图 6-7　纳米化-微弧氧化复合改性层试样在 3.5% NaCl 溶液中的阻抗 Bode 图

　　图 6-8 为铝合金纳米化-微弧氧化复合改性层在 3.5% NaCl 溶液浸泡 360h 后的腐蚀形貌，仅观察到由于腐蚀液侵蚀而产生的微裂纹，未发现点蚀坑的存在，说明没有发生基体铝合金与腐蚀液的腐蚀反应，与上面讨论的结果一致。

图 6-8　纳米化-微弧氧化复合改性层在 3.5%NaCl 溶液浸泡 360h 后的腐蚀形貌

复合改性层试样在质量分数为 3.5%NaCl 溶液浸泡过程中的物理模型及等效电路如图 6-9（a）所示。R_s 为溶液电阻，Q_p 和 R_p 代表陶瓷涂层外部多孔层的电化学响应，Q_b 和 R_b 则代表陶瓷涂层内部致密层的电化学响应，当腐蚀介质穿过陶瓷外层局部薄弱位置到达基体铝合金时，铝合金表面形成的致密钝化膜可起到修复腐蚀通道的作用，因而不需要引入新的等效电路元件。纳米化-微弧氧化复合改性层试样浸泡 240h 后阻抗数据拟合结果见图 6-9（b）。

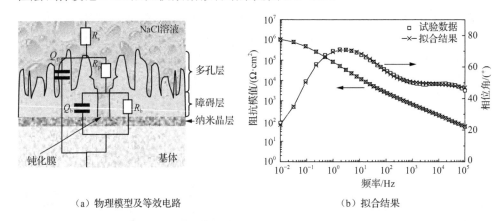

（a）物理模型及等效电路　　　　　　　（b）拟合结果

图 6-9　纳米化-微弧氧化复合改性层试样在 3.5% NaCl 溶液中浸泡

复合改性层纳米晶内层晶粒尺寸远小于原始粗晶，当腐蚀液在局部穿透陶瓷外层到达纳米晶内层时，纳米晶内层表面细小铝晶粒组织具有高活性，易于诱导生成致密钝化膜，该钝化膜可以有效阻挡腐蚀液的继续渗透，起到修复陶瓷外层的作用，随着浸泡时间的增加复合改性层在低频段阻抗模值表现出先降低再升高的趋势，具有稳定的腐蚀防护能力（图 6-10）。

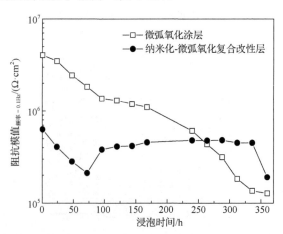

图 6-10　微弧氧化及纳米化-微弧氧化复合改性层抗腐蚀性能随浸泡时间变化规律

6.4　微弧氧化涂层的电偶腐蚀

航空航天、航海等装备制造中轻金属与其他异种金属（如钢、铝、铜等）连接使用时，不可避免会出现电偶腐蚀问题。为研究微弧氧化陶瓷涂层对抑制电偶腐蚀的作用，以 TA15 钛合金微弧氧化涂层与 30CrMnSiA 钢对偶腐蚀为例，研究涂层组织结构与电偶腐蚀的关系，以揭示微弧氧化涂层在提高电偶腐蚀方面的性能优势。

6.4.1　钛合金微弧氧化涂层的组织结构

微弧氧化陶瓷涂层的制备工艺参数：电解液 9g/L Na_2SiO_3、3g/L Na_3PO_4、3g/L $NaAlO_2$，电压 550V、脉冲频率 500Hz、占空比 10%。氧化时间设定为 10min、30min、50min，制备不同厚度的涂层标记为 MAO-10min、MAO-30min 和 MAO-50min。如图 6-11 所示，微弧氧化涂层表面呈典型的"火山口状"多孔形貌。涂层主要由内部致密层和外部疏松多孔层组成。涂层中 O 元素从涂层表面到膜基界面处均保持较高的含量；涂层中含较高的 Al 和 Si 元素，沿截面分布较均匀；P 元素主要分布在膜基界面处附近，说明 PO_4^{3-} 在微弧放电过程中，更容易通过放电通道迁移到界面处发生化学反应。

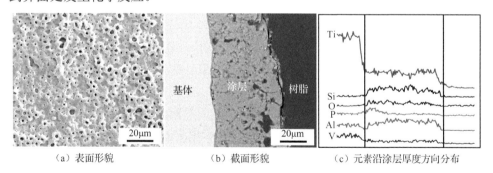

（a）表面形貌　　　　　　（b）截面形貌　　　　（c）元素沿涂层厚度方向分布

图 6-11　钛合金表面微弧氧化涂层的微观形貌与能谱分析

微弧氧化时间 10min、30min、50min 时，制备出厚度为 12μm、22μm、30μm 的陶瓷涂层。图 6-12 是不同氧化时间微弧氧化涂层的截面形貌。随着氧化时间的延长，微孔数量减少，出现较大的孔洞和细小裂纹，涂层与基体之间的界面形貌由平直逐渐变得凹凸不平，出现"局部过生长"现象（黑色箭头所示）。

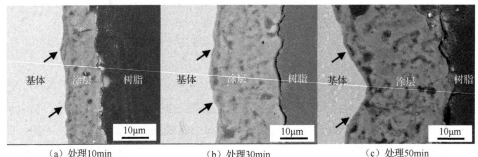

（a）处理10min　　　　　（b）处理30min　　　　　（c）处理50min

图6-12　钛合金表面不同氧化时间微弧氧化涂层的截面形貌

6.4.2　钛合金微弧氧化涂层的电偶腐蚀行为

钛合金与异种金属接触时，因其具有电位差，容易导致严重的电偶腐蚀问题。因此，在 TA15 钛合金表面制备微弧氧化涂层，研究 30CrMnSiA 钢/TA15 合金微弧氧化涂层的电偶腐蚀行为，并与航空航天领域常见的其他对偶试样（30CrMnSiA 钢/TA15 合金、30CrMnSiA 钢/巴氏合金、30CrMnSiA 钢/铝青铜）进行对比研究。

表 6-1 是各电偶对在试验周期下的阴阳极电位和电偶电流密度。可见，由于 30CrMnSiA 钢电极具有较低的电势，在与金属（铝青铜、巴氏合金、TA15 合金）接触时，只能作为阳极，这使 30CrMnSiA 钢在偶接时容易发生腐蚀。此外，微弧氧化涂层因具有高阻抗模值和优异的绝缘性，当与 30CrMnSiA 钢偶接时，接触电偶电流密度明显降低，特别是 MAO-50min 涂层，其接触电流密度仅为 $0.2467\mu A/cm^2$，且阴阳极的电位差（54mV）显著小于 30CrMnSiA 钢与 TA15 合金直接接触时的电位差（371mV）。

根据中华人民共和国航空工业部标准《不同金属电偶电流测定方法》（HB 5374—1987），将表6-1中各电偶对按照电偶电流密度的大小划分为如下等级。

（1）30CrMnSiA 钢与巴氏合金、铝青铜偶接时，$3.0\mu A/cm^2 <$ 电偶电流密度$_{(巴氏合金、铝青铜)} < 10.0\mu A/cm^2$，电偶腐蚀敏感性定为 D 级，不允许接触使用。

（2）30CrMnSiA 钢与 TA15 合金偶接时，$1.0\mu A/cm^2 <$ 电偶电流密度$_{(TA15合金)} \leqslant 3.0 \mu A/cm^2$，电偶腐蚀的敏感性定为 C 级，在一定条件下限制使用。

（3）30CrMnSiA 钢与 MAO-10min 涂层试样偶接时，$0.3\mu A/cm^2 <$ 电偶电流密度$_{(MAO-10min)} \leqslant 1.0\mu A/cm^2$，电偶腐蚀敏感性定为 B 级，允许使用。

（4）30CrMnSiA 钢与 MAO-30min、MAO-50min 涂层试样偶接时，电偶电流密度$\leqslant 0.3\mu A/cm^2$，电偶腐蚀敏感性定为 A 级，允许使用。

表 6-1　各个电偶耦合试样的电偶腐蚀数据

| 电偶对 | | 电偶电流密度 | 电极电位/mV | | 阴阳极 |
阴极	阳极	/(μA·cm²)	阴极	阳极	电位差/mV
TA15 合金	30CrMnSiA 钢	1.5683	−143	−514	371
TA15 合金	巴氏合金	0.0012	−142	−349	207
巴氏合金	30CrMnSiA 钢	5.6569	−307	−453	146
TA15 合金	铝青铜	0.1592	−40	−221	181
铝青铜	30CrMnSiA 钢	8.9663	−212	−505	293
MAO-10min	30CrMnSiA 钢	0.3194	−389	−512	123
MAO-30min	30CrMnSiA 钢	0.2602	−450	−522	72
MAO-50min	30CrMnSiA 钢	0.2467	−457	−511	54

由上分析可知，30CrMnSiA 钢在与微弧氧化处理后与钛合金接触使用时，电偶腐蚀敏感性可由原来的 C 级下降为 B 级或 A 级，说明微弧氧化涂层能够在一定程度上降低电偶腐蚀速度，对阳极材料起到保护作用；30CrMnSiA 钢与巴氏合金、铝青铜对偶时，电偶电流密度远大于 30CrMnSiA 钢与 TA15 合金电偶对，电偶腐蚀敏感性由 C 级上升为 D 级，电偶腐蚀严重，在实际应用中应避免其对偶接触使用。此外，延长微弧氧化时间提高了涂层致密性，增加阻抗值，使电极电偶间的电流密度减小，从而进一步降低电偶电流和阴阳极的电位差（表 6-1）。

不同电偶对在经过 360h 电偶腐蚀后，30CrMnSiA 钢的平均质量损失率如图 6-13 所示。在不同对偶件偶接时，参比试样（自腐蚀）的质量损失率要小于 30CrMnSiA 钢与其他试样形成电偶对的质量损失率，表明只要试样之间发生接触，就存在电偶腐蚀现象。在与其他金属试样偶接时 30CrMnSiA 钢质量损失率分别为：30CrMnSiA 钢//TA15 合金（0.13g/(h·m²)）、30CrMnSiA 钢//巴氏合金（0.126g/(h·m²)）、30CrMnSiA 钢/铝青铜（0.167g/(h·m²)）。相比较，30CrMnSiA 钢与钛合金微弧氧化涂层偶接时的质量损失率明显减小，分别为：30CrMnSiA 钢//MAO-10min（0.115g/(h·m²)）、30CrMnSiA 钢//MAO-30min（0.117g/(h·m²)）、30CrMnSiA 钢//MAO-50min（0.112g/(h·m²)）。30CrMnSiA 钢与金属试样、涂层试样接触都发生电偶腐蚀，但钛合金表面因有绝缘阻挡作用的微弧氧化涂层，对电偶腐蚀有明显抑制作用。

图 6-14 是各电偶对的平均电偶腐蚀速度，计算公式如下：

$$K_c = \frac{(W_{c0} - W_{c1}) - (W_0 - W_1)}{St} \tag{6-1}$$

式中，K_c 为平均电偶腐蚀速度；W_{c0} 为阳极组元偶联试样试验前质量；W_{c1} 为阳极组元偶联试样试验后质量；W_0 为阳极组元对比试样试验前质量；W_1 为阳极组元对比试样试验后质量；S 为阳极组元试样表面积；t 为腐蚀进行时间。

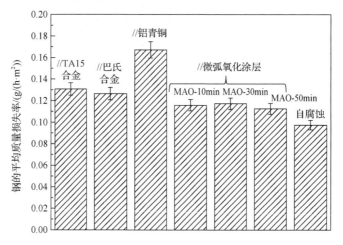

图 6-13　各种电偶对中 30CrMnSiA 钢的平均质量损失率

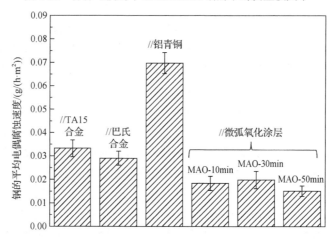

图 6-14　各种电偶对中 30CrMnSiA 钢的平均电偶腐蚀速度

可以看出，各电偶对中，30CrMnSiA 钢与铝青铜偶接时的电偶腐蚀速度最大，30CrMnSiA 钢与钛合金微弧氧化涂层试样偶接时的电偶腐蚀速度明显较小。因此，微弧氧化涂层可有效减小电偶腐蚀效应，减缓 30CrMnSiA 钢试样的腐蚀速度。

6.5　微弧氧化对焊缝抗腐蚀性能的影响

搅拌摩擦焊技术广泛应用于航空、航天领域，但焊接件在长期使用过程中，焊缝会与外界接触，易发生腐蚀，影响使役性能和寿命。本节以铝合金搅拌摩擦焊缝为例，采用微弧氧化法在焊缝表面分别制备黑色和灰色的微弧氧化涂层，分析微弧氧化前后焊缝组织结构与腐蚀行为的关系。

6.5.1　焊缝与微弧氧化涂层的动电位极化曲线

分别在 Na_2SiO_3、Na_3PO_4、Na_2WO_4 和 Na_2SiO_3、Na_3PO_4、NH_4VO_3 及其他添加剂的溶液中制备出灰色与黑色微弧氧化涂层，涂层厚度 20μm。将微弧氧化前后的搅拌摩擦焊缝表面各区域，包括热影响区（heat affected zone，HAZ）、轴肩影响区（shoulder affected zone，SAZ）及母材（base material，BM）区，制作成极化试样，在 3.5%NaCl 溶液中进行动电位极化测试（图 6-15）。表 6-2 列出了微弧氧化前后焊缝表面各区域的腐蚀电位和腐蚀电流密度。

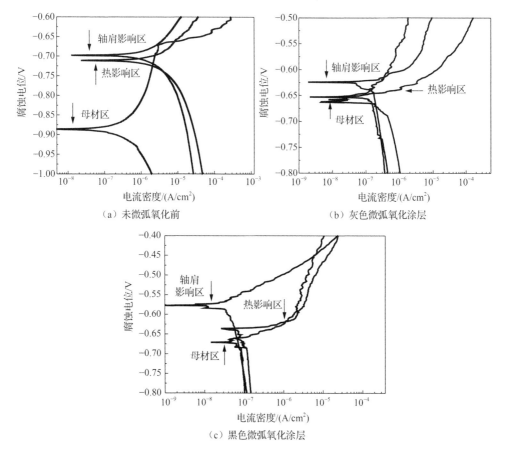

（a）未微弧氧化前　　（b）灰色微弧氧化涂层

（c）黑色微弧氧化涂层

图 6-15　搅拌摩擦焊缝表面各区域微弧氧化前后的动电位极化曲线

未经微弧氧化处理的搅拌摩擦焊缝表面母材区与其他两个区域相比，腐蚀电位最低（−0.887V），腐蚀电流密度最大 $9.31×10^{-7}A/cm^2$，易发生腐蚀。热影响区腐蚀电位也较低，腐蚀电流密度较高，易发生腐蚀。另外，基材耐蚀性的好坏影响涂层的耐蚀性，即不管是否进行微弧氧化处理，轴肩影响区的抗腐蚀能力是最强的，腐蚀速度最慢。微弧氧化处理后，腐蚀电位升高，腐蚀电流密度明显下降。黑色涂层的轴肩影响区腐蚀电位比灰色涂层腐蚀电位高，腐蚀电流密度最小，可见，黑色涂层的腐蚀防护能力要强于灰色涂层。

表 6-2　焊缝表面各区域微弧氧化前后的腐蚀电位和腐蚀电流密度

处理工艺	区域	腐蚀电位/V	腐蚀电流密度/(A/cm^2)
未经微弧氧化处理搅拌摩擦焊缝	母材区	−0.887	$9.31×10^{-7}$
	轴肩影响区	−0.697	$6.12×10^{-7}$
	热影响区	−0.711	$7.33×10^{-7}$
灰色微弧氧化涂层	母材区	−0.662	$5.27×10^{-8}$
	轴肩影响区	−0.624	$5.07×10^{-8}$
	热影响区	−0.652	$5.47×10^{-8}$
黑色微弧氧化涂层	母材区	−0.671	$6.29×10^{-8}$
	轴肩影响区	−0.577	$2.89×10^{-8}$
	热影响区	−0.636	$5.12×10^{-8}$

6.5.2　焊缝与微弧氧化涂层在层状腐蚀溶液中的腐蚀行为

首先，研究焊缝在层状腐蚀（expoliation corrosion，EXCO）溶液中的腐蚀行为。用蜡封的方法将 2219 铝合金搅拌摩擦焊缝封好，只露出焊缝表面，然后将其完全浸入 EXCO 溶液中，72h 后取出。

如图 6-16 所示，浸泡 24h 后，母材区发生严重剥蚀，级别为 ED 级，热影响区的剥蚀级别为 EB 级，轴肩影响区整体颜色变深，出现点蚀现象，级别为 P 级（根据国际标准《金属和合金的腐蚀：铝合金剥落腐蚀试验》ISO 11881：1999）。浸泡 48h，母材区与热影响区的剥蚀现象更加严重，轴肩影响区表面出现片层剥离现象。浸泡 72h，轴肩影响区的片层剥离现象非常明显，热影响区与母材区的腐蚀深度进一步加大。

图 6-17 为浸泡 72h 后焊缝（清洗后）的表面形貌。如图 6-17（a）所示，去除表面结合力很差的腐蚀层，看到左侧母材区的腐蚀较为严重，而右侧的热影响区相对轻微一些，出现微裂纹。图 6-17（b）为轴肩影响区，腐蚀不严重。图 6-18 为焊缝腐蚀 72h 后截面金相图，焊缝发生的是晶间腐蚀，由于晶界处缺陷较多而复杂，晶间沉淀相（以 $CuAl_2$ 为主）的存在使该区域晶粒与其他区域成分不均匀，形成微小的原电池效应，发生电化学腐蚀。正是这种连续晶界网络促进了腐蚀扩展，形成晶间腐蚀。

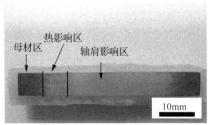
（a）浸泡2h

（b）浸泡24h

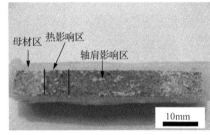
（c）浸泡48h

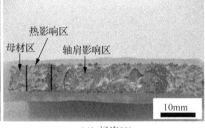
（d）浸泡72h

图 6-16　焊缝 EXCO 溶液浸泡不同时间后的宏观形貌

（a）母材区与热影响区

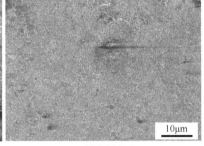
（b）轴肩影响区

图 6-17　浸泡 72h 的焊缝经清洗后表面形貌

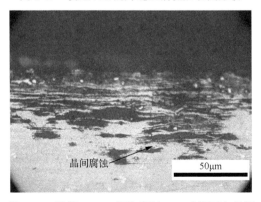

图 6-18　焊缝 EXCO 浸泡腐蚀 72h 后截面金相图

相比较，微弧氧化涂层显著提高焊缝区域在 EXCO 溶液中的抗腐蚀能力。图 6-19 为焊缝表面制备微弧氧化灰色和黑色涂层浸泡不同时间后的表面宏观形貌。可见，母材区的腐蚀非常严重（与基材类似），该区域的涂层已经完全剥落。灰色涂层浸泡 24h 后，介于轴肩影响区与母材区的热影响区能够明显地观察出来。72h 后，轴肩影响区与热影响区表面的涂层还是存在的。相比之下，黑色涂层具有更好的耐蚀性，特别是轴肩影响区，未出现明显的腐蚀现象。

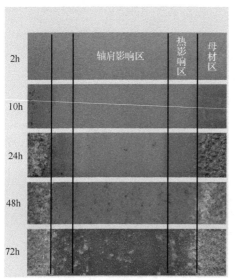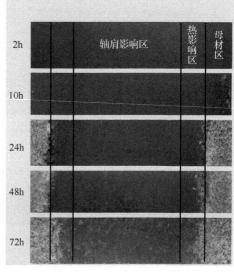

（a）灰色涂层　　　　　　　　　　　　（b）黑色涂层

图 6-19　微弧氧化涂层试样浸泡不同时间的表面宏观形貌

将腐蚀 72h 的涂层试样表面腐蚀层清洗掉，然后对热影响区与轴肩影响区表面进行 SEM 观察（图 6-20）。可见浸泡腐蚀后试样表面仍具有微孔结构，说明焊缝的微弧氧化涂层经 72h 浸泡后，热影响区与轴肩影响区表面未发生涂层剥离现象，起到了腐蚀防护作用。表 6-3 为微弧氧化涂层试样质量损失率，黑色涂层的质量损失率较小，抗腐蚀性能优于灰色涂层。

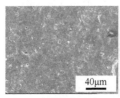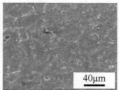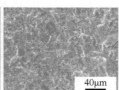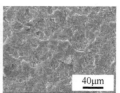

（a）灰色涂层热影响区　（b）灰色涂层轴肩影响区　（c）黑色涂层热影响区　（d）黑色涂层轴肩影响区

图 6-20　浸泡 72h 后微弧氧化涂层试样的表面形貌

表 6-3　灰色涂层与黑色涂层试样的质量损失率比较

微弧氧化涂层	腐蚀前质量/g	腐蚀后质量/g	质量损失率/%
灰色涂层	11.7587	11.7396	0.1624
黑色涂层	12.4772	12.4672	0.0801

6.5.3　焊缝与微弧氧化涂层在中性盐雾中的腐蚀行为

盐雾腐蚀是一种常见且具有破坏性的大气腐蚀。它对金属材料表面的腐蚀是由含有的氯离子穿透金属表面的氧化层或防护层，与内部金属发生电化学反应引起的。如图 6-21 所示，未经微弧氧化处理的铝合金搅拌摩擦焊缝在盐雾中放置 100h 后，表面出现明显的腐蚀现象，含有许多密集的腐蚀坑。

图 6-21　铝合金搅拌摩擦焊缝在盐雾中静置 100h 后表面宏观形貌

经微弧氧化处理后的焊缝未发生明显腐蚀现象。如图 6-22 所示，在盐雾中静置 300h 后，带有灰色涂层的焊缝部分区域出现了少量的腐蚀坑，而带有黑色涂层的焊缝没有出现明显腐蚀现象。

（a）灰色涂层

（b）黑色涂层

图 6-22　带微弧氧化涂层的焊缝在盐雾中静置 300h 后宏观形貌

图 6-23 为三种试样盐雾静置 1000h 后表面宏观形貌对比，铝合金焊缝试样表面部分区域虽然存在白色附着物（主要为 NaCl），对盐雾的侵蚀起到了一定的限制作用，但腐蚀程度在三者中最严重。灰色涂层出现了很多明显的腐蚀坑，尺寸

较大，而黑色涂层腐蚀程度不严重。

图 6-23　三种铝合金试样盐雾静置 1000h 后的表面宏观形貌对比

图 6-24 为三种试样盐雾静置 1000h 后轴肩影响区的表面形貌。铝合金焊缝表面较粗糙，凹凸不平，含有大量腐蚀缺陷。灰色涂层有明暗区域，明亮区域粗糙，腐蚀较严重，但涂层依旧存在。黑色涂层表面仍具有微孔特征，腐蚀程度较弱。

  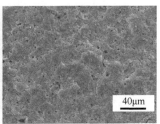

（a）搅拌摩擦焊缝　　　　　　　（b）灰色涂层　　　　　　　（c）黑色涂层

图 6-24　三种铝合金试样盐雾静置 1000h 后轴肩影响区的表面形貌

6.6　微弧氧化抗腐蚀涂层应用实例

一般来说，较厚的微弧氧化涂层会提供更好的抗腐蚀防护。但并非总是如此，微弧氧化涂层较薄时可能无法形成完整的保护膜，而非常厚的涂层可能会有更多孔隙，腐蚀性介质容易渗透。所以，致密的中等厚度涂层一般比较合适。如果将微弧氧化涂层用作其他面漆（例如油漆）的预处理底层，则较薄的高结合强度涂层会更好。铝合金微弧氧化涂层耐盐雾试验可达 1500h，表面封闭处理后可达 2000h。镁合金微弧氧化涂层耐盐雾试验可达 300，工艺优化后的镁合金微弧氧化涂层耐盐雾试验也可达 1500h，而传统表面处理（铬化处理、阳极氧化处理）后的涂层在 96h 盐雾腐蚀后就出现了大面积腐蚀现象。此外，以微弧氧化为工艺打底层可提高外层抗腐蚀涂料涂层的结合性能与整体抗腐蚀性能，如 5～7μm 的微弧氧化涂层+环氧粉末涂料处理的 AZ91D 镁合金可通过 2000h 的盐雾腐蚀。

微弧氧化涂层可显著提高金属（钛、铝、镁及锆合金）及其复合材料的抗腐蚀性能，可应用于：海洋环境中工作的舰载机、航空发动机，如铝、钛及镁合金管路、叶片、机匣、帽罩、框架等；大气与太空中工作的卫星用镁及铝合金零构件，可防盐雾、防潮湿、防霉菌、防电磁辐射等；核反应堆（结构）包壳材料锆合金结构构件；航空、航天、航海等装备制造中异种金属连接；某些特殊酸性环境中的腐蚀防护。

（1）抗腐蚀应用实例。单一微弧氧化涂层抗腐蚀应用实例：ZL114 铝合金海水过滤壳体表面 20μm 厚的微弧氧化陶瓷涂层，盐雾腐蚀 1500h 后，涂层表面无明显腐蚀痕迹（图 6-25）；用于海洋平台铝合金功率器件保护盒（图 6-26），微弧氧化处理后使用一年以上，顶盖与底座间未发生锈蚀，解决了此前顶盖与底座之间发生严重接触腐蚀，导致顶盖打不开的问题。

图 6-25　微弧氧化处理后的铝合金海水过滤装置的宏观图

（盐雾腐蚀 1500h 后，涂层表面无明显腐蚀痕迹）

图 6-26　海洋平台微弧氧化处理后的铝合金功率器件保护盒的宏观图

（服役一年后，顶盖与底座间未发生锈蚀）

（2）单一微弧氧化涂层抑制电偶腐蚀应用实例。电偶腐蚀是将轻合金与其他金属连接使用的另一个主要障碍。轻合金（尤其是 Mg 和 Al）在电流系列中更具活性，并且在与其他金属接触时始终作为活性阳极。在工业应用中，轻合金不可避免地会与钢、铜及其他金属接触。事实证明，微弧氧化涂层可以有效地隔离或阻止轻合金与其他金属之间的直接电偶接触，从而消除电偶腐蚀（图 6-27）。

图 6-27　抑制电偶腐蚀的钛合金螺栓表面微弧氧化涂层的形貌

（3）微弧氧化复合涂层在更苛刻腐蚀环境中的应用实例。微弧氧化涂层内层致密、外层多孔，可为涂覆/生长复合涂层提供很好的基质，在其上涂覆聚合物材料（如氟塑料、聚酰胺、聚乙烯、清漆等），表面层孔隙率使聚合物材料具有良好的结合力，且聚合物起抗腐蚀、抗强酸及腐蚀性气体、抗固体颗粒冲击/冲刷、固体润滑剂等功能，使基础材料的耐磨性和抗腐蚀性提高数十倍。

抗腐蚀与抗冲刷应用：在现代造船业尤其是高速船舶建造中，为了实现轻量化，提高船舶航速，往往会采用密度较低的镁或铝合金结构。轻量化镁或铝合金构件所面临的首要问题即为腐蚀问题，一些情况下还面临腐蚀与冲刷的偶合破坏（如螺旋桨叶片，图 6-28），为此在微弧氧化涂层作为打底抗腐蚀抗摩擦的基础上，涂覆抗泥砂冲击的弹性树脂复合层，显著提高抗腐蚀与抗冲刷服役寿命。例如：克络耐 KERONITE® PEO 可作为一种陶瓷与金属、碳化物、聚合物等结合的复合涂层，可耐盐雾腐蚀长达 2000h，没有腐蚀迹象（ASTM B117—2016《操作盐雾测试机的标准实验方法》）；Pole Works（托木斯克地区）对带有聚合物微弧氧化陶瓷涂层的铝样品进行了加速测试，显示复合涂层可以在 15 年内保持其抗腐蚀稳定性；电动主轴管道非旋转零件腐蚀防护技术，利用带有微弧氧化/聚合物复合涂层的铝合金代替钢，自 1998 年以来，Tomsk 电气传动工厂（隶属于股份公司 Transneft）在生产计划中采用了电动主轴管道非旋转零件的腐蚀防护技术。该技术利用带有微弧氧化/聚合物复合涂层的铝合金替代钢材，其生产规模可达 50000dm²/月，设备生产率 150dm^2/h，涂层厚度 5～10μm，可加工零件的尺寸 5～88dm^2，高效的生产过程、生态安全性及高经济效益使微弧氧化技术得以广泛应用。

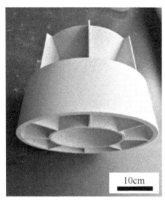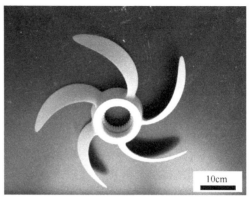

图 6-28　铝合金螺旋桨叶片抗腐蚀微弧氧化涂层形貌照片

耐强酸腐蚀应用：例如，利用微弧氧化技术实现了在 40%HF 化学腐蚀条件下零件及设备的防护，在西伯利亚化学联合公司（托木斯克地区）进行了成功试验；俄罗斯科学院西伯利亚分院（托木斯克地区）大电流电子研究所对三台在 HCl 大气中工作的激光装置进行了部分零件处理（表面积为 0.05～100dm^2），将带有微弧氧化复合涂层的铝合金零件对暴露于强烈腐蚀环境的不锈钢进行了更换。

抗腐蚀、抑制水垢：例如，利用带有微弧氧化涂层的铝管代替加热设备中使用的黄铜管，经济效益有优势，而且微弧氧化涂层可提高抗腐蚀性，并抑制管道壁上形成水垢。微弧氧化技术在 2004 年开放社会 Krasnoyarsk Metallurgic Plant（克拉斯诺亚尔斯克）的热力站上成功应用并批量生产。

6.7　本章小结与未来发展方向

微弧氧化涂层对于提高轻量化金属（钛、铝、镁合金、铝锂合金、镁锂合金）及其复合材料的抗腐蚀性与抑制异种金属间电偶腐蚀非常有效，但微弧氧化火花放电的本质决定了涂层表面有微孔、裂纹等缺陷，这为侵蚀性离子的渗入提供通道。未来研究仍然需要关注如下几方面：通过微弧氧化参数设计提高致密层所占比例、通过微弧能量递减实现表面致密化自封孔、通过溶液掺杂实现表面微孔低熔点相形成自封闭是增强抗腐蚀性能的途径；此外，工程应用中通过复合工艺（如硅烷化处理、化学转化、电沉积、电镀、喷涂等）实现表面封孔及涂装，也是提高抗腐蚀性能行之有效的途径。

第 7 章　微弧氧化热防护涂层设计与应用

7.1　概　　述

轻量化金属合金（钛、铝、镁、钛铝合金、铌合金等）及其复合材料相较于高温合金可减重 50%以上，应用于高速飞行器舱体、发动机热端部件、枪弹弹壳等热端部件，可显著提速增效，但苛刻的气动加热、气流冲刷与氧化等服役环境对热防护涂层提出挑战。轻量化金属表面原位生长高结合强度的微弧氧化涂层，为大面积、低成本的耐高温高发射率、低热导率、高温抗氧化等热防护涂层的设计提供途径。本章以钛合金为例，通过微弧氧化电解液成分、浓度、电参数及粒子添加等方式对涂层物相和结构进行设计与调控，以获得高发射率辐射散热、低热导率隔热、高抗热震性、优异的抗氧化性能和抗热腐蚀的微弧氧化热防护涂层。

7.2　微弧氧化高温热防护涂层设计原则

7.2.1　微弧氧化高发射率涂层设计原则

飞行器金属热防护系统采用轻量化金属（如钛、铝、镁及铌合金等）时，其表面的发射率均较低（0.1～0.2），大部分气动热传导给金属舱体内部（图 7-1（a））；而金属表面有高发射率陶瓷涂层时（发射率提高至 0.9 左右），8～9 倍的气动热辐射给冷空间，有效减小对飞行器舱体的热输入（图 7-1（b）），可降温 10%～20%，显著提高金属的承热能力。通过微弧氧化涂层物相掺杂与多化学键合宽光谱响应吸收提高发射率，为飞行器辐射热防护涂层设计提供新途径。因此，微弧氧化高发射率涂层的设计制备应该考虑如下原则。

（1）通过电解液配方的调控制备出多物相、多极性化学键匹配以强化极性键振动吸收，提高不同波段（特别是低波段）的发射率。

（2）通过调控涂层表面微孔结构（粗糙度），以实现"微孔谐振腔"的匹配光学局域强吸收效应，提高发射率。

（3）通过向电解液中添加高发射率的非氧化物组元（SiC、$MoSi_2$ 等），在等离子体放电过程中辅助沉积烧结参与涂层生长，对特定波段的发射率进行调控。

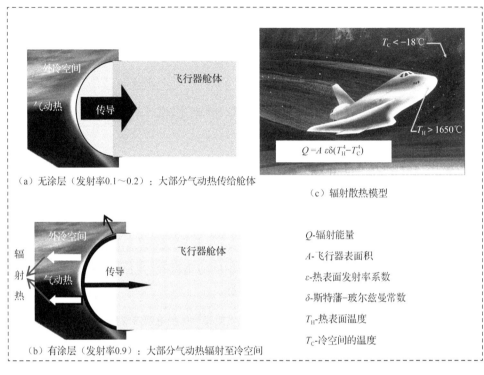

(a) 无涂层（发射率0.1～0.2）：大部分气动热传给舱体

(c) 辐射散热模型

$$Q = A \varepsilon \delta (T_{\mathrm{H}}^4 - T_{\mathrm{C}}^4)$$

(b) 有涂层（发射率0.9）：大部分气动热辐射至冷空间

Q-辐射能量

A-飞行器表面积

ε-热表面发射率系数

δ-斯特藩–玻尔兹曼常数

T_{H}-热表面温度

T_{C}-冷空间的温度

图 7-1　飞行器金属部件表面高发射率陶瓷涂层辐射散热降温示意图

7.2.2　微弧氧化隔热涂层设计原则

高速飞行器或发动机热端部件需要耐高温低热导率的隔热涂层，有效阻隔传热过程，增大涂层两侧的温降，进而降低金属基体的表面温度以达到隔热的目的。微弧氧化低热导率隔热涂层的设计制备应该考虑如下原则：①通过电解液配方的调控制备出低热导率的物相；②通过微弧氧化电参数的调控在涂层内形成多级孔，以降低热导率；③通过向电解液中添加低热导率的组元（如 ZrO_2 等），在等离子体放电过程中辅助沉积烧结参与涂层生长，进而形成大厚度的低热导率多层涂层。例如，在铝合金表面于硅酸盐电解液中制备富含莫来石的铝微弧氧化涂层，涂层内存在微孔和非晶相，其热导率仅为 0.5W/(m·K)。

7.2.3　微弧氧化高温抗氧化耐烧蚀涂层设计原则

高速飞行器壳体、航空发动机叶片、火箭发动机喷管等要求抗高温氧化、耐烧蚀等涂层防护，微弧氧化抗氧化、耐烧蚀涂层的设计制备应该考虑如下原则。

（1）通过电解液配方与电参数的调控，制备出致密的可阻止氧扩散的障碍层。

（2）通过向电解液中添加耗氧相组元（SiC，$MoSi_2$ 等），在等离子体放电过程中辅助沉积烧结参与涂层生长，进而形成大厚度的抗氧化多层涂层。例如，某型号铝合金子母弹靶试时出现的弹底脱落问题，采用阳极氧化膜不耐火药气体高温烧蚀，而采用微弧氧化陶瓷涂层，具有优异的耐冲刷、抗烧蚀性能，涂层可短时耐 2000℃的高温气流冲击。

7.3 钛合金表面高发射率热防护涂层

轻质高强钛合金与 TiAl 合金是航空航天飞行器潜在的热结构材料，为进一步提高耐热温度，通过制备高发射率陶瓷涂层，辐射散热降低表面热平衡温度 10%～20%，使其在高于其极限服役温度时仍能使用。以耐高温 TiAl 合金（Ti_2AlNb）为例，研究 Na_2SiO_3 电解液中离子型添加剂（如 VO_3^-）与颗粒型添加剂（如 SiC 和 Cr_2O_3）对涂层组织结构与发射率性能的影响。表 7-1 为 Ti_2AlNb 合金表面高发射率涂层的电解液成分。此外，微弧氧化过程中固定电参数（电压 550V；频率 600Hz；占空比 8%）与微弧氧化时间（20min）参数。

表 7-1 Ti_2AlNb 合金表面高发射率涂层的电解液成分

编号	Na_2SiO_3/(g/L)	SiC/(g/L)	NH_4VO_3/(g/L)	Cr_2O_3/(g/L)	十二烷基苯磺酸钠（SDBS）/(g/L)
BS		0	0	0	0
S-5SiC		5	0	0	8
S-10SiC		10	0	0	8
S-3V	25	0	3	0	0
S-6V		0	6	0	0
S-5Cr_2O_3		0	0	5	8
S-10Cr_2O_3		0	0	10	8
S-10Cr_2O_3-6V		0	6	10	8

7.3.1 不同添加剂对涂层组织结构的影响

1）不同添加剂对涂层物相组成的影响

图 7-2 为在 Na_2SiO_3 电解液中添加不同添加剂时微弧氧化涂层的 XRD 图谱。相应的涂层物相组成与添加剂的影响、涂层厚度及表面粗糙度总结于表 7-2。可见，SiC 颗粒在微弧氧化过程中进入到放电通道，并参与涂层的生长，形成 SiC 掺杂的 TiO_2 涂层。溶液中 NH_4VO_3 参与反应形成 V_2O_5 相，同时还促进高温稳定相

R-TiO$_2$ 相的形成。随 NH$_4$VO$_3$ 浓度增加，涂层中 A-TiO$_2$ 和 Al$_2$SiO$_5$ 相含量逐渐降低，R-TiO$_2$ 和 V$_2$O$_5$ 相含量增加。添加 Cr$_2$O$_3$ 后，涂层中 Cr$_2$O$_3$ 成为主晶相，Al$_2$SiO$_5$ 和非晶相被 SiO$_2$ 结晶相取代。同时加入 NH$_4$VO$_3$ 和 Cr$_2$O$_3$ 两种添加剂，不仅向涂层中引入 V$_2$O$_5$ 相，而且进一步提高涂层中 Cr$_2$O$_3$ 相的含量，促进 A-TiO$_2$ 转化为 R-TiO$_2$ 相。引入不同添加剂后涂层的表面粗糙度均提高，其中加入较多 NH$_4$VO$_3$ 后，涂层具有最大的层厚和最粗糙的表面。

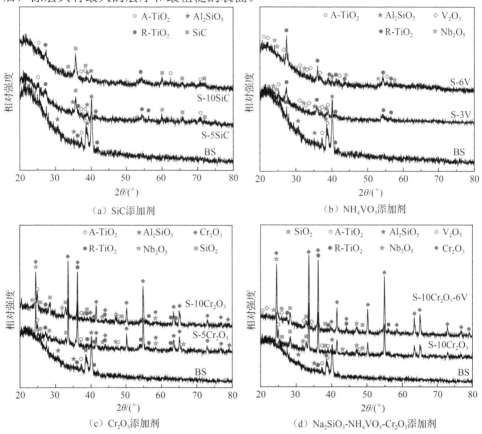

(a) SiC添加剂　　　　　　　　　　(b) NH$_4$VO$_3$添加剂

(c) Cr$_2$O$_3$添加剂　　　　　　(d) Na$_2$SiO$_3$-NH$_4$VO$_3$-Cr$_2$O$_3$添加剂

图 7-2　在 Na$_2$SiO$_3$ 电解液中添加不同添加剂时微弧氧化涂层的 XRD 图谱

表 7-2　Na$_2$SiO$_3$ 电解液中不同添加剂时微弧氧化涂层的物相组成、层厚与表面粗糙度

编号	物相组成	添加剂对物相的影响	层厚/μm	粗糙度/μm
BS	Al$_2$SiO$_5$ 相和少量 A-TiO$_2$ 相，以及大量非晶相	—	34±2	2.21±0.08

续表

编号	物相组成	添加剂对物相的影响	层厚/μm	粗糙度/μm
S-5SiC S-10SiC	除 A-TiO$_2$ 和 Al$_2$SiO$_5$ 及大量非晶相外,还含 R-TiO$_2$ 和 SiC 相	非稳态的 A-TiO$_2$ 向热稳定 R-TiO$_2$ 相转变,随着 SiC 添加量的增加,涂层中 R-TiO$_2$ 相含量逐渐增加,而 A-TiO$_2$ 和 Al$_2$SiO$_5$ 相含量逐渐减少	34±5 30±3	5.77±0.41 4.60±0.13
S-3V S-6V	R-TiO$_2$、Nb$_2$O$_5$、V$_2$O$_5$ 相以及非晶 SiO$_2$ 相	NH$_4$VO$_3$ 不仅参与微弧氧化陶瓷涂层生长并形成 V$_2$O$_5$ 相,同时还促进高温稳定相 R-TiO$_2$ 相的形成	17±2 44±7	3.49±0.30 12.35±1.33
S-5Cr$_2$O$_3$ S-10Cr$_2$O$_3$	R-TiO$_2$、A-TiO$_2$、SiO$_2$、Nb$_2$O$_5$ 和 Cr$_2$O$_3$ 相	引入纳米 Cr$_2$O$_3$ 和 SDBS 后,涂层中 Al$_2$SiO$_5$ 和非晶被 SiO$_2$ 结晶相取代,Cr$_2$O$_3$ 成为主晶相	37±5 35±5	10.53±1.34 4.54±0.31
S-10Cr$_2$O$_3$-6V	R-TiO$_2$、SiO$_2$、Nb$_2$O$_5$、Cr$_2$O$_3$、V$_2$O$_5$ 相	同时加入 NH$_4$VO$_3$ 和 Cr$_2$O$_3$ 两种添加剂,不仅向涂层中引入 V$_2$O$_5$ 相,而且进一步提高涂层中 Cr$_2$O$_3$ 相的含量,促进 A-TiO$_2$ 转化为 R-TiO$_2$ 相	33±4	9.06±20.75

2) 不同添加剂对微弧氧化陶瓷涂层显微结构的影响

图 7-3 为 Na$_2$SiO$_3$ 电解液中制备陶瓷涂层的表面及截面形貌。BS 涂层表面分布着柱状团簇氧化物,粒径达 40~50μm。这是由于电解液中 SiO$_3^{2-}$ 经微弧放电形成熔融状含 Si 氧化物,被电解液/涂层界面处的电解液冷却,凝结于涂层表面,从而形成柱状氧化物。BS 涂层的厚度达 34μm,涂层内部的微小孔洞是在"放电-熔融-冷凝-放电"的循环过程中形成的。

（a）涂层表面　　　　　　　　　（b）涂层截面

图 7-3　Na$_2$SiO$_3$ 电解液中制备陶瓷涂层的表面及截面形貌

图 7-4 为 Na$_2$SiO$_3$-SiC 电解液中制备陶瓷涂层的表面及截面形貌。加入 SiC 颗粒后涂层表面形貌由团簇状向丘陵状转变,涂层内部残留大量微孔。这些微孔可能是放电电压高于击穿电压（V_b）时,熔融氧化物和气泡被抛出微弧放电通道后形成的。一方面,SiC 在瞬时高温作用下被氧化成 SiO$_2$ 和 CO/CO$_2$,形成的 CO/CO$_2$ 加剧了涂层中气泡的逸出,形成疏松的结构。另一方面,SiC 颗粒抑制了 Na$_2$SiO$_3$

溶液在陶瓷涂层表面的冷凝作用,从而缩小微弧孔洞的孔径以及冷凝产物的体积。

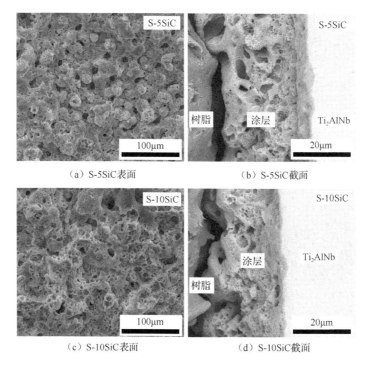

（a）S-5SiC表面　　　　　　（b）S-5SiC截面

（c）S-10SiC表面　　　　　　（d）S-10SiC截面

图 7-4　Na$_2$SiO$_3$-SiC 电解液中制备陶瓷涂层的表面及截面形貌

图 7-5 为 Na$_2$SiO$_3$-NH$_4$VO$_3$ 电解液中制备陶瓷涂层的表面及截面形貌。添加 NH$_4$VO$_3$ 后,涂层表面出现絮状结构。S-3V 涂层表面微孔的尺寸明显减小,形成的熔融枝状氧化物的粒径也减小,涂层表面变得平滑,粗糙度相对较小。而 S-6V 涂层表面被大体积的向外生长的絮状氧化产物覆盖,涂层粗糙度急速增大。S-3V 涂层的厚度最小,内部残留的微孔不仅孔径小而且数量少;S-6V 涂层的厚度略有增大,涂层内部结构均匀,残留的微孔粒径均匀。NH$_4$VO$_3$ 的引入影响涂层的厚度,加入较多 NH$_4$VO$_3$ 后厚度增加,陶瓷涂层表面较粗糙但内部结构较均匀。

图 7-6 为 Na$_2$SiO$_3$-Cr$_2$O$_3$ 电解液中制备陶瓷涂层的表面及截面形貌。添加 Cr$_2$O$_3$ 后涂层表面随机分布大量细小白色 Cr$_2$O$_3$ 颗粒,微弧放电孔洞被熔融氧化物覆盖,涂层表面粗糙度明显增大。在 S-5Cr$_2$O$_3$ 和 S-10Cr$_2$O$_3$ 涂层内嵌入大量白色 Cr$_2$O$_3$ 颗粒,涂层内部出现较大裂纹。随着 Cr$_2$O$_3$ 添加量的增大,涂层表面和内部嵌入的 Cr$_2$O$_3$ 颗粒逐渐增多。与 S-5Cr$_2$O$_3$ 涂层相比,S-10Cr$_2$O$_3$ 涂层的厚度略有减小,可能是因为添加大量 Cr$_2$O$_3$ 颗粒使电解液的导电性下降,涂层形成过程中的能量降低,从而导致涂层厚度有所减少。

图 7-5　Na$_2$SiO$_3$-NH$_4$VO$_3$ 电解液中制备陶瓷涂层的表面及截面形貌

图 7-6　Na$_2$SiO$_3$-Cr$_2$O$_3$ 电解液中制备陶瓷涂层的表面及截面形貌

图 7-7 为 Na_2SiO_3 电解液中同时添加 6g/L NH_4VO_3 和 10g/L Cr_2O_3 制备陶瓷涂层的表面及截面形貌。S-10Cr_2O_3-6V 涂层表面比较平整，内部结构比较致密，涂层内部无大尺寸裂纹，有大量白色 Cr_2O_3 颗粒随机分布在涂层表面及内部。NH_4VO_3 的加入使电解液的电导率增加，微弧放电的能量提高，从而促进陶瓷涂层的生长，改善涂层内部结构。从 S-10Cr_2O_3-6V 涂层中 Cr、V 两种元素的分布曲线证实添加剂 NH_4VO_3 和 Cr_2O_3 参与涂层生长，并残留在涂层内部。

　　　　（a）涂层表面　　　　　　　　　　　（b）涂层截面

图 7-7　Na_2SiO_3 电解液同时添加 6g/L NH_4VO_3 和 10g/L Cr_2O_3 制备涂层的表面及截面形貌

7.3.2　不同添加剂对涂层热辐射性能的影响

图 7-8 为不同电解液体系中制备的陶瓷涂层在 600℃ 的发射率图谱。S-5SiC 和 S-10SiC 涂层在整个波段都保持高发射率，涂层的发射率随 SiC 加入量的增多而升高，尤其在低波段（3～9μm）内，S-5SiC 和 S-10SiC 涂层的光谱发射率分别达到 0.7 和 0.8，较 BS 涂层（0.5）有较大提升。S-6V 涂层在 3～8μm 波段内具有最高的光谱发射率，但在 8～20μm 波长范围内发射率最低，其发射率值在 3～20μm 波段内都恒定在 0.7 左右。S-3V 涂层的发射率曲线与 BS 类似，在 3～8μm 波段内维持不变，从 8μm 处突然升高，此后在 10～20μm 波长范围内保持高发射率值。

Na_2SiO_3-Cr_2O_3 电解液中制备的陶瓷涂层，在 3～8μm 波长范围内发射率值依次为 S-5Cr_2O_3＞S-10Cr_2O_3＞BS，在 10～20μm 波段内，涂层的发射率随 Cr_2O_3 添加量的增加而增大，此时 S-10Cr_2O_3 陶瓷涂层的发射率最高。整体而言，添加剂纳米 Cr_2O_3 的加入会提高陶瓷涂层的热辐射性能，尤其是长波段的发射率。同时加入 Cr_2O_3 和 NH_4VO_3 电解液制备的 S-10Cr_2O_3-6V 陶瓷涂层，在整个波段内都具有较高的光谱发射率。其中，在 3～10μm 波段范围内，S-10Cr_2O_3-6V 陶瓷涂层的发射率最高，随着波长的增加发射率值从 0.65 逐渐升高至 0.9。在 10～20μm 波段范围内，S-10Cr_2O_3-6V 与 S-10Cr_2O_3 涂层的发射率相近，均保持在 0.85 以上。同时加入 NH_4VO_3 和 Cr_2O_3 两种添加剂，不仅维持了 S-10Cr_2O_3 陶瓷涂层在 10～20μm

波段内的高发射率值，同时提高了陶瓷涂层在 3～10μm 波段内的光谱发射率。

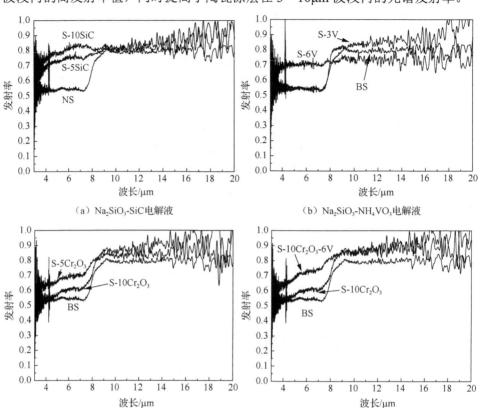

（a）Na₂SiO₃-SiC电解液

（b）Na₂SiO₃-NH₄VO₃电解液

（c）Na₂SiO₃-Cr₂O₃电解液

（d）Na₂SiO₃-Cr₂O₃-NH₄VO₃电解液

图 7-8　不同电解液体系中制备的陶瓷涂层在 600℃的发射率图谱

7.3.3　组织结构对微弧氧化陶瓷涂层高温发射率的影响

当辐射光谱照射到涂层表面时，凹凸不平的表面结构会加强对电磁波的漫散射，从而增加吸收更多能量的机会。当辐射光谱进入涂层内部时，本征吸收率高的物相组成直接吸收入射电磁波，大量消耗辐射能量。本节总结 Na₂SiO₃ 电解液中制备陶瓷涂层的 600℃下光谱发射率，分析发射率与涂层厚度或表面粗糙度之间的关系。

图 7-9（a）为 Na₂SiO₃ 电解液中制备的陶瓷涂层在 600℃下的光谱发射率与层厚的关系。由各涂层发射率的分布可知，Na₂SiO₃ 电解液中制备的陶瓷涂层的高温发射率与层厚之间无明显变化规律。分析原因主要是，微弧氧化陶瓷涂层的厚度较大，入射电磁波的透射率趋于 0，此时层厚对高温发射率的影响可以忽略。表面粗糙度对发射率的影响较大。图 7-9（b）为 Na₂SiO₃ 电解液中制备的陶瓷涂层

在 600℃下的发射率与粗糙度的关系。随着表面粗糙度的增大,涂层发射率升高,尤其是 3～8μm 波段内的提高效果显著。

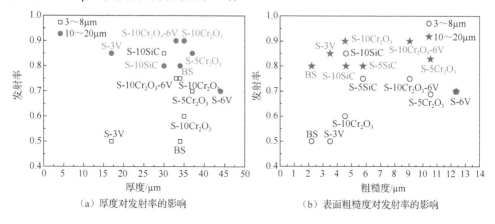

（a）厚度对发射率的影响　　　　　　　（b）表面粗糙度对发射率的影响

图 7-9　Na_2SiO_3 电解液中制备陶瓷涂层在 600℃下发射率与层厚、表面粗糙度的关系

7.3.4　微弧氧化陶瓷涂层的热辐射机理

发射率是反映物体辐射能量与黑体辐射能量的比值,它的大小受很多因素的影响,例如化学组成、自由载流子浓度、层厚、粗糙度以及显微结构等。通过调整制备工艺或引入添加剂可以调控涂层的组织结构,提高涂层在高温下的光谱发射率,获得高辐射性能的陶瓷涂层。当辐射能投射到涂层表面并达到稳态时,一部分被反射,一部分在穿过材料时因吸收和反向散射而衰减,其余部分穿过材料。由能量守恒定律,吸收率+反射率+透射率=1。当涂层足够厚时,透射率为零,此时吸收率+反射率=1。根据基尔霍夫定律,物体发射率等于其吸收率,因此高吸收率涂层,也即高发射率涂层。

选取合适的添加剂引入到电解液中,一方面可以调节涂层组织结构,另一方面可以直接引入高性能组分。由于入射到多孔结构中的电磁波会经历多次散射而被吸收,因此粗糙而多孔的表面结构有利于获得足够的散射。另外,陶瓷涂层不同的发射率主要受自由载流子吸收和晶格吸收的影响,复合涂层中掺杂高发射物相可以加强涂层的吸收性能。超细 SiC 加入 Na_2SiO_3 电解液中后,制备的陶瓷涂层的表面粗糙度增大,表面分布的微孔数量也增多,涂层中掺杂本身高发射率的 SiC 相,制备的混合 SiC 陶瓷涂层在整个波段都具有较高的发射率。向 Na_2SiO_3 电解液中引入 NH_4VO_3 后制备的陶瓷涂层在低波段发射率较高,而向 Na_2SiO_3 电解液中引入 Cr_2O_3 后制备的陶瓷涂层在高波段具有高发射率。这主要是因为:引入 NH_4VO_3 后涂层粗糙度增大,辐射电磁波投射到涂层表面后被反复散射吸收消耗;引入 Cr_2O_3 后涂层的粗糙度提高并掺杂高吸收性能的 Cr_2O_3 相,入射电磁波被粗糙表面反复散射，又被 Cr_2O_3 相本征吸收。S-10Cr_2O_3-6V 涂层结合了 NH_4VO_3 和 Cr_2O_3 两种添加剂对涂层不同波段发射率的影响，使得 S-10Cr_2O_3-6V 涂层具有较大的层厚、较粗糙的表面、较致密的结构、较高的 Cr_2O_3 含量，因此在整个波段提高陶瓷涂层发射率。

7.4　微弧氧化热防护涂层应用实例

微弧氧化涂层主要由氧化物陶瓷相组成，在超过 1000℃ 的温度下涂层具有良好的热稳定性，该温度远高于金属基体合金的熔点或应用温度极限。微弧氧化涂层可短时（几秒内）耐受高达 2000℃ 的温度（如氧乙炔火焰冲刷），具有阻燃特性而不会严重烧蚀破坏；此外，由于涂层具有刚度低、膜基结合强度高与金属基体热膨胀匹配性好等特性，因此铝合金、钛合金与镁合金微弧氧化涂层可用于瞬时耐高温的极端环境（如枪械、瞬间点火装置等）。

针对某型号飞行器金属舱体模拟件表面对耐高温辐射热防护陶瓷涂层需求，在钛合金舱体（图 7-10）表面采用微弧氧化工艺制备了高发射率陶瓷涂层，所制备的涂层发射率由金属基体的 0.2 提高到 0.85 以上，辐射降温 10%～20%，实现了高温辐射热防护涂层的成功应用，使钛合金在高于其服役温度的极限环境下能可靠使用，隔热层厚度减小，装载容积提高。

图 7-10　某飞行器钛合金舱体模拟件高发射率微弧氧化涂层实物图

7.5　本章小结与未来发展方向

本章以钛合金为例，通过调控微弧氧化电解液成分、工艺参数及引入高发射率物相（或高抗氧化物相），以增强耐高温辐射热防护或高温抗氧化防护性能。采用微弧氧化在金属（钛、铝及镁合金、钛铝合金、铌合金、钽合金）及复合材料表面构建热防护陶瓷涂层，已引起研究者的潜在兴趣。未来的研究需要关注如下几个方面：一是，通过调节微弧氧化电解液成分及功能相（高发射率、低热导、耗氧相等）掺杂，调控功能相颗粒直径，控制等离子体放电强度，降低微孔尺寸，可进一步提高涂层的热防护性能；二是，通过调节微弧氧化电解液成分及低热导物相（如 ZrO_2）掺杂，可进一步降低涂层的热导率，但热障涂层常常需要很高的涂层厚度（如 100～1000μm），而采用微弧氧化技术制备高膜基结合强度、大厚度（＞200m）涂层存在较大难度。因此发展底层为微弧氧化涂层、外层为其他热障涂层的复合结构涂层是解决耐更高温热防护的关键技术途径。

第8章 微弧氧化热控涂层设计与应用

8.1 概　　述

热控涂层是一类用以调节固体表面光学、热辐射特性从而达到热控制目的的特种涂层。在航空航天、电子及其他诸多领域有着广泛的应用。通过微弧氧化技术在轻金属表面可制备出一系列热控涂层，并通过调节吸收发射比（太阳吸收率 α_s/发射率 ε）来实现温度控制。本章从热控原理、涂层表面太阳吸收率和发射率调控的角度出发，通过微弧氧化电解液成分、浓度、电参数及多步法复合来进行涂层多组分特性、厚度、颜色、多层及多孔结构的设计与调控，以获得高性能热控涂层。

8.2 热控涂层设计原理及设计原则

8.2.1 热控涂层设计原理

热控涂层通过自身的热物理性质（即太阳吸收率 α_s 和发射率 ε 比值）来调节温度。吸收率是指涂层从指定热源所吸收的辐射通量与入射的辐射通量的比值。如果指定热源是太阳，则称为太阳吸收率，波长范围一般为 $0.25\sim2.5\mu m$。发射率指的是热辐射体对电磁波的辐射能量与相同温度条件下黑体的辐射能量的比值，波长范围一般为 $2.5\sim25\mu m$。太阳吸收率 α_s 和发射率 ε 可通过式（8-1）和式（8-2）计算，涂层表面热平衡温度 T 可根据公式（8-3）来计算。

$$\alpha_s = \frac{\int_{0.25}^{2.5} I_{sol}(\lambda)(1-R(\lambda))\mathrm{d}\lambda}{\int_{0.25}^{2.5} I_{sol}(\lambda)\mathrm{d}\lambda} \tag{8-1}$$

$$\varepsilon = \frac{\int_{2.5}^{25} \rho(\lambda)(1-R(\lambda))\mathrm{d}\lambda}{\int_{2.5}^{25} \rho(\lambda)\mathrm{d}\lambda} \tag{8-2}$$

$$T = \left(\frac{SA_p\alpha_s}{\delta A\varepsilon}\right)^{\frac{1}{4}} \tag{8-3}$$

式中，$I_{sol}(\lambda)$ 为入射光谱；$R(\lambda)$ 为反射光谱；$\rho(\lambda)$ 为发射光谱；A_p 为航天器垂直于太阳辐射的有效面积；δ 为斯特藩-玻尔兹曼常数；S 为太阳常数；A 为航天器的有效面积。对于特定的航天器，A_p、S、A、δ 是常数，因此航天器表面温度主要由表面吸收率与发射率的比值决定。目前材料的特性范围为：吸收率 0.08～0.95，发射率 0.02～0.9，吸收发射比 0.1～10.0。不同的 ε 和 α_s 配合，决定了暴露于空间环境的表面温度水平。

热控涂层主要分两种类型：①红外波段热控涂层（高吸收发射比热控涂层），即材料对太阳光具有高的吸收率，对 2.5～25μm 红外波段范围内有高的发射率，也就是在 0.25～25μm 波长范围内都有高的吸收率；②太阳漫反射热控涂层，即低吸收发射比热控涂层，在 0.25～2.5μm 范围内的吸收率较低，在 2.5～25μm 范围内的红外发射率较高。

此外，辐射散热技术最早主要应用于高温环境，在功率器件中往往被忽视。但对于大功率电子器件，温升较高，特别是在密闭环境下，对流相对较弱，辐射散热至关重要。发射率值的大小是衡量材料热辐射性能的参数，主要影响因素包括：材料本身（包括物相成分、织构取向、掺杂等）、厚度、表面结构等。通常，金属散热板表面发射率仅为 0.1～0.2，而当把发射率提高到 0.8～0.9，可将近 9 倍的热量辐射至外空间，达到强化散热的效果。对大功率电子器件散热结构与辐射降温涂层的设计是解决其散热性差的有效途径。

8.2.2　微弧氧化热控涂层设计原则

采用微弧氧化可在铝、镁、钛及其合金表面制备热控涂层。针对高太阳吸收发射比涂层和低太阳吸收发射比涂层的性能需求，热控涂层设计考虑如下几方面。

（1）高太阳吸收发射比涂层设计。在微弧氧化主体电解液体系（硅酸盐、磷酸盐或铝酸盐）基础上，通过离子掺杂包括 WO_4^{2-}、VO^{3-}、Cr^{3+}、MoO_4^{2-}、Fe^{2+}、Cu^{2+}、Mn^+ 等，或粒子掺杂如 CuO、$CNTs$、SiC、Fe_3O_4、K_2TiF_6、炭黑等，或者上述的混合型掺杂，在涂层中引入多化学键合匹配吸收的物相，提高全波段范围的光谱发射率，同时提高太阳光谱范围的吸收率，通过匹配调控设计高太阳吸收发射比涂层。

（2）低太阳吸收发射比涂层设计。在微弧氧化主体电解液体系（硅酸盐、磷酸盐或铝酸盐）基础上，通过离子掺杂如 Zn^{2+}、Ti^{4+}、Zr^{2+} 等，或者粒子掺杂如 ZnO、Al_2O_3、Y_2O_3、ZrO_2、BN、TiO_2、$PTFE$ 等，或者上述的混合型掺杂，在涂层中引入低太阳吸收的物相，并提高全波段范围的光谱发射率，通过匹配调控设计低太阳吸收发射比涂层。

（3）工艺参数设计。在保证涂层高表面质量的前提下，适当调节电解液电导率，提高电流密度以及延长处理时间，从而提高涂层厚度和表面粗糙度，有利于提高特定波段的吸收率，进而提高发射率。

（4）多步法复合设计。以微弧氧化为底层，与浸渍、磁控溅射、溶胶-凝胶、气相沉积等方式复合，使涂层表面形成可控的微结构以匹配入射光谱，并形成多组分复合成分从而有效改善热控性能。

8.3　微弧氧化热控涂层设计与制备

8.3.1　铝合金表面微弧氧化热控涂层

1）高吸收发射比涂层

铝合金微弧氧化热控涂层的电解液体系主盐多为硅酸盐、磷酸盐和铝酸盐。制备高吸收高发射涂层，在主盐基础上进行离子掺杂（包括 WO_4^{2-}、VO_3^{-}、Cr^{3+}、MoO_4^{2-}、Fe^{2+}、Cu^{2+}、Mn^{+}）和粒子掺杂（如 CuO、$CNTs$、SiC、Fe_3O_4、K_2TiF_6、炭黑等）。表 8-1 示出部分铝合金表面高吸收发射比微弧氧化涂层电解液体系、工艺参数与热控性能。

表 8-1　铝合金表面高吸收发射比微弧氧化涂层电解液体系、工艺参数与热控性能

电解液体系	添加剂/后处理	电参数				厚度/μm	粗糙度/μm	α_s	ε
		电流密度	时间/min	频率/Hz	占空比/%				
0.1mol/L $NaAlO_2$	基体含 Fe、Cu、Mn	$8A/dm^2$	180	50	45	101	—	>0.9	>0.77
16g/L $NaAlO_2$	1g/L Na_2MoO_4	$15A/dm^2$	120	100	45	—	—	0.91	0.8
10g/L $KH_2PO_4^+$ 3g/L $K_4[Fe(CN)_6]$	5g/L Na_2WO_4	$10A/dm^2$	20	500	45	77	—	0.93	0.87
3g/L Na_2SiO_4+6g/L KOH	—	$150mA/cm^2$	10	1000	20	20	—	0.53	0.7
	4g/L $(NH_4)_6Mo_7O_{24}$	$150mA/cm^2$	10	1000	20	28	—	0.84	0.73
	4g/L Na_2WO_4	$150mA/cm^2$	10	1000	20	26	—	0.75	0.76
	4g/L K_2TiF_6	$150mA/cm^2$	10	1000	20	31	—	0.9	0.79
35g/L $(NaPO_3)_6$+ 1.5g/L NaOH	$Sm_{0.5}Sr_{0.5}CoO_3(s)$	$1.6A/dm^2$	15	500	—	75	11	0.89	0.9
0.08mol/L Na_2SiO_3	50ml/LCNTs	$100mA/cm^2$	15	—	—	10			0.89

（1）基体成分：2024 铝合金中含过渡金属元素 Fe、Cu、Mn，利用微弧氧化的火花放电过程原位形成对应氧化物进入涂层中，并作为氧化铝陶瓷涂层的黑色着色剂，使涂层吸收更多的可见光而呈现黑色。制备工艺：0.1mol/L 铝酸钠电解液、频率 50Hz、电流密度 $8A/dm^2$，氧化时间 180min[1]。

（2）离子掺杂改性：以 3g/L Na_2SiO_4 和 6g/L KOH 为基础电解液，电流密度 150mA/cm^2，频率 1000Hz，占空比 20%，制备微弧氧化涂层，命名 B 涂层。进一步以 4g/L 钼酸铵、4g/L 钨酸钠、4g/L 氟化钛钾作为添加剂，制备 BM、BW、BT 热控涂层。结果表明：B 涂层的吸收率为 0.53，发射率为 0.7；BM 涂层的吸收率为 0.84，发射率为 0.73；BW 涂层吸收率为 0.75，发射率为 0.76；BT 涂层的吸收率为 0.9，发射率为 0.79。BM、BW 和 BT 涂层中分别存在 Mo、W 和 Ti，它们吸收大部分可见光，呈黑色。因此，离子掺杂改性后的微弧氧化涂层具有更高的吸收率。同时，吸收率随着涂层表面孔洞的增加而增加[2]。

（3）粒子掺杂改性：在 35g/L $(NaPO_3)_6$ 和 1.5g/L NaOH 电解液中添加微粒子 $Sm_{0.5}Sr_{0.5}CoO_3(s)$，电流密度 1.6A/dm^2，频率 500Hz，脉冲宽度 60μs，氧化时间 15min，进行微弧氧化处理制备高吸收高发射涂层，其吸收率为 0.89，发射率为 0.9。随电流密度和时间增加，吸收率减小，发射率增大，这是涂层成分和结构综合作用的结果[3]；在 0.08mol/L 硅酸钠电解液中添加 50ml/L 碳纳米管（1%），电流密度 100mA/cm^2，处理 15min，均匀制备了约 10μm 厚的热控涂层。涂层在 5～20μm 红外波段内的发射率为 0.89，表明碳纳米管的掺杂改性能够有效提高陶瓷涂层的散热性能。

2）低吸收发射比涂层

铝合金表面制备低吸收发射比微弧氧化涂层，在以磷酸盐、铝酸盐及硅酸盐为主盐基础上进行离子掺杂（Zn^{2+}、Ti^{4+}、Zr^{2+} 等）和粒子掺杂（ZnO、Al_2O_3、Y_2O_3、ZrO_2、BN、TiO_2、PTFE 等）。本节采用磷酸盐系电解液 30g/L $Na_5P_3O_{10}$、1g/L Na_2EDTA、5g/L KOH、0.5g/L NaF，电压 500V，占空比 15%，频率 450Hz，在铝合金表面进行微弧氧化处理，并通过引入 Zn^{2+}、Ti^{4+} 和 Zr^{2+} 在涂层中原位合成 ZnO、TiO_2 和 ZrO_2，探究离子掺杂对涂层结构和热控性能的影响。进一步将 ZnO、TiO_2 和 ZrO_2 纳米粒子添加到电解液中，研究粒子种类、浓度对涂层结构和热控性能的影响，从而优化粒子掺杂类型和浓度。最后尝试构造多粒子共掺杂体系涂层，以实现增加涂层厚度，减少界面吸收效应，强化光线散射，降低涂层对辐射的吸收。

纳米粒子选择理由：TiO_2 具有与紫外光匹配的能级结构，不易在紫外光照射下发生电离或分解，从而保证了涂层使用期间的稳定性，而且 TiO_2 还具有较高的反射率和热稳定性；ZrO_2 和 ZnO 具有较好的反射率及吸辐特性，它们的掺杂会使涂层具备低的吸收率（0.25）和高的发射率（0.81）。

3）铝合金微弧氧化辐射散热涂层

轻质高导热铝合金（如 6061Al）是大功率电子器件用封装散热基板的重要材料，但表面发射率低，辐射散热能力差，尤其在对流散热受限的环境，这制约了其在高可靠、大功率电子器件上的拓展应用。通过微弧氧化涂层成分与结构设计，在铝合金表面分别构建出单一微弧氧化辐射散热涂层，纳米 SiC 和 h-BN 粒子改性微弧氧化辐射散热复合涂层，并评价涂层的热辐射散热降温效果。表 8-2 给出了微弧氧化及纳米改性复合涂层的电解液体系、工艺参数、发射率及辐射降温效果。

表 8-2 微弧氧化及纳米改性复合涂层的电解液体系、工艺参数、发射率及辐射降温效果

试样编号	电解液成分	SiC /(g/L)	h-BN /(g/L)	电参数				电解液温度/°C	厚度 /μm	粗糙度 /μm	发射率 ε		芯片 IGBT 辐射降温/°C	
				电压/V	时间/min	频率/Hz	占空比/%				3~8μm	8~20μm	1W	5W
MAO-4	6g/L(Na₂SiO₃)	—	—	400	30	600	8	30~50	4	0.64	0.3	0.78	6.8	9.7
MAO-8	35g/L(NaPO₃)₆	—	—	500	30	600		30~50	8	1.05	0.32	0.80	7.3	9.8
MAO-12	1.2g/L(NaOH)	—	—	600	30			30~50	12	1.65	0.35	0.87	7.9	10.5
SiC-0	6g/L(Na₂SiO₃)	0	—	550	10	600	8	70~90	7	0.5	0.31	0.76	7.1	9.8
SiC-2	35g/L(NaPO₃)₆	2	—	550	10	600		70~90	6	0.9	0.5	0.85	7.5	10.9
SiC-4	1.2 g/LNaOH	4	—	550	10			70~90	6	1.3	0.72	0.85	8.9	14
SiC-8		8	—	550	10			70~90	75	3.41	0.86	0.88	10	15.8
BN-0	6g/L(Na₂SiO₃)	—	0	600	10	600	8	70~90	12	0.5	0.32	0.78	7.1	—
BN-2		—	2	600	10	600		70~90	9	0.62	0.72	0.8	7.4	—
BN-8	35g/L(NaPO₃)₆	—	8	600	10	600		70~90	7	0.74	0.73	0.8	8.2	13
BN-40	1.2g/LNaOH	—	40	600	10			70~90	40	2.76	0.78	0.85	9.6	
SiC/h-BN		8	40	600	10			70~90	78	3.89	0.86	0.91	10.4	16.8

注：IGBT 为绝缘栅双极晶体管（insulated gate bipolar transistor）。

（1）基础电解液体系：在 6g/L Na$_2$SiO$_3$、35g/L (NaPO$_3$)$_6$、1.2g/L NaOH 电解液中，频率 600Hz，占空比 8%，氧化时间 30min，研究不同电压（400V、500V和 600V）对微弧氧化涂层结构及红外发射率的影响。结果表明，随着电压的增加，涂层厚度和粗糙度依次增大，发射率不断增加。如表 8-2 所示，MAO-12 以 γ-Al$_2$O$_3$相为主的涂层在 8～20μm 波段范围内平均发射率值为 0.87，但在 3～8μm 范围内仅为 0.35，因此通过调控微弧氧化工艺参数提高涂层发射率范围有限。

（2）SiC 粒子添加：基于单一微弧氧化涂层调控发射率的限制，向电解液中引入高发射率纳米 SiC（粒径约 30nm），构建出粒子改性微弧氧化复合涂层。工艺参数：电压 550V，电解液温度为 70～90℃，处理时间 10min，持续搅拌。如图 8-1 所示，无 SiC 粒子时，涂层表面为白色，当 SiC 浓度为 8g/L 时，表面完全变为灰绿色，说明粒子浓度达到某一临界值后，涂层表面微观结构发生显著变化。随着 SiC 浓度的增加，涂层表面纳米粒子的含量也增加，并且 SiC 纳米颗粒存在于原始微弧氧化涂层表面的微孔中（图 8-2（b）和（c））。而 SiC-8 涂层表面则被大量纳米粒子覆盖（图 8-2（d））。随着 SiC 浓度的增加，涂层厚度由 7μm 逐渐减小至 5μm，SiC-8 复合涂层的厚度急剧增加至 75μm，包含三层结构：致密阻挡层、中间层约 55μm、纳米 SiC 复合外层约 15μm（图 8-3（d））。表面粗糙度呈逐渐增加的趋势，SiC-8 涂层表面粗糙度值达 3.41μm。SiC 掺杂可有效提高 8～20μm 波长内的平均发射率至 0.88，3～8μm 波长范围内的发射率为 0.86（表 8-2）。

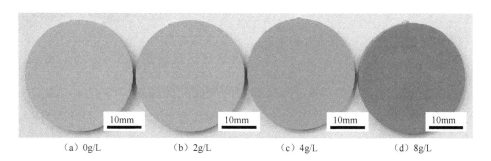

(a) 0g/L　　　　　(b) 2g/L　　　　　(c) 4g/L　　　　　(d) 8g/L

图 8-1　不同浓度 SiC 粒子改性纳米复合涂层宏观形貌

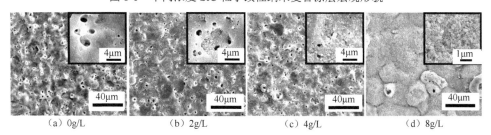

(a) 0g/L　　　　　(b) 2g/L　　　　　(c) 4g/L　　　　　(d) 8g/L

图 8-2　不同浓度 SiC 粒子改性纳米复合涂层表面形貌

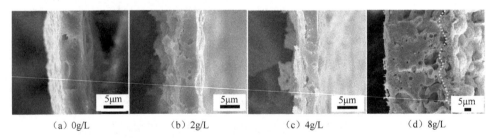

（a）0g/L　　　　　（b）2g/L　　　　　（c）4g/L　　　　　（d）8g/L

图 8-3　不同浓度 SiC 粒子改性纳米复合涂层截面形貌

（3）h-BN 粒子添加：向基础电解液中分别添加 0g/L、2g/L、8g/L 和 40g/L h-BN 粉体（粒径 100～300nm），设定加载电压 600V，解液温度 70～90℃，氧化时间 10min，持续搅拌。如图 8-4 所示，随着粒子加入量增多，表面颜色逐渐变浅。40g/L 的 h-BN 粒子改性涂层表面完全为白色（图 8-4（d）），说明涂层表面存在大量的 h-BN 粒子。如图 8-5 所示，粒子浓度从 0g/L 增加到 8g/L 时，涂层表面纳米粒子的含量逐渐增多，涂层厚度随着 h-BN 浓度的升高而降低；当浓度达到 40g/L 时，涂层表面出现大量纳米粒子，涂层厚度达 40μm。表面粗糙度随粒子浓度的增加而增大，BN-40 涂层表面粗糙度达 2.76μm。随着粒子含量增加，涂层发射率不断增大，但低浓度时，增加幅度较小。BN-40 复合涂层在 3～20μm 全波段发射率为 0.8，具有较强的热辐射能力。

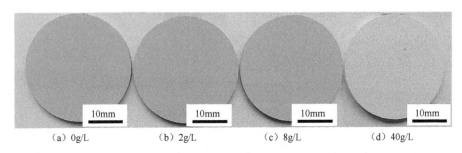

（a）0g/L　　　　　（b）2g/L　　　　　（c）8g/L　　　　　（d）40g/L

图 8-4　不同浓度 h-BN 粒子改性纳米复合涂层宏观形貌

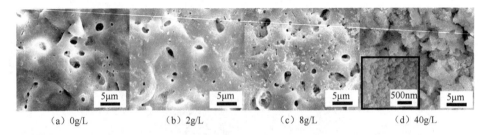

（a）0g/L　　　　　（b）2g/L　　　　　（c）8g/L　　　　　（d）40g/L

图 8-5　不同浓度 h-BN 粒子改性纳米复合涂层微观形貌

（4）SiC/h-BN 粒子共添加：通过前期工艺优化，SiC/h-BN 协同改性微弧氧化复合涂层的制备工艺为加载电压 600V,频率 600Hz,占空比 8%,电解液温度 70～90℃,氧化时间 10min,SiC 浓度为 8g/L,h-BN 浓度为 40g/L。该复合涂层的厚度可达 78μm,含三层结构:致密阻挡层约 0.6μm、中间层为 50～60μm、纳米复合外层约 20μm。涂层粗糙度为 3.89μm,表面含有大量的 SiC/h-BN 纳米粒子。SiC/h-BN 协同改性纳米复合涂层在 3～8μm 和 8～20μm 波长内的发射率分别为 0.86 和 0.91(表 8-2),显著强化微弧氧化涂层的热辐射性能。

以恒功率热源 1W 和 5W(空间为 1.3dm^3、散热表面积为 7cm^2)的 LED 灯珠结温变化,评价微弧氧化及复合涂层的辐射降温能力。铝合金测试时,1W 和 5W 的 LED 结温分别为 82.4℃ 和 105.4℃。微弧氧化及纳米复合涂层均具有明显的降温能力,且热源功率越高,散热效果越显著。随涂层厚度的增加,降温幅度略有增加,MAO-12 涂层可降低 5W 的 LED 结温达 10.5℃。SiC、h-BN 及 SiC/h-BN 改性复合涂层使 5W LED 结温温降分别为 15.8℃(SiC-8)、13℃(BN-40)和 16.8℃(SiC/BN)(表 8-2)。

对于功率器件,散热效率更能直观反映涂层的辐射散热性能,可通过 $\delta = \Delta T/(\Delta T_c)$ 计算。其中,δ 为散热效率,ΔT 为涂层与铝基体间的降温温差,ΔT_c 代表铝基体与测试环境间温差。经计算,5W 的 LED 作为热源时,微弧氧化(MAO-12)及复合涂层(SiC-8、BN-40 和 SiC/h-BN)的散热效率分别为 13%、21%、17.2% 和 22.3%。散热效率的变化规律与发射率一致,特别是纳米粒子改性复合涂层辐射作用明显改善了涂层的散热效率,说明辐射散热仍是功率电子器件不可或缺的部分,且 SiC/h-BN 改性复合涂层具有最高的散热效率,这归因于 3～20μm 波段的高发射率。

8.3.2　镁合金表面微弧氧化热控涂层

镁合金,特别是镁锂合金密度小、强度高、弹性模量大,加工性能良好,承受冲击载荷能力比铝合金大,也是航空航天器实现结构轻量化的理想材料。表 8-3 总结了部分镁合金微弧氧化热控涂层的电解液体系、工艺参数与热控性能。

1)高吸收发射比涂层

和铝合金相似,在镁合金表面制备高吸收发射比微弧氧化涂层,采用的电解液体系一般为磷酸盐和硅酸盐,在此基础上进行离子掺杂(Fe^{2+}、Fe^{3+}、Cu^{2+}、Ni^{2+}、Mn^{2+}、VO^{3+}、VO_4^{3-}、WO_4^{2-}、$Cr_2O_7^{2-}$ 等)和粒子掺杂(CNTs、CuO、SiC、Fe_3O_4 等)。

(1)工艺参数:在 26g/L Na_2SiO_3、1.5g/L 络合剂和 0.75g/L、1.25g/L、1.5g/L $CuSO_4$ 电解液中,随着频率增加,涂层的厚度和粗糙度均上升,涂层颜色越来越浅;随着电流密度和处理时间增加,涂层厚度和粗糙度均上升,涂层颜色加深。对于热控性能而言,频率增加,吸收率由 0.80 上升到 0.81,发射率由 0.80 上升到

0.83；随着电流密度上升，吸收率由 0.80 上升到 0.83，发射率由 0.80 上升到 0.85；随着反应时间延长，涂层吸收率由 0.73 上升到 0.82，发射率由 0.51 上升到 0.82，后有所下降；随着硫酸铜浓度升高，吸收率增大（0.81），发射率变化不大（0.80）。

（2）离子掺杂：在 25g/L Na_3PO_4、25g/L EDTA 电解液体系中分别添加 0g/L、4g/L、8g/L、12g/L $Fe_2(SO_4)_3$。工艺参数：5A/dm^2、500Hz、占空比 10%、氧化 10min。制备高吸收发射比涂层。结果表明，随着 $Fe_2(SO_4)_3$ 含量增加，涂层厚度略微下降，粗糙度增加。涂层的太阳吸收率值从镁合金基体的 0.28 增加到 0.43、0.93、0.94 和 0.94，红外发射率从镁合金基体的 0.06 增加到 0.78、0.82、0.83 和 0.83。涂层发射率和太阳吸收率的增加归因于两个因素：一是 Fe_3O_4 的原位合成，它具有较高的太阳吸收率和红外发射率；二是铁离子进入 MgO 晶体结构，导致晶格畸变，降低了晶体结构的对称性，这种畸变导致极化，增强了极性晶格的非谐振动、声子耦合作用和声子组合辐射的影响，从而增强红外辐射和吸收特性[4]。

表 8-3　镁合金表面热控涂层电解液体系、工艺参数与热控性能

电解液体系	添加剂/后处理	电参数					层厚/μm	粗糙度/μm	α_s	ε
		电压/V	电流密度/(A/dm^2)	时间/min	频率/Hz	占空比/%				
25g/L Na_3PO_4+25g/L EDTA-2Na	8g/L $Fe_2(SO_4)_3$	—	5	10	500	10	28		0.94	0.83
10g/L Na_2SiO_3+1g/L KOH	8g/L Na_3VO_4	500	4.5	40	—				0.918	0.84
26g/L Na_2SiO_3+1.5g/L 络合剂	1.5g/L $CuSO_4$		5	30	1000	20	61.3	3.7	0.823	0.838
$(NaPO_3)_6$+NiSO$_4$+络合剂	1.5g/L $CuSO_4$		5	20	1000	20	57.7	3.1	0.9	0.82
15g/L Na_3PO_4+3g/L NaF+5.6g/L KOH	10g/L $FeC_6H_5O_7$	—	2			20～30		—	0.79	0.82
（镁合金）22g/L Na_2SiO_3+25g/L $(NaPO_3)_6$	10g/L NH_4VO_3	—	2	10	600	20			0.95	0.94
（镁锂合金）24g/L Na_2SiO_3+25g/L $(NaPO_3)_6$	10g/L NH_4VO_3	—	3	10	600	20			0.964	0.951
20g/L $(NaPO_3)_6$+8g/L Na_2SiO_3+2g/L NaOH	10g/L SiC	—	550V	10	600	10	—		0.76	0.89
6g/L Na_2SiO_3+2g/L KOH+2g/L KF	0～10g/L CNTs	—	10					—		0.87
10g/L Na_2SiO_3+1g/L KOH	—	500	4.5	45	—				0.44	0.80
30g/L $Na_5P_3O_{10}$+5g/L KOH+0.5g/L NaF+1g/L EDTA-2Na	10g/L $Zr(NO_3)_4$		10	15	50	45			0.41	0.87

续表

电解液体系	添加剂/后处理	电参数					层厚/μm	粗糙度/μm	α_s	ε
		电压/V	电流密度/(A/dm²)	时间/min	频率/Hz	占空比/%				
30g/L Na₅P₃O₁₀+5g/L NaOH	4g/L ZnSO₄	—	15	10	50	45	—	—	0.35	0.88
（镁锂合金）14g/L Na₂SiO₃+ 1g/L KOH+1g/L NaF	—	—	10	20	500	20	—	—	0.35	0.82
（镁锂合金） 8.25g/L [(NaPO₃)₆+(NaPO₃)$_n$]+ 3g/L NaOH+1g/L NaF	—	—	10	30	50	20	—	—	0.33	0.85

进一步，在镁合金表面通过引入不同着色盐（$Cu(Ac)_2$、Na_2WO_4、Na_3VO_4），制备了白色、红棕色、灰色、黑色四种颜色涂层，吸收率从 0.439 到 0.918，发射率基本保持不变（0.85），其中由 Na_3VO_4 作为着色盐制备的黑色涂层的吸收率和发射率最大，分别为 0.918 和 0.84[5]。

除上述添加剂，制备高吸收发射比黑色陶瓷涂层的着色剂还包括：酒石酸铜、焦磷酸铜、柠檬酸铁、草酸铁、乙酸镍、草酸镍、硫酸钴、草酸钴、乙酸锰等。

（3）粒子掺杂：除了离子添加，针对性的粒子添加也是制备镁合金高吸收发射比陶瓷涂层的重要因素。例如，在 20g/L $(NaPO_3)_6$、8g/L Na_2SiO_3、2g/L NaOH 电解液中添加 10g/L 纳米 SiC 粒子（30nm）进行掺杂，电压 550V，占空比 10%，频率 600Hz，反应时间 10min，所制备出高吸收发射比陶瓷涂层的吸收率为 0.76，发射率可达 0.89；在 6g/L Na_2SiO_3、2g/L KOH、2g/L KF 电解液中，分别添加 0g/L、2.5g/L、5g/L、10g/L CNTs，电流密度 10A/dm²，镁合金表面制备不同 CNTs 掺杂微弧氧化陶瓷涂层，未添加 CNTs 的涂层为白色，并随着添加 CNTs 含量增加而逐渐变黑。当 CNTs 浓度为 10g/L 时，涂层表面分布着大量的 CNTs（多分布于孔隙周围），表面完全变为黑色，具有高吸收率，高发射率（0.87）。

镁锂合金由于其密度比镁合金低，在航空、航天领域受到越来越多的关注。在 10g/L NH_4VO_3 电解液中，镁锂合金表面微弧氧化涂层由 MgO 和部分非晶相组成，表面多孔，比表面积大，具有高的吸收率（0.964）和高的发射率（0.951）。

2）镁合金微弧氧化低吸收发射比涂层

在镁合金表面制备低吸收发射比微弧氧化涂层，主要是在以磷酸钠、硅酸盐为主盐的基础上进行的离子掺杂（Zr^{2+}、Zn^{2+}、Ti^{4+}）和粒子掺杂（ZnO、Al_2O_3、Y_2O_3、ZrO_2、BN、TiO_2 等）。

（1）Zr^{2+} 离子掺杂：在 30g/L $Na_5P_3O_{10}$、5g/L KOH、0.5g/L NaF、1g/L Na_2EDTA 电解液中添加不同浓度 0g/L、5g/L、10g/L、15g/L 的 $Zr(NO_3)_4$，电流密度 10A/dm²，

频率 50Hz，占空比 45%，进行微弧氧化处理。随 $Zr(NO_3)_4$ 浓度增加，涂层表面孔尺寸和数量减小，涂层的太阳吸收率和发射率提高。由于涂层中存在 ZrO_2 晶体结构，发射率值比太阳吸收率增加更多。当 10g/L $Zr(NO_3)_4$ 时，涂层吸收率为 0.405，发射率达 0.873[6]。

（2）Zn^{2+} 离子掺杂：在 30g/L $Na_5P_3O_{10}$ 和 5g/L NaOH 的电解液中，添加 0g/L、2g/L、4g/L、6g/L $ZnSO_4$，电流密度 15A/dm², 频率 50Hz，占空比 45%，氧化 10min 制备微弧氧化涂层。随着 $ZnSO_4$ 浓度增加，涂层的平均发射率分别为 0.68、0.79、0.88 和 0.88；吸收率分别为 0.58、0.46、0.35 和 0.36。由于 ZnO 的高折射率，Zn^{2+} 掺杂涂层的吸收率低于不使用 Zn^{2+} 的涂层。因此 4g/L $ZnSO_4$ 下制备的白色涂层太阳吸收率 0.35，发射率 0.88，符合航天器热控涂层要求。

（3）粒子掺杂：通过引入特殊粒子到涂层中，实现低吸收发射比涂层的制备。工艺参数：电压 500V，占空比 8.0%，频率 600Hz，电解液温度 50～70℃，时间 20min。基础电解液 15g/L Na_2SiO_3、8g/L KF、4g/L NaOH 中，在镁合金表面制备主要含 MgO 相的微弧氧化涂层，其吸收率 0.4，发射率 0.7。在此基础电解液中添加聚四氟乙烯乳液，制备 MgO/PTFE 双层涂层，在可见光谱中具有较强的宽带反射率。涂层吸收率为 0.12，发射率达 0.92，在辐射制冷方面具有广阔应用前景。

8.3.3　钛合金表面微弧氧化热控涂层

轻量化钛合金由于具有组织稳定性好、比强度高、耐蚀性好、耐热性好等优点，已逐渐成为航天器、飞机、导弹等的主要制造材料。利用微弧氧化技术构建热控陶瓷涂层，可拓展钛合金材料的应用领域范围。

1）高吸收发射比涂层

钛合金表面高吸收发射比微弧氧化涂层的制备，常以硅酸盐、磷酸盐和铝酸盐电解液为主，在此基础上进行离子或粒子掺杂改性。表 8-4 示出部分钛合金表面高吸收发射比微弧氧化涂层的电解液体系、工艺参数与热控性能。

表 8-4　钛合金表面高吸收发射比微弧氧化涂层电解液体系、工艺参数与热控性能

电解液体系	添加剂/后处理	电参数					层厚 /μm	粗糙度 /μm	α_s	ε
		电压 /V	电流密度/ (A/dm²)	时间 /min	频率 /Hz	占空比/%				
（高吸收低发射） 10g/L Na_3PO_4+5g/L $NaAlO_2$	—	400	—	1/6	1000	30	—	—	0.78	0.28
（高吸收低发射） 10g/L Na_3PO_4+2g/L $NaAlO_2$	溶胶-凝胶 TiO_2 500℃-1h	450	—	2	250	5	—	—	0.99	0.06

续表

| 电解液体系 | 添加剂/后处理 | 电参数 | | | | | 层厚/μm | 粗糙度/μm | α_s | ε |
		电压/V	电流密度/(A/dm²)	时间/min	频率/Hz	占空比/%				
18.6g/L (NaPO₃)₆+ 3.09g/L (NaPO₃)ₙ+ 10g/L EDTA-2Na	—	—	3	20	200	45	—	—	0.797	0.793
	10g/L Co(CH₃COO)₂	—	3	20	200	45	17	1.4	0.82	0.78
	10g/L Ni(CH₃COO)₂	—	3	20	1000	45	27	2.2	0.93	0.84
	10g/L FeSO₄		3	20		45	22	1.7	0.9	0.84
1g/L Na₅P₃O₁₀+ 4.5g/L (NaPO₃)₆+6g/L Na₂SiO₃+ 20g/L EDTA-2Na	3g/L NH₄VO₃	400	—	10	1000	30	44.2	3.5	0.962	0.95
	0~5g/L FeSO₄	400	—	10	1000	30	35~44	3.5~4.2	0.96	0.95
	5g/L Ni(CH₃COO)₂	400	—	10	1000	30	44.2	3.45	0.962	0.95
70g/L NaP₃O₁₀+10g/L FeSO₄+ 10g/L Co(CH₃COO)₂+ 10g/L Ni(CH₃COO)₂+ 30g/L EDTA-2Na	7.5g/L Na₂WO₄	—	1.5	25	1000	—	44.1	1.3	0.93	0.88

（1）高吸收低发射涂层，又称高吸收低发射太阳能选择性吸收涂层，是太阳能光热转换的核心材料，使金属基体表现出本征光学性质（低发射率），即表面吸收层的厚度小于太阳光谱的波长，因此，设计薄吸收层来保证低的发射率。基于此指导思想，提出工艺方案：降低电解液电导率、降低电压、提高频率、氧化时间在几十秒以内，可制备出表面高吸收低发射多孔涂层，吸收率约 0.78，发射率仅 0.28。随着反应时间延长，涂层粗糙度、厚度、孔径都增加，吸收率从 0.78 降低到 0.72，发射率从 0.28 增加到 0.71；随着电压增加，发射率增加到 0.41。

（2）高吸收高发射黑色涂层，具有独特的光学性质和颜色，使其在光学遥感系统、红外制导以及激光通信方面有着广泛应用。微弧氧化高吸收高发射黑色涂层具有耐候性强、结合力好的优点，可通过如下途径实现。

离子掺杂改性：在基础电解液中加入离子型添加剂，包括 Cu^{2+}、WO_4^{2-}、VO_3^{-}、Co^{2+}、Ni^{2+}、Fe^{2+}等，在添加金属阳离子盐时需配位剂，如 EDTA。例如，以 1g/L $Na_5P_3O_{10}$、4.5g/L $(NaPO_3)_6$、6g/L Na_2SiO_3、20g/L EDTA-2Na 为基础电解液，随着 NH_4VO_3、$FeSO_4$ 和 $Ni(CH_3COO)_2\cdot4H_2O$ 浓度增大，涂层的黑度值增加，以制备高吸收高发射涂层。NH_4VO_3 浓度增加，涂层粗糙度和厚度都明显增加，吸收

率从 0.94 增加到 0.96, 红外发射率从 0.90 增加到 0.95; $Ni(CH_3COO)_2·4H_2O$ 浓度增加, 涂层的粗糙度、厚度以及微观形貌变化较小, 吸收率从 0.92 增加到 0.96, 红外发射率从 0.93 增加到 0.95; $FeSO_4$ 浓度增加, 涂层的粗糙度、厚度以及涂层形貌变化较小, 涂层的吸收率和发射率变化也较小。随着电压升高, 涂层厚度、粗糙度明显增加, 形貌变化明显, 表面不均匀, 但对涂层的吸收率影响不大, 发射率略有增加; 氧化时间延长, 涂层粗糙度和厚度变化较小, 涂层的吸收率和发射率略有增加。因此, 优化工艺为: 基础电解液中分别添加 5g/L $Ni(CH_3COO)_2·4H_2O$、3g/L NH_4VO_3、0～5g/L $FeSO_4$, 电压 400V, 氧化时间 10min, 占空比 30%, 频率 1000Hz, 能获得高吸收 (0.96) 高发射 (0.95) 陶瓷涂层[7]。

多种盐共掺杂改性: 以 NaP_3O_{10} 为主盐, 添加 30g/L EDTA-2Na、10g/L 的 $Ni(Ac)_2$、10g/L 的 $Co(Ac)_2$、10g/L 的 $FeSO_4$ 以及 5g/L、7.5g/L 10g/L、15g/L 的 $NaWO_4$。结果表明, Na_2WO_4 加入后使涂层的吸收率从 0.81 增加到 0.92, 而发射率变化较小。继续增大浓度则吸收率不变化, 发射率继续增加至 0.87。涂层的吸收率和发射率不仅与涂层组成有关, 还与涂层的表面状态有较大关系。涂层发射率主要和涂层组成成分有关, 涂层中氧化物含量越大, 则发射率越大。涂层吸收率与涂层厚度、表面状态有较大关系。另外, 太阳光中还存在一定的紫外光, 如果要进一步提高吸收率, 就要考虑对紫外光的吸收, 而紫外光的穿透力较强, 可以直达内层。因此, 可采用多层结构设计, 在内层中引入对紫外光吸收强的物质, 外层引入对可见光和红外光吸收特性好的物质, 来实现高吸收和高发射涂层的优化设计。

2) 低吸收发射比涂层

微弧氧化低吸收发射比涂层的制备, 常采用磷酸盐、硅酸盐、偏铝酸盐、锆酸盐及钛酸盐电解液体系。表 8-5 示出部分钛合金表面低吸收发射比微弧氧化涂层的电解液体系、工艺参数与热控性能。

磷酸盐体系下制备的涂层颜色较深, 厚度和粗糙度较小。涂层吸收率为 0.9, 发射率为 0.85。500℃, 2h 退火处理后涂层吸收率从 0.92 减小至 0.85, 发射率变化很小。

偏铝酸盐体系下制备的涂层为灰白色, 厚度和粗糙度稍大, 涂层由 TiO_2 和 Al_2TiO_5 组成, 吸收率为 0.6, 发射率为 0.8。500℃, 2h 退火后涂层吸收率升高、发射率减小。

硅酸盐体系下制备的涂层为白色, 厚度和粗糙度均较大, 经工艺优化后 (10g/L Na_2SiO_3, 1g/L NaH_2PO_2, 频率 500Hz, 电流密度 10A/dm^2, 时间 45min) 得到吸收率和发射率分别为 0.37 和 0.93 的涂层。该涂层退火后吸收率略微增大, 发射率略微减小。

锆酸盐体系下, 在 6g/L K_2ZrF_6 和 1ml/L H_3PO_4 (85%) 电解液中, 电流密度 12A/dm^2, 占空比 30%, 频率 100Hz 下进行微弧氧化处理制备的白色低吸收发射比涂层, 吸收率仅 0.237, 发射率高达 0.99。

表 8-5　钛合金表面低吸收发射比涂层电解液体系、工艺参数与热控性能

电解液体系	添加剂/后处理	电参数					层厚/μm	粗糙度/μm	α_s	ε
		电压/V	电流密度/(A/dm²)	时间/min	频率/Hz	占空比/%				
10g/L Na₂SiO₃+1g/L NaH₂PO₂	—	—	10	45	500	45	28	2.1	0.37	0.93
6g/L K₂ZrF₆+0.5g/L NaH₂PO₂+2ml/L H₃PO₄	—	—	12	20	50	45	130	—	0.32	0.96
6g/L K₂ZrF₆+1ml/L H₃PO₄	—	—	12	30	100	30	170	11	0.237	0.99
10g/L Na₂SiO₃+1g/L NaH₂PO₂	—	—	9	30	500		93	8.5	0.41	0.92
9g/L Na₂SiO₃+3g/L Na₃PO₄+3g/L NaAlO₂	—	400	—	20	600	8	15	1.2		>0.8
	水热 2h 后进行氟硅烷改性	400	—	20	600	8	15	2.0		>0.8
12g/L Na₂SiO₃+3g/L NaH₂PO₂	PTFE 改性	500	—	15	600	8	可调	可调	0.19	0.85

由上可知，在锆酸盐体系中获得了性能优异的低吸收发射比涂层，进一步以氟锆酸钾-磷酸-次亚磷酸钠电解液体系（pH=1）为例，进行微弧氧化处理，研究氟锆酸钾浓度、电流密度、处理时间、占空比和频率等对微弧氧化陶瓷涂层组织结构以及热控性能的影响。

（1）K₂ZrF₆浓度。在 4g/L、6g/L、8g/L 的氟锆酸钾电解液中，工艺参数为电流密度 10A/dm²、频率 50Hz、占空比 45%、氧化 30min，制备微弧氧化陶瓷涂层。随着 K₂ZrF₆ 浓度的增加，涂层厚度、粗糙度先增后减，涂层的吸收率规律为先下降后增加，发射率逐渐降低[8]。

（2）处理时间。随着处理时间延长，涂层厚度、粗糙度依次增大，吸收率依次减小。氧化 10min 前，涂层发射率增加较快，10min 后变化较小。10min 前涂层成膜速率快，发射率变化较大；10min 后，涂层表面基本均匀，发射率变化较小。此体系下，处理时间越长，制备的涂层具有越高的发射和越低的吸收特性[8]。

（3）电流密度。随着电流密度增大，涂层厚度、粗糙度增大，而涂层吸收率降低，发射率增大幅度较小，说明电流密度对该条件下涂层的发射率影响不大。

（4）电源频率和占空比主要影响涂层厚度和表面粗糙度，从而影响涂层吸收率和发射率。例如，随着电源频率增大，涂层厚度减小，粗糙度增大，涂层吸收率也随之增大，发射率几乎不变，说明频率对涂层发射率影响较小（注意，电源频率越小越容易制备出高发射低吸收的涂层）。随着占空比增大，涂层厚度、粗糙度增大，涂层的吸收率逐渐降低，发射率变化不大。

3）耐高温高发射率热防护涂层

当钛合金被用于航空航天器金属壳体时，气动加热或燃烧加热产生的高温作

用使金属表面快速升温，这将导致高强度钛合金的力学性能下降，因此飞行器表面通常需要热防护，主要考察的指标是发射率，要求飞行器表面的高温发射率越高越好。如在 Ti_2AlNb 合金表面制备不同成分的微弧氧化涂层，并在 600℃ 条件下测试其光谱发射率。结果表明：①硅酸盐基础电解液体系，微弧氧化涂层的发射率在 3~8μm 波段内 >0.5，在 10~20μm 波段内 >0.8；②离子添加，引入 NH_4VO_3 和 Na_2CrO_4 使涂层在 3~8μm 和 10~20μm 波段内的发射率分别提高到 0.7 和 0.9；③粒子添加，添加 SiC 粒子制备的复合涂层在 3~20μm 波段内的发射率均 >0.8。可见，微弧氧化陶瓷涂层的高温发射率主要受物相组成与表面粗糙度的影响。涂层内部的高吸收率物相可加强对入射电磁波的本征吸收，而粗糙的表面结构可加长电磁波散射路径并消耗能量。因此，通过调节组织结构或掺杂物相可改善微弧氧化陶瓷涂层的热辐射性能。

8.4　微弧氧化热控涂层的影响因素分析

热控涂层在调节航天器/高速飞行器、大功率电子器件表面温度等方面至关重要。在上述分析了涂层组成结构、形貌以及工艺条件对热控性能影响的基础上，对微弧氧化热控涂层性能影响因素进行分析，微弧氧化热控涂层的组成结构和形貌特征可以通过电解液配方和工艺参数来进行设计，进而调控其吸收率和发射率。

1）电解液配方

（1）离子掺杂：电解液组分一般分为主盐和添加剂。添加剂对涂层的吸收率和发射率起重要作用，包括 Fe^{3+}、Fe^{2+}、Ni^{2+}、Cu^{2+}、Co^{2+}、Zr^{4+}、Zn^{2+}、Ti^{4+} 等金属离子，以及 VO_3^-、WO_4^{2-}、$Cr_2O_7^{2-}$、MnO_4^{2-} 等阴离子。VO_3^- 和 WO_4^{2-} 的存在会使涂层呈黑色，VO_3^- 在着色中的作用比 WO_4^{2-} 大。电解液中存在 Fe^{3+}、Fe^{2+}、Co^{2+} 等时，发射率随其浓度的增加而增大。同时，电解液中各类盐（钼酸盐、钨酸盐、钒酸盐等）和过渡金属离子添加可以导致涂层中对应氧化物（WO_3、VO_2、V_2O_3 等）含量增加，从而提高吸收率和发射率。离子共掺杂可制备多组分特性涂层，更有利于发挥多组分协同作用，从而在更大范围内调控吸收率和发射率。

（2）粒子掺杂：电解液中添加微米/纳米粒子也可以改善涂层的热控性能，包括 Fe_2O_3、CuO、CNTs、炭黑、Cr_2O_3、YSZ、ZnO、ZrO_2、TiO_2 等。涂层中粒子的存在改变了涂层表面结构和组成成分，从而调控涂层发射率和吸收率。

2）工艺参数

对于不同电解液体系或不同合金基体材料，工艺参数的影响又有所不同。对于高吸收发射比的涂层，通常随时间的延长和电流密度增大，吸收率和发射率都增加；而对于低吸收发射比涂层，随着时间延长和电流密度增大，一般吸收率下降，发射率增大。占空比的增加和电源频率的降低，一般会使吸收率减小，发射率增大，但在占空比和频率变化范围较小时影响不大。提高电解液温度，也会改善涂层的热辐射性能。另外，以微弧氧化为底层，与其他技术进行复合制备多层涂层也可以进一步扩宽热控光谱范围，大幅度提高热控性能，满足实际应用需求。

此外，除涂层组分外，表面结构和形貌，包括孔隙率、孔径、粗糙度、厚度等也是影响热控性能的重要因素。其中表面微孔和粗糙度直接决定发射率。粗糙度的增加使红外光在表面每个凹凸之间的光程增加，进而增强了表面对电磁波的本征吸收，有利于提高涂层的发射率。大的粗糙度有助于高吸收发射比涂层的吸收率进一步提高，而低吸收发射比涂层的吸收率进一步降低。涂层发射率随着厚度的增加而增大，但当增加到一定厚度，则不会再影响发射率，此时发射率主要和表面结构有关，吸收率与厚度的关系无规律性变化。

8.5　微弧氧化热控涂层应用实例

微弧氧化热控涂层在航空航天及其他诸多领域有着广泛的应用。

1）微弧氧化黑色热控涂层应用实例

铝合金、镁合金或钛合金表面制备的黑色微弧氧化热控涂层为纯无机陶瓷涂层，耐高/低温性能好，非常适用于空间温度恶劣的环境（如最高温度可达 180℃），解决常规涂层老化污染附近光学镜面的问题，避免载荷失效的风险。黑色表面减小反射，实现对太阳光及地气光等杂散光的抑制，大幅提高卫星光学系统对暗弱目标的探测能力，而且涂层具有高的（可调）太阳吸收发射比，可调控温度范围。

如图 8-6 所示，微弧氧化技术用于制备卫星上光学结构件、战机座舱内铝合金安装盒盒体、狙击步枪镁合金光学瞄准器部件等。

2）微弧氧化白色热控涂层应用实例

微弧氧化白色涂层已应用于舱外航天服铝合金调节器、手轮等部件。图 8-7 是对航天器、武器装备和电子产品等领域中铝/镁/钛合金零部件表面进行微弧氧化处理实现热控、光反射及装饰涂层的一个实例照片。

（a）卫星上光学结构件　　　　　　　（b）战机座舱铝合金安装盒盒体

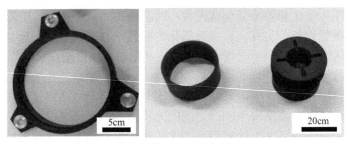

（c）狙击步枪镁合金光学瞄准器部件

图 8-6　卫星上光学结构件、战机座舱铝合金安装盒盒体、狙击步枪镁合金
光学瞄准器部件消杂光热控涂层

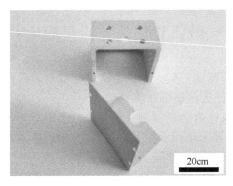

图 8-7　某空间机构铝合金部件微弧氧化低吸辐比热控涂层

3）大功率 IGBT 铝合金辐射散热涂层应用实例

图 8-8 为某重点型号伺服控制驱动器壳体低吸辐比散热降温涂层，利用辐射散热降低电子器件芯片结温温度。如图 8-9 所示，辐射散热涂层可拓展应用于空调机、笔记本电脑、变压器、电动机等，降温幅度为 8%～25%，大大降低质量和成本，延长寿命与可靠性。

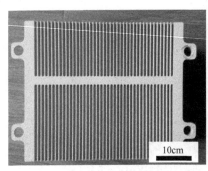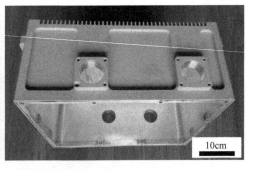

图 8-8　某重点型号伺服控制驱动器壳体低吸辐比散热降温涂层

图 8-9　电子设备铝合金壳体表面低吸辐比散热降温涂层

8.6　本章小结与未来发展方向

与铝、钛合金表面热控涂层相比，镁及镁锂合金表面高吸收发射比涂层和低吸收发射比涂层的热控性能要略差一些（调控难度略高）。镁及镁锂合金表面微弧氧化涂层的厚度和粗糙度相比铝、钛合金都偏小，这也说明形貌和表面结构也是影响吸收和发射的重要因素。另外，利用离子掺杂、粒子掺杂以及与其他技术复合等方式，有利于扩宽热控涂层吸收率和发射率的调控范围。未来研究仍需要关注以下几个方面：目前主要研究集中在如何调控吸收率和发射率，往往忽略实际应用中如结合强度、热稳定及抗腐蚀等综合性能，因此在提升热控性能指标的同时，需要对涂层综合性能进行系统和深入研究；空间辐照环境效应对热控性能的影响研究较少，热控涂层在空间环境扮演着不可或缺的角色，要真正实现微弧氧化涂层的实际应用，就需要通过建模模拟和实验相结合的方式分析热控涂层在空间辐照环境下的性能退化情况，为其实际应用提供实验指导和理论依据；发射率可变的热控涂层具有高的研究和开发价值，基于微弧氧化液相辅助-掺杂烧结的特点，通过离子/微纳米粒子掺杂，开发发射率可变的热控材料，值得深入研究；单一微弧氧化技术很难同时满足涂层热控性能指标和获得优异综合性能，利用微弧氧化与其他技术复合应用于热控涂层将是重要的研究方向，具有广阔的应用前景。

参 考 文 献

[1] Wu X H, Qin W, Cui B, et al. Black ceramic thermal control coating prepared by microarc oxidation. International Journal of Applied Ceramic Technology, 2007, 4(3): 269-275.

[2] Arunnellaiappan T, Anoop S. Fabrication of multifunctional black PEO coatings on AA7075 for spacecraft applications. Surface and Coatings Technology, 2016, 307: 735-746.

[3] Ma D L, Lu C H, Fang Z G, et al. Preparation of high absorbance and high emittance coatings on 6061 aluminum alloy with a pre-deposition method by plasma electrolytic oxidation. Applied Surface Science, 2016, 389: 874-881.

[4] Lu S T, Qin W. Effect of Fe^{3+} ions on the thermal and optical properties of the ceramic coating grown in-situ on AZ31 Mg alloy. Materials Chemistry and Physics, 2012, 135(1): 58-62.

[5] Wang L Q, Zhou J S, Liang J, et al. Thermal control coatings on magnesium alloys prepared by plasma electrolytic oxidation. Applied Surface Science, 2013, 280: 151-155.

[6] Li H, Lu S T, Wu X H, et al. Influence of Zr^{4+} ions on solar absorbance and emissivity of coatings formed on AZ31 Mg alloy by plasma electrolytic oxidation. Surface and Coatings Technology, 2015, 269: 220-227.

[7] 牛翱翔. 钛合金表面高发射率涂层原位制备及性能研究. 哈尔滨: 哈尔滨工业大学, 2013.

[8] 沈巧香. 锆酸盐体系钛合金 MAO 涂层制备及热控性能研究. 哈尔滨: 哈尔滨工业大学, 2014.

第9章　微弧氧化介电绝缘涂层设计与应用

9.1　概　　述

轻量化金属（铝、镁、钛）/合金及其复合材料作为结构部件、承载部件及封装部件在电子装备上的应用越来越多。高电绝缘、低介电常数、低介电损耗材料是电子装备领域用于承载电子元器件及其连接线路不可或缺的关键部分。本章介绍了微弧氧化技术在轻金属及复合材料表面介电绝缘涂层的设计与应用。

9.2　介电绝缘原理

（1）绝缘介质击穿特性。用作电气绝缘的材料称为绝缘介质或电介质。当作用于电介质上的电压，更确切地说是当电介质中的电场强度增大到某个临界值时，流过电介质的电流会急剧增大，说明此时电介质已失去绝缘性能而成为导体，由绝缘态变为导电态的过程称为击穿。发生击穿时的临界电场强度（kV/cm）称为击穿场强或绝缘强度（其值与电介质的材料及厚度有关）。

（2）绝缘涂层材料体系。封装用介电绝缘涂层材料应具备以下电、热、机械和化学等性能：高电阻率、高介电强度和低介电常数；高导热系数、与功率半导体芯片相匹配的热膨胀系数、热稳定性；高抗拉强度、高弯曲强度、高硬度、可加工性、金属化能力；高耐酸耐碱、抗污染能力、抗腐蚀、低毒性。常见的绝缘涂层材料包括：树脂、Al_2O_3、BN、AlN、Si_3N_4、MgO、TiO_2、云母片、莫来石、高岭土、滑石瓷等。

9.3　微弧氧化绝缘涂层设计原则

由微弧氧化过程中等离子体击穿放电的本质决定，微弧氧化涂层内层致密、表层疏松多孔，涂层厚度的增加也受限制。因此，为获取高电阻率、高耐电压的微弧氧化涂层，需要攻克两大难题：高绝缘物相的可控形成；增加厚度与减小孔隙率。因此，微弧氧化绝缘涂层的设计需要考虑如下原则。

（1）高绝缘物相的可控形成：通过电解液成分的选择性设计，将高绝缘强度的物相成分引入到涂层中。例如，铝合金表面原位微弧氧化形成高绝缘 Al_2O_3 相为主的涂层，钛合金表面原位微弧氧化形成高绝缘 TiO_2 相为主的涂层，镁合金表面原位微弧氧化形成高绝缘 MgO 相为主的涂层。通过在特定电解液中（$Ba(OH)_2$、$Sr(OH)_2$）微弧氧化可制备出高介电常数的 $BaTiO_3$、$Ba_xSr_{1-x}TiO_3$ 和 $SrTiO_3$ 绝缘涂层。对于非基体本身氧化相或非氧化物绝缘物相，也可通过电解液离子型微弧氧化掺杂或微弧氧化同步纳米粒子（如 BN、Si_3N_4、莫来石等）沉积烧结进行可控形成。

（2）大厚度高致密绝缘涂层的可控形成：直流或单极脉冲模式下生长的微弧氧化涂层厚度可控性差，孔隙、裂纹等缺陷多，不利于提高涂层绝缘性。在高绝缘物相可控形成的基础上，提出采用双极脉冲形成"软火花"微孔自愈合的放电模式或电流密度阶段式递减的放电模式，进一步提高涂层的致密性，并最大限度地提高涂层厚度（最高达百微米）。

9.4　钛合金微弧氧化绝缘涂层设计与制备

在 Na_2SiO_3-$NaAlO_2$-Na_3PO_4 电解液和 Na_2SiO_3-$NaAlO_2$-Na_3PO_4-KOH 电解液体系中于钛合金表面制备微弧氧化绝缘涂层（简称 Si-P-Al 涂层与 Si-P-Al-K 涂层）。微弧氧化工艺参数见于表 9-1，固定微弧氧化电参数（脉冲电压 600V，占空比 8%，脉冲频率 600Hz），探讨氧化时间（分别为 5min、10min、15min、20min、30min）及电解液中 KOH 含量对涂层组织结构与绝缘性能的影响。

表 9-1　钛合金表面微弧氧化绝缘涂层制备的工艺参数

标记	电解液/(g/L)	KOH/(g/L)	氧化时间/min	电导率/(μS/cm)	涂层厚度/μm
Si-P-Al5		0	5	17.68	10
Si-P-Al10		0	10	17.68	17
Si-P-Al15	Na_2SiO_3: 9	0	15	17.68	21
Si-P-Al20	$NaAlO_2$: 3	0	20	17.68	27
Si-P-Al30	Na_3PO_4: 3	0	30	17.68	36
Si-P-Al-K30		2	30	23.70	50

Si-P-Al 涂层（不同氧化时间）和 Si-P-Al-K30 涂层的表面形貌如图 9-1 所示。Si-P-Al 涂层呈现典型多孔结构，随着氧化时间增加，熔融体迅速喷发产生飞溅，导致凸起状陶瓷颗粒出现在涂层表面并有长大趋势，表面微孔直径变大，数量减

少，并产生少量微裂纹。30min 后，Si-P-Al 涂层出现层状结构（热应力作用）。Si-P-Al-K30 涂层则呈岛状和层状结构，且表面陶瓷颗粒数量较多、尺寸较大。

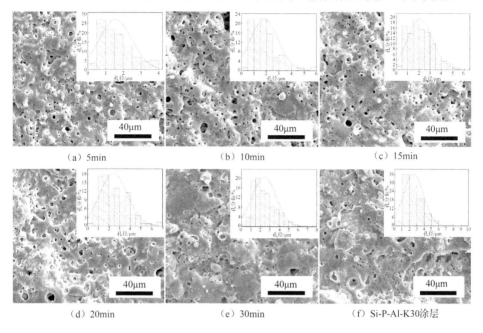

（a）5min　　　　　　　（b）10min　　　　　　　（c）15min

（d）20min　　　　　　（e）30min　　　　　　（f）Si-P-Al-K30涂层

图 9-1　Si-P-Al 涂层（不同氧化时间）和 Si-P-Al-K30 涂层的表面形貌和孔径统计分布图

经 Image Pro Plus 6.0 软件进行孔隙率统计发现，随着氧化时间增加，Si-P-Al 涂层的平均孔径从 1.3μm 增加至 2.0μm，表面孔隙率从 21.86%降低至 12.93%（图 9-2），表面粗糙度从 0.12μm 增加至 0.35μm。

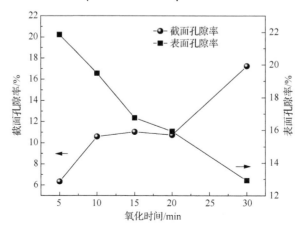

图 9-2　不同氧化时间下微弧氧化涂层的表面和截面孔隙率

Si-P-Al-K30 涂层表面孔隙率仅为 11.43%，平均粗糙度略高，约 0.45μm。说明通过 KOH 调节 pH，缩短了微弧氧化过程中的起弧时间，有利于对前期已形成微孔进行弥合。

图 9-3 是不同氧化时间的 Si-P-Al 涂层和 Si-P-Al-K30 涂层的截面形貌。涂层分为致密界面层和外层多孔层，界面层致密但较薄，外层存在大量孔洞和裂纹。Si-P-Al30 涂层截面中部分缺陷延伸至界面层，而 Si-P-Al-K30 涂层截面中存在一些残余缺陷，但无大的贯穿裂纹，涂层厚度约 50μm，界面层厚度约 2.6μm。由此可见，随着 KOH 的加入，起弧时间缩短，同时提高的火花放电能量促进了氧化初期击穿电压的降低，保证了涂层在微弧阶段长时间生长。因此，可以获得更厚且更致密的涂层。如图 9-2 所示，随着氧化时间增加，Si-P-Al 涂层横截面孔隙率由 6.35%上升至 17.25%（20min 时略有下降），持续的火花放电导致更多的缺陷位置产生。Si-P-Al-K30 涂层的截面孔隙率为 17.55%，这归因于涂层厚度增加，多次火花放电引起放电通道变大，且不能及时填充，导致截面孔隙率增大。

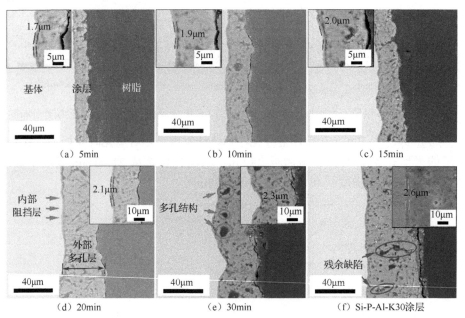

图 9-3　Si-P-Al 涂层（不同氧化时间）和 Si-P-Al-K30 涂层的截面形貌

图 9-4 为不同氧化时间的 Si-P-Al 涂层和 Si-P-Al-K30 涂层的 XRD 图谱。在较短氧化时间下 Si-P-Al 涂层主要为 Al_2TiO_5 相，并含少量锐钛矿和金红石 TiO_2 相。随着氧化时间增加到 30min，金红石型 TiO_2 的峰强度增加，成为主晶相，而 Al_2TiO_5 相和锐钛矿的峰强度降低。在 Si-P-Al-K30 涂层中，金红石 TiO_2 相的衍射峰强度显著增加，锐钛矿的衍射峰强度较低。随着 KOH 的添加，溶液电导率提

高，火花放电强度增加，促进了锐钛矿向金红石相的转变。同时，发现少量的 SiO_2 相，而 SiO_2 相在快速冷却条件下很容易转变为非晶相，有利于提高涂层致密性。

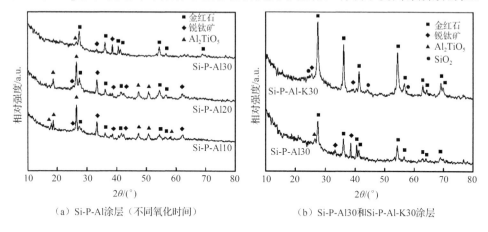

（a）Si-P-Al 涂层（不同氧化时间）　　　　（b）Si-P-Al30 和 Si-P-Al-K30 涂层

图 9-4　Si-P-Al 涂层（不同氧化时间）和 Si-P-Al-K30 涂层的 XRD 图谱

表 9-2 展示了不同氧化时间下 Si-P-Al 涂层和 Si-P-Al-K30 涂层试样的电绝缘性能。随着涂层厚度增加，Si-P-Al 涂层的体积电阻从 0.79±0.03MΩ 提高到 1.45±0.04MΩ，电阻率从 $1.37×10^8$Ω·cm 下降到 $0.99×10^8$Ω·cm。涂层厚度增加的同时孔洞和裂纹数量也增加，离子和电子倾向于向这些缺陷中迁移，导致涂层电阻率下降。孔隙率大、致密度低的薄涂层中的电流可能更倾向于流向金属基体，导致直接发生电击穿。因此，薄涂层容易发生漏电现象，使绝缘性能失效。随着涂层厚度增加，击穿电压从 329.43±20.98V 提高到 428.25±25.12V，介电强度从 32.94±2.1V/μm 下降到 11.90±0.71V/μm。进一步在电解液中加入 2g/L KOH，制备的 Si-P-Al-K30 涂层厚度达 50μm，具有良好的电绝缘性能，平均击穿电压高达 617.78±26.31V，介电强度为 12.36±0.53V/μm，体积电阻和电阻率分别为 216.85±2.36MΩ 和 $1.08×10^{10}$Ω·cm，相比于 Si-P-Al 涂层，电绝缘性显著提高。

表 9-2　钛合金表面 TiO_2 绝缘涂层的击穿电压、介电强度、体积电阻、体积电阻率

试样	击穿电压/V	介电强度/(V/μm)	体积电阻/MΩ	电阻率/(Ω·cm)
Si-P-Al5	329.43±20.98	32.94±2.1	—	—
Si-P-Al10	373.56±10.6	21.77±1.3	0.79±0.03	$1.37×10^8$
Si-P-Al15	395.83±15.7	18.85±1.7	0.91±0.01	$1.25×10^8$
Si-P-Al20	414.18±20.4	15.34±1.9	1.12±0.02	$1.14×10^8$
Si-P-Al30	428.25±25.12	11.90±0.71	1.45±0.04	$0.99×10^8$
Si-P-Al-K30	617.78±26.31	12.36±0.53	216.85±2.36	$1.08×10^{10}$

9.5 铝合金微弧氧化绝缘涂层设计与制备

高热导率的 6061 铝合金是电子产品器件与大功率 IGBT 的电子封装用散热基板材料。将纳米聚四氟乙烯添加到 Na_2SiO_3+Na_3PO_4+Na_2WO_3+$NaOH$ 基础电解液中，于 6061Al 铝合金散热基板表面制备绝缘涂层。微弧氧化工艺参数设计见于表 9-3。固定微弧氧化电参数（脉冲电压 600V，占空比 10%，脉冲频率 600Hz），探讨微弧氧化涂层（Al_2O_3 涂层）和粒子改性微弧氧化双层涂层（Al_2O_3+PTFE 涂层）组织结构与电绝缘性能的关系。

表 9-3　6061 铝合金微弧氧化绝缘涂层制备的工艺参数

电解液组分	纳米粒子	处理时间/min	标记	涂层厚度/μm
20g/L Na_2SiO_3、6g/L Na_3PO_4、	—	20	Al_2O_3	38
3g/L NaOH、4g/L Na_2WO_3	PTFE	20	Al_2O_3+PTFE	47

如图 9-5 所示，单一 Al_2O_3 涂层表面多孔，孔径在 0.5～6.0μm，粗糙度大，利于 PTFE 纳米粒子沉积。当电解液中加入足够 PTFE 后形成了 Al_2O_3+PTFE 双层涂层，微弧氧化涂层中的微孔被 PTFE 纳米颗粒完全嵌入并覆盖，形成了一层 PTFE 外层，表面更加均匀致密，缺陷较少，显著提高涂层的致密性。

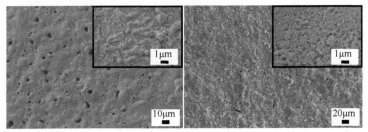

（a）单一微弧氧化涂层　　　　　　（b）Al_2O_3+PTFE双层涂层

图 9-5　铝合金表面微弧氧化和微弧氧化同步沉积烧结 PTFE 绝缘涂层表面形貌

图 9-6 为铝合金表面涂层的截面形貌和元素分布。Al_2O_3 涂层中存在微孔、裂纹等局部缺陷，涂层主要由 Al、Si 和 O 元素组成。在电解液中添加 PTFE 纳米粒子后，PTFE 完全填充并覆盖了 Al_2O_3 涂层，伴随着孔洞和微裂纹消失，起到封孔作用（缺陷减少）。如图 9-6（c）、（d）所示，Al_2O_3+PTFE 涂层呈现出双层结构，且除 Al、Si 和 O 元素外，外层主要含 F 元素。同时，随着含 PTFE 外层的双层涂层的形成，纳米 PTFE 进一步沿着放电通道进入涂层中，填充孔洞，实现封孔。

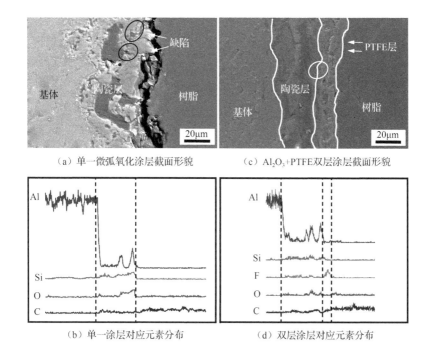

（a）单一微弧氧化涂层截面形貌　　　　　　（c）Al_2O_3+PTFE 双层涂层截面形貌

（b）单一涂层对应元素分布　　　　　　　　（d）双层涂层对应元素分布

图 9-6　铝合金表面微弧氧化和微弧氧化同步沉积烧结 PTFE 绝缘涂层的截面形貌与元素分布

　　由于微弧氧化涂层的固有孔隙率和致密内层较薄，其电绝缘性明显低于 Al_2O_3+PTFE 双层涂层。双层涂层包含致密的 15μm 厚 PTFE 外层，起到良好的封孔与绝缘屏蔽效应，其击穿电压达 1.002kV，介电强度达 21.32V/μm（表 9-4）。PTFE 相本身具有优良的耐电压性（＞60kV/mm），可以有效提高涂层的整体电绝缘性。Al_2O_3+PTFE 双层涂层的体积电阻和电阻率是 Al_2O_3 涂层的 1.3 倍，分别为 213.57MΩ 和 $3.56×10^{10}$Ω·cm（表 9-4），说明具有宽禁带宽度的 PTFE 密封层有效阻碍了电子跃迁。

表 9-4　铝合金表面 Al_2O_3 和 Al_2O_3+PTFE 双层涂层的绝缘性能

试样	击穿电压/kV	介电强度/(V/μm)	体积电阻/MΩ	电阻率/(Ω·cm)
Al_2O_3	0.694	18.28	138.38	$2.85×10^{10}$
Al_2O_3+PTFE	1.002	21.32	213.57	$3.56×10^{10}$

　　此外，图 9-7 描述了 Al_2O_3 涂层和 Al_2O_3+PTFE 双层涂层的介电性能与频率的关系。不同试样的介电常数随着测试频率的增加而降低，其中 Al_2O_3 涂层的介电常数下降趋势明显。在 10^2～10^6Hz 的频率范围内，Al_2O_3+PTFE 双层涂层的介电常数几乎是平坦的，说明涂层的极化能跟上电场的频率变化。同时，Al_2O_3+PTFE

双层涂层的介电常数较小，约为 6.5，这与 PTFE 外层具有低的介电常数密切相关。另外，在 $10^2\sim10^6$Hz 的频率范围内，Al_2O_3+PTFE 双层涂层的介电损耗也相对较低，显示出最小的介电损耗。涂层越致密，介电损耗越小。Al_2O_3+PTFE 双层涂层在较宽的频率范围内具有良好的介电性能，这有利于挖掘铝合金表面介电绝缘涂层材料在电子器件封装领域的应用潜力。

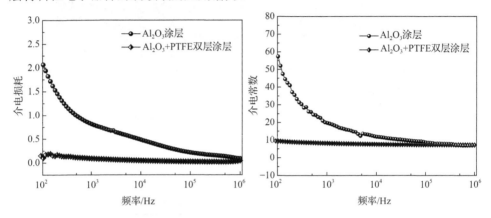

图 9-7 铝合金表面微弧氧化和微弧氧化同步沉积烧结 PTFE 绝缘涂层的介电常数与介电损耗

9.6 SiC_p/Al 复合材料表面微弧氧化绝缘涂层设计与制备

SiC_p 颗粒增强铝（SiC_p/Al）基复合材料具有高的热导率，热稳定性好，且热膨胀系数与单晶硅匹配，是下一代集成电路芯片重要的封装基板材料。SiC_p/Al 复合材料基板表面通过微弧氧化原位生长绝缘导热涂层，是取代传统的树脂基、陶瓷基绝缘涂层的重要途径。在 $NaAlO_2$+NaOH 电解液体系中于 SiC_p/Al 复合材料表面制备微弧氧化绝缘复合涂层，微弧氧化工艺参数设计示于表 9-5。固定微弧氧化电参数（脉冲电压 500V，占空比 10%，脉冲频率 600Hz），探讨氧化时间（5min、10min、15min、20min、30min）与有无负向脉冲对涂层组织结构与绝缘性能的影响。

图 9-8 为不同微弧氧化处理时间的 U-P 和 B-P 陶瓷涂层的表面形貌。初始阶段，U-P 和 B-P 涂层表面均出现许多环形山状的中心孔。相比之下，B-P 涂层表面形成的大孔数量远少于 U-P 涂层。如图 9-8（f）～（j）所示，B-P 涂层氧化过程中，随着从电弧放电过渡到"软火花"放电状态，B-P 涂层表面孔隙率下降，逐渐由饼状结构转变为更紧凑、更平坦致密的结构。这归因于在等离子体放电击穿过程中，负向电压可促进涂层表面均匀放电。当"软火花"状态完全建立时，放电强度降低，有利于修复前一阶段形成的缺陷（气孔、裂纹等），提高涂层的致密性。此外，涂层在双极脉冲下变得更平坦致密，有利于提高电绝缘和抗腐蚀性能。

表 9-5　SiC_p/Al 复合材料表面微弧氧化脉冲调控方式设计与工艺参数

电解液	标记	负向电压/V	氧化时间/min	涂层厚度/μm
NaAlO$_2$＋NaOH 单极脉冲（U-P）	U-P-5	—	5	18
	U-P-10		10	25
	U-P-15		15	30
	U-P-20		20	35
	U-P-30		30	42
NaAlO$_2$＋NaOH 双极脉冲（B-P）	B-P-5	80	5	20
	B-P-10		10	28
	B-P-15		15	32
	B-P-20		20	40
	B-P-30		30	45

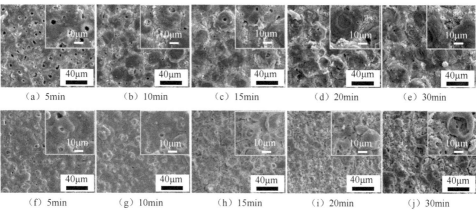

（a）5min　　（b）10min　　（c）15min　　（d）20min　　（e）30min

（f）5min　　（g）10min　　（h）15min　　（i）20min　　（j）30min

图 9-8　U-P（上图）与 B-P（下图）脉冲及氧化时间对微弧氧化绝缘涂层表面形貌的影响

图 9-9 为不同氧化时间下 U-P 和 B-P 微弧氧化涂层的截面形貌。U-P 和 B-P 涂层的截面呈现出完全不同的形貌。U-P 涂层的截面由内阻挡层（约 0.5μm）、多孔中间层和外层组成。多孔中间层疏松多孔且有裂纹，随着氧化时间的延长，涂层中的孔隙得到一定程度的修复；外层含有不规则的孔隙和凹坑通道，其分布的随机性使陶瓷层表面不平整。相比之下，B-P 涂层的致密性显著提高，B-P 涂层由致密的内层和相对致密的外层组成。在前 5min，B-P 涂层与 SiC_p/Al 复合材料的基体紧密结合，没有裂纹和气孔等缺陷。进一步氧化后，在 10～30min 内，具有两层结构的 B-P 被清晰地显示出来，并且由于软火花制度修复了陶瓷生长过程中的缺陷，涂层的致密内层的厚度不断增加。

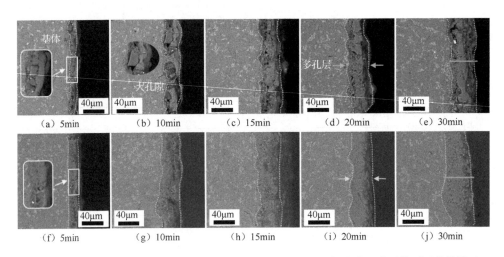

图 9-9　U-P（上图）与 B-P（下图）脉冲及氧化时间对微弧氧化绝缘涂层截面形貌的影响

　　表 9-6 为不同脉冲模式下 SiC_p/Al 复合材料表面微弧氧化涂层的绝缘性能。可见，随微弧氧化时间延长，涂层厚度增加，涂层的击穿电压显著提高，而涂层的介电强度的变化规律正好相反，呈下降趋势，这归因于涂层中孔隙和微裂纹的增加。相比较，B-P 涂层的击穿性能优于 U-P 涂层，长期氧化后的击穿电压为 716V，介电强度为 15.9V/μm，这是由于负脉冲作用下涂层的致密性得到显著改善。为进一步量化涂层的绝缘性能，测试室温下的体积电阻。可见，B-P 涂层的体积电阻远大于 U-P 涂层，且涂层越厚，体积电阻越大。随着氧化时间的增加，B-P 涂层的体积电阻从 1.57GΩ 上升到 5.84GΩ。B-P 涂层和 U-P 涂层的电阻率均随氧化时间逐渐增大，但 B-P 涂层的电阻率值较大，可达 $1.30×10^{12}Ω·cm$，这表明引入负向脉冲可以有效提高电阻率。

表 9-6　不同脉冲模式下 SiC_p/Al 复合材料表面微弧氧化涂层的绝缘性能

试样	击穿电压/V	介电强度/(V/μm)	体积电阻/GΩ	电阻率/(Ω·cm)
U-P-5	315.6	17.5	0.94	$5.20×10^{11}$
U-P-10	388.2	15.5	1.86	$7.45×10^{11}$
U-P-15	456.8	15.2	2.88	$9.60×10^{11}$
U-P-20	524.0	15.0	3.75	$1.07×10^{12}$
U-P-30	641.8	15.3	4.79	$1.14×10^{12}$
B-P-5	534.7	26.7	1.57	$7.85×10^{11}$
B-P-10	595.0	21.3	2.49	$8.90×10^{11}$

续表

试样	击穿电压/V	介电强度/(V/μm)	体积电阻/GΩ	电阻率/(Ω·cm)
B-P-15	611.3	19.1	3.59	$1.12×10^{12}$
B-P-20	664.3	16.6	4.63	$1.16×10^{12}$
B-P-30	716.0	15.9	5.84	$1.30×10^{12}$

9.7 微弧氧化绝缘涂层应用实例

微弧氧化涂层的绝缘性能取决于金属合金及其涂层物相组成与结构特性，微弧氧化涂层表面未密封时，介电强度可高达 2500V，绝缘电阻也可达 200MΩ。在 5×××铝合金上可获得最高的介电击穿电压，6×××合金也具有良好的性能。已经开发的某空间机构微弧氧化绝缘涂层底座及部件，有效减小了信号干扰，提高了工作可靠性。说明微弧氧化涂层在航天高绝缘屏蔽设备及电力、电子、仪器等领域有广阔的应用前景。

应用实例示于图 9-10。针对航天低冲击压紧释放装置的关键部件铝合金表面的耐磨与绝缘的使用要求，进行微弧氧化陶瓷化涂层处理。该涂层提高了铝合金零件的表面硬度及电绝缘性能，从而提高压紧释放机构关键部件表面的耐磨性及电绝缘性，性能参数为：表面硬度由 140~200HV 提高到 1000~1200HV；耐磨性能提高 10 倍以上；绝缘电阻高于 1MΩ。该涂层满足系统需要的性能指标，已成功应用于低冲击压紧释放装置样机，保证装置的可靠性。如图 9-10（b）所示，针对高温绝缘螺栓表面使用要求，高温绝缘螺栓微弧氧化复合陶瓷涂层已成功应用于某等离子发动机真空 500~700℃环境，耐 800V 电压工况，保证设备运行的可靠性。

高温绝缘螺栓微弧氧化复合陶瓷涂层，应用于某等离子发动机真空 500~700℃环境，耐 800V 电压工作

10cm

10cm

（a）铝合金低冲击压紧释放装置　　（b）钛合金高温绝缘螺栓

图 9-10　轻金属微弧氧化介电绝缘涂层应用实例

9.8　本章小结与未来发展方向

微弧氧化介电绝缘涂层在电力、电子、仪器等领域已取得很大进展，解决了现有部分绝缘密封结构复杂、泄露风险大、绝缘可靠性低的问题。未来研究仍需要关注以下几个方面。

（1）制备工艺方面：同时提高微弧氧化涂层的厚度和致密度是提高微弧氧化涂层电绝缘性的关键。因此，可适当提高电解液的电导率，增加涂层厚度；利用富含硅酸盐、铝酸盐的电解液，形成更厚、更致密的涂层；初期采用高电流密度形成致密性好的内层，后期采用低电流密度对多孔层的缺陷进一步弥补和愈合；将电绝缘性高的微纳米粒子添加到电解液中，或进行封孔处理以形成多层密封涂层；以微弧氧化涂层作为底层，结合其他处理技术制备多层复合涂层，这不仅可以提高涂层电绝缘性，同时也能提高涂层的应用温度以及其他功能特性以满足特殊服役需求。

（2）特高压应用方面：电力系统设备、基站等亟需高可靠性的高电阻（$\geqslant 1G\Omega$）、耐特高压（$\geqslant 10000V$）的涂层材料，微弧氧化涂层表面多孔、厚度受限，绝缘性能提高有限，难以满足需求。因此，需要采用多步法复合处理，进一步提高电绝缘性能指标的同时，对涂层的综合性能进行系统和深入研究，将会成为该类涂层的一个重要研究方向。

（3）高温电绝缘应用方面：随着航空航天领域对高温介电绝缘涂层的耐温等级与电气性能要求日益严苛，探索微弧氧化基多层复合涂层组织结构对高温电绝缘、高温阻抗、介电常数、介电损耗的影响，揭示涂层高温失效行为和电绝缘失效机制，将是一个重要的发展方向。

第 10 章　微弧氧化催化涂层设计与应用

10.1　概　　述

化学污染被认为是主要生态问题之一，开发高效的催化材料来中和污染环境的物质迫在眉睫。通过微弧氧化法在轻金属表面制备催化活性高的纳米复合涂层（催化活性层、催化活性物质载体、光催化剂和电催化剂等），能高效分解有机物、有害气体及催化抗菌，并可用于空气净化和污水治理等。本章从催化过程、基本原理、催化剂设计制备的角度出发，阐述通过微弧氧化电解液、电参数调控及多步法来进行涂层成分/结构设计，获取高催化性能的催化剂和催化活性物质载体。

10.2　催化原理及过程

10.2.1　光/光电催化原理及过程

光催化原理是基于光催化剂在光照条件下具有的氧化还原能力，从而达到净化污染物、物质合成和转化等目的。锐钛矿相 TiO_2 的电极电势较高，具有强氧化性，在光催化剂领域应用较广，禁带宽度约 3.2eV。当用波长小于 388nm 的近紫外光照射时，位于充满价带上的电子会被光照激发并跃迁至空的导带上，产生光生电子-空穴对，以生成强氧化性的羟基自由基（·OH）和超氧离子（·O^{2-}），可以将有机污染物分解为 CO_2、H_2O 等无机小分子。

但 TiO_2 禁带较宽，太阳光可响应光波范围太窄，对太阳光利用率低。光催化反应过程中光生电子和空穴极易发生复合然后以热的形式散发掉，使电子和空穴数量大为减少，量子产率偏低，导致强氧化性的羟基生成率低。针对 TiO_2 涂层在光催化过程中存在的光生载流子复合率高、催化活性受限等问题，采用光电协同机制（即光电催化技术）可有效抑制电子-空穴对的复合行为，从而提升其光催化反应效率。将 TiO_2 光催化剂固定在导电电极上，在紫外光照射 TiO_2 催化剂电极的同时施加偏压，使光生电子与光生空穴发生分离，产生更多的光生空穴，限制光生载流子的简单复合，增加半导体表面羟基生成率，提高催化效率。

10.2.2　气相/液相反应催化原理及过程

气相和液相反应催化过程，通常是气相反应物溶解于液相后，与含有催化剂

（如贵金属催化剂、金属氧化物催化剂（Co_3O_4、Cr_2O_3、Mn_2O_3、CuO、NiO、MoO_3、V_2O_5、WO_3、CeO_2 等）、金属元素掺杂（Cu、Fe、Mn、Co）的催化活性层或催化活性物质载体（如微弧氧化涂层负载催化活性物质））进行反应。气相反应催化以汽车发动机尾气处理三效催化剂（three-way catalysts，TWCs）为例，催化反应包含 CO、HC 的氧化反应，又包含 NO_x 的还原反应。另外，液相反应催化主要是通过催化剂与液相中有机污染物进行反应，以实现有效氧化降解。

10.3　微弧氧化催化涂层设计原则

10.3.1　微弧氧化光催化设计改性原则

微弧氧化光催化涂层设计改性方法主要包括金属离子掺杂、非金属离子掺杂、半导体复合、贵金属沉积、染料光敏化、黑色 TiO_2、施加偏压、结构设计等（表 10-1）。微弧氧化光催化涂层成分结构设计时，需要考虑如下因素。

表 10-1　微弧氧化涂层催化性能的设计制备原则

催化方式	离子掺杂	半导体复合（粒子掺杂、后处理）	贵金属沉积（掺杂、后处理）	染料光敏化	黑色 TiO_2	施加偏压	结构设计
光催化	Fe、Zn、W、V、Cu、Ru、Mn、Eu、Ag、Tb、Ni、Mo、Re、Co、La、Y、B、C、N、S、P、F 及卤族元素对应的离子	CdS、WO_3、ZnO、SnO、V_2O_5、CeO_2	Ag、Pt、Au、Pd	染料光敏化剂	着色剂掺杂	— 小的外加偏压	预处理、成分、粒子掺杂、电参数、后处理
光电催化							
气相/液相反应催化	Fe、Zn、W、V、Cu、Ru、Mn、Eu、Ag、Tb、Ni、Mo、Re、Co、La、Y、B、C、N、S、P、F 及卤族元素对应的离子	Co_3O_4、Cr_2O_3、Mn_2O_3、CuO、NiO、MoO_3、V_2O_5、WO_3、CeO_2	Ag、Pt、Au、Pd	—	—	—	预处理、成分、粒子掺杂、电参数、后处理
电催化	电极既导电又具有催化活性（包括：骨架镍、硼化镍、碳化钨、钠钨青铜、尖晶石型与钨态矿型的半导体氧化物，以及各种金属化物及酞菁一类的催化剂）						

（1）金属离子掺杂主要是金属离子嵌入晶格间隙或取代 Ti^{4+}，增加电子空穴的捕获位点，改变其化学组成和电子结构，提高原有 Ti_{2d} 轨道的价带电位形成杂质能级，使光生电子更容易被激发，使光波响应范围拓宽到可见光区域。掺杂元素需在钛元素附近，半径与 Ti^{4+} 的半径接近，还要综合考虑它的电子轨道、电位。常用的掺杂金属主要有 Fe、Zn、W、V、Cu、Ru、Mo、Mn、Re、Co、La、Y 等。

（2）非金属元素掺杂的原理是非金属元素的 P 轨道能量高，可以提高原有 O_{2p} 轨道的价带电位，减少其禁带宽度，拓展光波响应范围至可见光。掺杂非金属离子的选择遵循金属离子的选择。常用的掺杂非金属主要是 B、C、N、S、P 及卤族元素等。由此可见，TiO_2 的光催化活性主要受掺杂离子或掺杂元素种类、浓度和电子结构影响。

（3）半导体复合分为两种：宽禁带半导体复合和窄禁带半导体复合。宽禁带半导体复合是促进两个半导体之间光生电子与空穴的分离，提高载流子密度；而比 TiO_2 禁带宽度窄的窄禁带半导体复合不仅促进了光生电子与空穴的分离，而且由于窄禁带半导体可以吸收比 TiO_2 可吸收波长更长的光波，因此窄禁带半导体与 TiO_2 复合的涂层还可以拓宽光波响应范围至可见光。常用的复合半导体有 CdS、WO_3、ZnO、SnO、V_2O_5 等。

（4）贵金属沉积使电子从费米能级较高的 TiO_2 转移到费米能级较低的贵金属上，减少了光生电子与空穴的复合，提高了载流子密度，主要有 Ag、Pt、Au、Pd 等。

（5）染料光敏化是以化学吸附或物理吸附的方法在 TiO_2 涂层表面吸附具有在可见光范围内响应的有机化合物，实现拓宽光波响应范围。

（6）黑色 TiO_2 方法可以拓展光波响应范围至可见光，有效提高对太阳光的利用。

（7）施加偏压，在微弧氧化光催化涂层上施加一个非常小的外加偏压就能抑制光生电子与空穴复合，且随外加偏压增大，降解速率增加。外加偏压还可以产生更多光生空穴，使大部分中间产物在扩散到溶液前就被氧化降解。

此外，光催化性能还与表面结构密切相关，包括孔径、孔隙率、粗糙度、厚度等。比表面积增加，对太阳光的吸收率增强，能够提高光催化效率。

10.3.2　微弧氧化其他催化设计原则

进行微弧氧化电催化涂层成分结构设计时，需要考虑如下因素：①电极必须导电且能自由地传递电子；②能对底物进行有效催化。因此，可通过修饰电极来设计电催化剂，即将活性组分以共价键或化学吸附形式结合在导电电极上，既能传递电子，又能催化活化底物。

气相/液相反应催化微弧氧化涂层设计改性原则与光催化类似，除不需要拓展光波响应范围外，两者都是为了产生更多的强氧化性活性成分（表 10-1）。同时，为催化剂提供活性组分和催化活性载体也是气相/液相反应催化剂设计的关键。气相/液相反应催化剂常用的有：贵金属催化剂、金属氧化物催化剂（Co_3O_4、Cr_2O_3、Mn_2O_3、CuO、NiO、MoO_3、V_2O_5、WO_3、CeO_2 等）、金属元素掺杂（Cu、Fe、Mn、Co）。值得注意的是，催化活性载体（TiO_2、Al_2O_3、SiO_2、活性炭、硅胶、硅藻等）可以承载活性组分和助催化剂，并增大比表面积，有效实现高效催化净化。

此外，金属负载催化剂的设计要求在金属和沉积的催化活性物质之间有一个过渡层，以确保其固定在表面上，并影响催化剂的整体活性。特别是在制造用于耦合反应的金属微反应器中相当重要。微弧氧化工艺在形成具备粗糙表面特征的亚层时（表现为纳米级多孔结构及表面缺陷特征），其同步构建的基底层呈现多元化学组分特性。尤为关键的是，基底层的化学组成差异会显著调控催化活性位点密度及载流子迁移效率，从而直接影响催化体系的整体活性。特别是后者，在传统催化剂制备技术中很难实现。

10.4　微弧氧化催化涂层及其载体设计与制备

10.4.1　光催化涂层及其载体设计与制备

微弧氧化光催化涂层主要以构建 TiO_2 基成分为主，但 TiO_2 禁带宽度限制了其收集太阳光的能力，可以通过不同方式的设计改性，来扩大微弧氧化 TiO_2 涂层的光谱响应范围和提高催化效率。

1）金属离子掺杂

利用掺杂来改变微弧氧化 TiO_2 中电子和空穴的浓度，光照作用下，掺杂引起的电子跃迁的能量＜禁带宽度 E_k，且掺杂电子浓度较大，故其光谱响应向可见光方向移动。钛及其合金具有高的力学、耐热及抗腐蚀性能，通常被用作金属载体。在微弧氧化过程中，通过电解液与电参数设计，可改变 TiO_2 涂层的厚度、形貌、成分和相结构，以优化光催化性能。下面总结了几种典型的光催化微弧氧化涂层。

（1）基础电解液体系光催化涂层。Na_2CO_3 溶液中制备的 TiO_2 涂层表面孔尺寸和分布不均，形状不规则；Na_2SiO_3 溶液中制备的 TiO_2 涂层表面除不规则孔外，还分布大小不均的颗粒状结构，表面粗糙不平，并形成岛状突起结构；Na_3PO_4 溶液中制备的 TiO_2 涂层表面均匀平整，孔径小、数量多、形状规则。基于上述表面粗糙结构的差异，可对光催化涂层进行优化设计。例如，在 20g/L Na_2CO_3 和 8g/L Na_2SiO_3 电解液中，频率 5000Hz，占空比 10%，恒压 500V 的条件下，氧化 20min 可制备出含粒径为 40~80nm 的纳米晶 TiO_2 涂层，其表面更粗糙、比表面积大，降解罗丹明 B 的速率约 82%，催化效果明显高于在单一 Na_2SiO_3 电解液中制备的涂层（含 0.3~1μm 的颗粒结构），说明表面越粗糙、纳米晶尺寸越小，光催化效果越好[1]。

（2）V 离子掺杂 TiO_2 光催化涂层。在基础电解液中制备的 TiO_2 涂层的宽禁带限制了其吸收太阳光的能力，特别是在可见光区域。因此，通过金属和非金属掺杂来改变禁带是必要途径。在电解液中添加不同种类的离子进行掺杂改性，以进一步提高光催化性能。以 V 离子掺杂为例，在 4g/L NaVO$_3$ 溶液中，施加微弧氧化电压 250～500V，生长出具有独特纳米片形貌的钒钛（TiO$_2$/V$_2$O$_5$）涂层（图 10-1）[2]，钒钛复合涂层和纯 TiO$_2$ 涂层的禁带能分别为 2.58eV 和 3.15eV，紫外光和可见光照射 120min 后，钒钛复合涂层对亚甲基蓝分解率分别为 90% 和 68%。

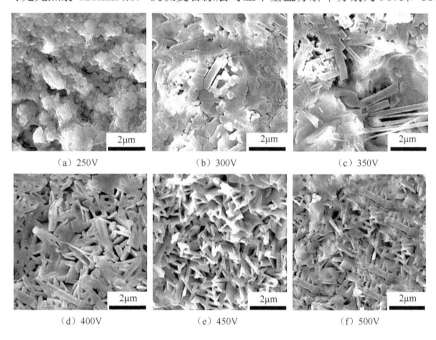

（a）250V　　　　　　　（b）300V　　　　　　　（c）350V

（d）400V　　　　　　　（e）450V　　　　　　　（f）500V

图 10-1　不同电压下合成钒钛复合涂层的形态[2]

（3）W 离子掺杂 TiO$_2$ 光催化涂层。在含有 50mol/m^3 钨酸盐电解液中，微弧氧化正压为 400V，负压为 30V，频率为 700Hz，占空比为 30% 时，制备出高光催化效率的 TiO$_2$/WO$_3$ 涂层，在 $3.6×10^4$s 内降解了约 85% 的罗丹明 B，这是由于锐钛矿相含量增加、表面酸度增加以及电子空穴对复合率提高。进一步利用钨硅酸（H$_4$SiW$_{12}$O$_{40}$）代替 Na$_2$WO$_4$ 盐开发了 TiO$_2$/WO$_3$ 复合涂层，氧化涂层部分结晶，主要由 WO$_3$ 和锐钛矿相组成。与纯 TiO$_2$ 相比，TiO$_2$/WO$_3$ 涂层的紫外光红移效果明显。禁带能由单一 TiO$_2$ 的 3.0eV 减小到 TiO$_2$/WO$_3$ 复合涂层的 2.5eV[3]。

由上可知，通过调控微纳结构、物相成分，特别是不同金属离子掺杂 TiO$_2$ 基光催化复合涂层，可展现出良好光催化活性。除上述提到的掺杂类型，还有 Cr^{2+}、Ni^{2+}、Tb^{3+}、Fe^{3+}、Ru^{2+}、Re$^+$、Co 和 Mn 以及稀土金属 La^{3+}、Eu^{3+}、Si^{4+}、Y 等，均可有效降低 TiO$_2$ 的禁带宽度。除单一掺杂，可进行多组分离子共掺杂，以拓宽光响应范围。表 10-2 总结了金属离子掺杂改性微弧氧化 TiO$_2$ 涂层的光催化性能。

表 10-2　金属离子掺杂改性微弧氧化 TiO_2 涂层的光催化性能

基体	电解液体系	掺杂	电参数	涂层成分	催化性能
Ti	Na_3PO_4	$NaVO_3$	电压 250~500V，时间 3min	金红石+锐钛矿 TiO_2+V_2O_5	禁带宽度变窄约 2.58eV
Ti	50mol/L NaOH + 48mol/L NaF	10~70mol/L 钨酸盐	正压 400V，负压 30V，频率 700Hz，占空比 30%	TiO_2+WO_3	在 $3.6×10^4$s 内降解了约 85%的罗丹明 B
Ti	0.05mol/L Na_3PO_4	10^{-4}~10^{-3}mol/L $K_2Cr_2O_7$	电压 250V	TiO_2	催化分解水 4h 产氢速率达 35μmol/cm^2
Ti	0.02mol $(NaPO_3)_6$ + 0.1mol KOH	0.056mol/L $C_4H_6NiO_4$	2A/cm^2，2000Hz	Ni 掺杂金红石+锐钛矿 TiO_2	分解 Na_2S+Na_2SO_3 反应 6h 产氢 2000mg/L
Ti6Al4V	10g/L Na_3PO_4 + 4g/L KOH	$ZrTiO_4$	电压 370V，时间 30min	金红石+锐钛矿 TiO_2+ZrO_2	降解速率达 93.8%，良好的重复使用性
Ti	Na_2SiO_3	$CoAl_2O_4$ 或 $CoSO_4$	电压 350V，时间 20min	金红石+锐钛矿 TiO_2+CoO	光催化效率可达 74%
VT1-0	0.065mol/L Na_3PO_4 + 0.034mol/L $Na_2B_4O_7$	0.006mol/L Na_2WO_4 + 0.088mol/L $Co(CH_3COO)_2$	电流密度 0.1~0.15A/cm^2，时间 20min，热处理 700℃-1h	金红石+锐钛矿 TiO_2+$CoWO_4$+CoO+$Co_3(PO_4)_2$	禁带宽度降低到 2.55eV 和 1.45eV，对靛蓝胭脂红最大降解程度达 61%
Al	4g/L Na_2SiO_3	0~2g/L TiO_2 + 0.2~4g/L Na_2WO_4	电压 550V，时间 15min	金红石+锐钛矿 TiO_2+$Al_{2x}Si_x$	甲基蓝的催化降解可达 75%

2）非金属离子掺杂

非金属元素 N 和 C 掺杂时，非金属原子取代 O 位，与 Ti 成键的结构比较稳定，因而更有利于光催化剂性能长期稳定使用。但非金属元素掺杂时，存在掺杂元素含量较低的问题。

（1）N 掺杂 TiO_2 光催化涂层。以 $C_6H_{12}N_4$ 为 N 源，在纯钛上制备 N 掺杂 TiO_2 涂层：电解液含 40g/L $Na_2B_4O_7$、2g/L NaOH 和 40g/L $C_6H_{12}N_4$，温度在 40℃以下，电压 160~400V，占空比 50%，时间 30~60min，频率 300Hz、500Hz、800Hz。所制备的 TiO_2 涂层表面凹凸不平，存在着几百纳米到几微米的孔洞，并由直径 10~60nm 的小颗粒堆积形成多孔菜花状。这显著提高了涂层的比表面积，有利于高活性电子向表面迁移，催化剂与溶液更易充分接触，从而有效提高光催化活性。掺杂后涂层的禁带宽度减小至 2.96eV，说明氮元素已经成功掺入 TiO_2，相应的吸收边发生红移；光照 120min 后亚甲基蓝溶液的脱色率达 47.73%，5 次光催化后脱色率仍为 43.48%，具有很好的光催化稳定性[4]。

（2）S 掺杂 TiO_2 光催化涂层。以 $Na_2S_2O_3$ 为 S 源，在纯钛上制备 S 掺杂 TiO_2 多孔涂层：S 元素以 S^{4+} 和 S^{6+} 的形式取代了 Ti^{4+} 而存在于 TiO_2 晶格中，S 在涂层中的含量随着电压和电解液浓度的增加而增加。与纯 TiO_2 涂层相比，S 掺杂的涂层光吸收截止波长显著红移，禁带宽度为 2.29eV，光催化活性显著提高。

3）半导体复合（粒子掺杂）

将微弧氧化 TiO_2 涂层与其他半导体粒子复合，可形成复合型半导体。例如，将窄禁带的半导体 CdS 引入宽禁带半导体 TiO_2 形成复合半导体光催化剂。由于两种半导体的导带、价带、禁带宽度不一致而发生交迭，从而提高晶体的电荷分离率，扩展 TiO_2 的光谱响应；将与 TiO_2 禁带宽度相等的半导体如 ZnO（$E_g = 3.2eV$）引入与 TiO_2 复合，因复合半导体的能带交迭而使其光谱响应得到显著改善。复合的方法还包括 TiO_2/Al_2O_3、TiO_2/SiO_2、TiO_2/SnO_2、TiO_2/WO_3、TiO_2/Cr_2O_3 以及多组分 $ZnO/WO_3/TiO_2$、$TiO_2/WO_3/SnO_2$ 等。这种 TiO_2 复合半导体的光谱响应范围可扩展至可见光波段，使催化活性更高。

以添加 Eu_2O_3 半导体颗粒为例，在 20g/L Na_2CO_3、8g/L Na_2SiO_3 电解液中加入 2g/L Eu_2O_3 粒子，电压 400V，频率 1000Hz，占空比 20%，氧化 10min 时制备出 TiO_2/Eu_2O_3 复合涂层。由于 Eu_2O_3 对紫外光和可见光有较强的吸收，TiO_2/Eu_2O_3 复合涂层在紫外光区和可见光区的吸收光谱均有明显提高。复合涂层的光生电流强度比单一 TiO_2 涂层提高两倍，由于 Eu^{3+} 具有不饱和的 4f 电子轨道和空的 5d 轨道，会产生多电子结构，与 TiO_2 涂层复合后，有效分离了光生电子和空穴。紫外光-可见光光照 4h 后，复合涂层对甲基蓝的降解率达到 60%，单一 TiO_2 涂层降解率仅为 40%。表 10-3 总结了粒子掺杂改性微弧氧化 TiO_2 涂层的光催化性能。

表 10-3　粒子掺杂改性微弧氧化 TiO_2 涂层的光催化性能

基体	电解液体系	粒子添加	电参数	涂层成分	催化性能
Ti	10g/L $Na_3PO_4·12H_2O$	2g/L Tb_4O_7	电流密度 150mA/cm^2，时间 10min	锐钛矿 TiO_2	增强光催化活性；有效抑制电子/空穴复合率
Ti	14g/L Na_2PO_3 + 2g/L $H_3O_{40}PW_{12}$	1.5g/L ZnO（30nm）	电压 300V，时间 30min	TiO_2+ZnO+WO_3	紫外光照射下，120min 约 80%的亚甲基蓝被去除
Ti	20g/L Na_2CO_3 + 8g/L Na_2SiO_3	2g/L Eu_2O_3	电压 400V，频率 1000Hz，占空比 20%，时间 10min	TiO_2+Eu_2O_3	提高了吸收光谱；TiO_2/Eu_2O_3 涂层对甲基蓝的降解率达 60%
Ti	10g/L [$NH_4NbO(C_2O_4)_2$]	10g/L CeO_2	电压 500V，频率 60Hz，占空比 60%，时间 300~600s	TiO_2+CeO_2+Nb_2O_5	3.5h 紫外光照射后，58%的甲基蓝降解和 67%的二甲双胍降解

基体	电解液体系	粒子添加	电参数	涂层成分	催化性能
Ti	10g/L Na_3PO_4	8g/L CdS	电流密度 150mA/cm^2，时间 2min	TiO_2+CdS	TiO_2 和 CdS 耦合作用，增强了光催化效率；光催化活性大于纯 TiO_2
Ti	10g/L Na_3PO_4	0～10g/L SnO_2	电流密度 150mA/cm^2，时间 2min	TiO_2+SnO_2	将两个不同能级的 TiO_2 和 SnO_2 耦合，增强了光催化活性

4）多步法复合处理

为获得更高催化活性的涂层，可将微弧氧化与浸渍、萃取、水热、溶胶-凝胶、热处理、溅射、气相沉积等方式复合，设计构建出纳米线、纳米棒、纳米片、纳米球或刺猬状、珊瑚状等新颖微纳米结构，同时形成多组分复合成分从而有效提高催化效率。

（1）微弧氧化/水热/退火。在 0.04mol/L NaH_2PO_4 和 0.5mol/L NaOH 电解液中，单极脉冲电压 490V 下制备出 TiO_2 多孔涂层。随后在 1.25mol NaOH 溶液（温度 40℃）中浸泡 12h，制备出具有三维纳米片状表面网络结构的 TiO_2 涂层，纳米片尺寸为 100～200nm，厚度小于 10nm。后续热退火处理（400℃，3h）使非晶态纳米片转变为锐钛矿型纳米晶，从而提高了光催化活性。

（2）微弧氧化/硫酸酸化/煅烧。研究人员在制备了具有高比表面积的 ZrO_2/TiO_2 涂层。随着硫酸浓度增加，TiO_2 颗粒的晶体形态从立方转变为纺锤状；随着煅烧温度升高，呈现出多级结构趋势（图 10-2）[5]。经过 750℃煅烧处理，所制备的复合涂层在紫外光辐射条件下，对亚甲基蓝的降解率可达 93.18%。同时，所制备的涂层催化剂具有良好的可重复使用性。

| (a) 450℃ | (b) 550℃ | (c) 650℃ | (d) 750℃ |

图 10-2　煅烧温度对微弧氧化涂层表面形貌的影响[5]

（3）微弧氧化/浸渍提拉法。在磷酸盐电解液中制备催化活性物质载体，随后利用浸渍提拉法制备出含染料光敏化的 TiO_2 复合涂层。结果表明：含染料敏化的 TiO_2 复合涂层在可见光范围内具有较高的光催化性能，对罗丹明 B 的降解达 70%。如果染料浓度过大，光催化效率降低，这是由于过多的染料敏化材料附着在 TiO_2 表面，减少了 TiO_2 的活性反应位点。

（4）微弧氧化/射频溅射法。在硅酸盐体系中，电压 400～550V，优化制备出比表面积大的 TiO_2 涂层作为沉积层（与污染物有更多活性接触点），采用射频溅射陶瓷靶材（TiO_2）同时通入 N_2 的方式制备 TiO_2:N 涂层；采用射频溅射陶瓷靶材（TiO_2）与直流溅射金属靶材（Ag）交替进行，同时通入 N_2 的方式，制备 Ag/TiO_2:N 纳米复合涂层。结果表明，N 掺杂抑制晶粒长大，引起晶格畸变，随 N 含量增加，更多的 O 原子被取代，导致涂层在紫外光-可见光中的吸收边红移，且与 N 含量成正比，禁带宽度减小，光催化性能提高；然而，过多的 N 掺杂会在涂层中产生过多 O 空缺，引入电子-空穴复合中心，从而使光催化活性降低。TiO_2:N 涂层经过 6h 紫外灯辐射光照后降解率达到了 68.34%，是纯 TiO_2 涂层的 1.36 倍。随着 Ag 颗粒沉积时间的增加，Ag/TiO_2:N 涂层吸收边的红移程度呈增加趋势，光致发光强度降低，光生电子-空穴的复合速率减小，同时，TiO_2 介质拉曼散射强度显著增大。与 TiO_2:N 涂层相比，嵌入 Ag 颗粒后的 Ag/TiO_2:N 涂层催化性能提高，沉积时间 40s 时光催化降解率在 6h 后达到最高，为纯 TiO_2 涂层的 1.51 倍。表 10-4 总结了多步法改性微弧氧化 TiO_2 涂层的光催化性能。

表 10-4　多步法改性微弧氧化 TiO_2 涂层的光催化性能

基体	电解液体系	电参数	后处理	涂层成分	涂层结构	催化性能
Ti	NaH_2PO_4	电压 500V，时间 15min	浸渍	金红石+锐钛矿+染料成分	多孔	罗丹明 B 的降解达 70%
Ti	0.04mol/L NaH_2PO_4+ 0.5mol/L NaOH	电压 490V，时间 15min	水热+退火：1.25mol NaOH 溶液（40℃）浸泡 12h，退火 400℃-3h	金红石+锐钛矿（非晶态转变为锐钛矿型纳米晶）	多孔、三维纳米片	高的催化活性
Ti	10g/L Na_3PO_4+ 4g/L KOH+ 4g/L ZrO_2	电压 350V，时间 30min	硫酸酸化+热处理	ZrO_2+TiO_2	立方体、纺锤状等多级结构	在 750℃下制备的涂层对亚甲基蓝的降解率可达 93.18%
Ti	Na_2SiO_3	电压 400～550V	通氮气溅射 Ag	金红石+锐钛矿+Ag	多孔、微纳米颗粒	Ag/TiO_2:N 降解率达 75.87%，是纯 TiO_2 的 1.51 倍
Ti	2g/L ($Ca(CH_3COO)_2$) + 2g/L EDTA-2Na+ 8g/L NaH_2PO_4	电压 400V，时间 30min	离子交换后水热处理 24h	TiO_2+Ag_2O	Ag_2O-TiO_2 异质结构	具有高降解率、良好催化稳定性和耐久性

续表

基体	电解液体系	电参数	后处理	涂层成分	涂层结构	催化性能
Ti	8g/L Na₃PO₄	电压 300V，时间 30min	溶胶-凝胶：制备钛酸丁酯与乙醇加硝酸铁的溶胶，负载，煅烧 500℃-1.5h	金红石+锐钛矿+Fe	微纳米多孔结构	TiO₂/Ti 负载涂层光催化降解率由 13.8% 提高到 42.7%；含铁离子负载涂层，降解率达 68.9%

10.4.2　光电催化涂层及其载体设计与制备

光电催化氧化技术是在光催化氧化技术的基础上发展而来的，它将光催化与电化学技术联用，是提高光生电子和空穴分离效率的有效方法之一。施加一个非常小的外加偏压，就能够使光生电子和光生空穴有效地分离，因此，除光催化改性外，外加偏压也是影响光电催化的重要因素。随外加偏压增大，电子的传递速率增大，光催化降解速率增大；但随外接偏压不断升高，发生副反应的概率和速率增大，相应地会降低污染物的降解效率。为了证明受试物的光降解速率的增加是外加偏压使光生电子-空穴的分离而导致，而不是直接电解而造成，所以外加偏压必须低于受试物的氧化电位。

（1）三维电极光电催化反应体系。利用微弧氧化钛网涂层电极作为主阳极，以相同尺寸的石墨板为主阴极，以溶胶-凝胶法制备负载 TiO₂/蛭石和石墨作为粒子电极，共同构成三维电极光电催化反应体系[6]。在 6g/L Na₃PO₄ 电解液中，氧化 5min，所制备的涂层表面致密、均匀平滑、结合力好，对应的三维电极光电催化对亚甲基蓝反应 60min 的脱色率达 40.15%。进一步通过钛网涂层电极分别负载 Cu²⁺和 Ag⁺，再进行微弧氧化：当 Cu²⁺浓度为 0.01mol/L，再氧化 7min，光电催化反应 60min 对亚甲基蓝脱色率可达到 44.01%；当 Ag⁺浓度为 0.01mol/L，再继续氧化 5min，三维电极体系对亚甲基蓝的脱色率为 54.33%。此外，以甲醛为例，紫外光照射 120min，微弧氧化钛网电极、微弧氧化负载 Cu²⁺电极和负载 Ag⁺电极对甲醛的脱色率分别为 15.7%、21.9%和 32.1%。

（2）外加偏压对光电催化的影响。微弧氧化光电催化涂层，在 500℃煅烧 1h 制备 TiO₂涂层。取浓度为 20mg/L 甲基橙溶液，使用 15W 紫外灯分别在外加偏压为 0.6V、0.8V、1.0V、1.2V 时进行光电降解实验。光电协同作用能提高甲基橙的降解率，且随着外加电位的增加，光电催化降解率增强。120min 内，外加偏压从 0.6V 增加至 1.2V，甲基橙的降解率从 38%提升到 68%[7]。

10.4.3　气相/液相反应催化剂及其载体的设计与制备

利用微弧氧化设计制备催化活性物质载体和催化活性剂，为气相/液相催化反应提供重要途径。通过在含硅酸盐、氢氧化物电解液中添加氧化铝、氧化锆等超细粉进行微弧氧化，或者通过从 Mn、Cr、Cu、Co、Fe 及其混合物中选择过渡金属盐的电解液，在铝合金表面获得对甲烷氧化具有高催化活性的微弧氧化涂层。当温度升高到 610℃时，含 Cr 的涂层对甲烷转化率达 50%。由此可见，微弧氧化催化活性物质载体/催化活性 M 复合涂层（M 代表具有催化活性的添加物或合成物）可作为深度氧化化学工业及内燃机废气中有机化合物和 CO 的催化剂。表 10-5 总结了微弧氧化气相/液相反应催化剂及其载体的电解液体系与组成结构特点。

表 10-5　微弧氧化气相/液相反应催化剂及其载体的电解液体系与组成结构特点

基体	电解液组成	工艺参数	后处理	涂层成分	催化反应
VT1-0 合金	$0.05mol\ Na_2SiO_3$+ $0.1mol\ Co$+$0.05mol$ Na_2SiO_3	电流密度 $10A/dm^2$、$20A/dm^2$	—	$Co(OH)_2$+Co_3O_4 +SiO_2+TiO_2	在温度 330℃下 CO 向 CO_2 快速转化
			醋酸钴和硝酸钴浸渍，随后 500℃处理 4h	CoO+Co_2O_3 +SiO_2+TiO_2	在温度 250℃下 CO 向 CO_2 快速转化
VT10-Ti	Na_2SiO_3	电流密度 $0.1A/cm^2$，时间 10min	在 $Co(NO_3)_2$，$Cu(NO_3)_2$ 浸渍，随后热处理 500℃-4h	$Co_3O_4/SiO_2+TiO_2/Ti$，$CuO/SiO_2+TiO_2/Ti$，$Co_3O_4+CuO/SiO_2+TiO_2/Ti$	在温度 180℃下 CO 氧化反应速率 $56.0×10^4ml/(g·s)$ 活化能 E_a=42.6～141.8
CP-Ti	$0.05mol\ Na_2SiO_3$+ $0.16mol\ NaOH$	电流密度 $0.2A/cm^2$，时间 10min	在癸酰基铜和异戊基钼中浸渍后热处理	$CuMoO_4/TiO_2+SiO_2$	270℃时对柴油烟灰具有好的催化氧化效率（常规 340℃）
VT1-0	$0.1mol\ Na_2SiO_3$	电流密度 $0.2A/cm^2$，占空比 30%，频率 2000Hz，时间 10min	电解液添加铁源、硫源	锐钛矿，金红石 Fe_2O_3，FeS	苯酚降解程度达 97%；好的循环稳定性；重复 4 次后降解率仍达 97%
			电化学沉积		
Al	$K_4P_2O_7$	电压 180～235V，时间 40～60min	$CoSO_4$+ $Mn(PO_3)_2$	$Al_2O_3·SiO_2$+ $Al_2O_3·MnO_x$+ $Al_2O_3·CoO_x$	去除不同性质的毒素；降低燃料消耗；降低 NO_x 排放

（1）金属氧化物负载催化剂。以 32g/L KH_2PO_4、20g/L $NH_4(H_2PO_4)$、18g/L Na_2CO_3、40g/L NH_4OH（质量分数为 26%）、10g/L $C_6H_8O_7$ 为基础电解液，以

Ni(CH$_3$COO)$_2$、(NH$_4$)$_2$CrO$_4$、(NH$_4$)$_6$Mo$_7$O$_{24}$ 为前驱体，采用微弧氧化法制备了金属氧化物负载催化剂涂层。与钼和铬相比，以钛、铝、镁为基体的含镍催化剂在环己烷气相氧化脱氢制环己烯反应中表现出较高的催化效率。Al$_2$O$_3$/Al、MgO/Mg 和 TiO$_2$/Ti 负载的镍催化剂本征活性比传统的氧化铝负载镍催化剂高一个数量级。此外，相应的环己烯选择性较高，氧化镍单元在催化剂表面的良好单层分布，以及多孔氧化物结构中活性中心的良好可接近性，是实现高环己烯选择性的必要条件[8]。

（2）电解液成分提供铁源和硫源。以硅酸钠为主盐、铁氰化钾作为铁源、硫代硫酸钠为硫源，采用微弧氧化在钛合金表面制备多孔结构的硫改性 Fe$_3$O$_4$/TiO$_2$ 涂层，以降解苯酚性能为导向，优化电解液中铁源和硫源浓度。当铁源浓度为 20g/L、硫源浓度为 20g/L 时制备的涂层活性最高，在近中性（pH=6.0）条件下，反应 3min 苯酚去除率可达 99%，其高活性主要归因于多孔结构和形成的 S^{2-} 基团。重复使用 4 次后，苯酚去除率仍能达 97%[9]。

（3）微弧氧化/浸渍/退火。在硅酸钠溶液中，制备了 SiO$_2$+TiO$_2$/Ti 催化剂载体，进而在不同硝酸盐溶液中浸渍，500℃热处理 4h，得到负载不同体系催化剂（Co$_3$O$_4$/SiO$_2$+TiO$_2$/Ti、CuO/SiO$_2$+TiO$_2$/Ti、Co$_3$O$_4$+CuO/SiO$_2$+TiO$_2$/Ti）的复合涂层材料。进行 CO 催化反应测试，计算活化能，SiO$_2$+TiO$_2$/Ti 的活化能为 42.6kJ/mol，而经氧化钴、氧化铜和氧化钴/氧化铜改性的复合材料的活化能分别为 141.8kJ/mol、86.9kJ/mol 和 97.8kJ/mol。如图 10-3 所示，具有高浓度过渡金属的表面形态结构可作为催化活性中心，包括"颗粒"（CuO）、"片"（Co$_3$O$_4$）和"刺猬"（Co$_3$O$_4$+CuO）[10]。

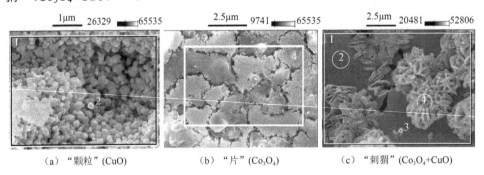

（a）"颗粒"（CuO）　　　（b）"片"（Co$_3$O$_4$）　　　（c）"刺猬"（Co$_3$O$_4$+CuO）

图 10-3　不同催化剂成分改性的微弧氧化涂层表面形貌[10]

（4）微弧氧化/退火处理。在 Na$_3$PO$_4$、Ni(CH$_3$COOH)$_2$、Co(CH$_3$COOH)$_2$ 电解液中，电流密度 0.1A/cm^2、氧化时间 10min、频率 1000Hz、占空比 60% 下制备含有 Ni 和 Co 源的 TiO$_2$ 涂层，随后 850℃退火 60min，将具有不同 Co 浓度和可调

尺寸的非贵金属$(Ni_{1-x}Co_x)_5TiO_7$纳米结构原位整合到柔性钛金属网络载体上（比表面积大、结合力强）。不同 Co/Ni 比直接导致涂层不同的尺寸和形态演变（图 10-4），从而确定 $x = 0.16$ 的$(Ni_{1-x}Co_x)_5TiO_7$纳米线阵列，具有对 CO 催化氧化的最佳性能以及良好的催化稳定性[11]。

（5）微弧氧化/水热/浸渍。在 15g/L Na_3PO_4 电解液中，电压 400V、占空比 60%、频率 1000Hz、时间 4min 下在大面积钛网上，利用微弧氧化-水热法在涂层表面原位生长了大量 $Na_2Ti_2O_5$ 纳米片，随后利用浸渍工艺，在其表面负载 CeO_2 纳米晶（10～20nm）以及分散度良好的 CuO。结果发现在浸渍过程中，Ce^{3+}、Cu^{2+} 和 H^+ 在 $Na_2Ti_2O_5$ 片中的插层存在竞争现象，同时伴有 Ce^{3+}、Cu^{2+} 等金属阳离子的沉淀。$CuO/CeO_2/TiO_2/Ti$ 中 CeO_2 与 CuO 间的协同效应，使得涂层具有良好的低温 CO 催化氧化活性以及选择性，在 150℃下连续工作 24h 后依然保持高活性[12]。

（a）Ni_5TiO_7 的表面形貌　（b）$(Ni_{0.84}Co_{0.16})_5TiO_7$ 的表面形貌　（c）$(Ni_{0.84}Co_{0.16})_5TiO_7$ 的表面形貌　（d）$(Ni_{0.6}Co_{0.4})_5TiO_7$ 的表面形貌

（e）Ni_5TiO_7 界面形貌　（f）$(Ni_{0.84}Co_{0.16})_5TiO_7$ 界面形貌　（g）$(Ni_{0.84}Co_{0.16})_5TiO_7$ 界面形貌　（h）$(Ni_{0.6}Co_{0.4})_5TiO_7$ 界面形貌

图 10-4　不同纳米线阵列催化剂改性的微弧氧化涂层表面形貌和截面形貌[11]

目前为止，气相/液相反应催化剂及其载体的设计和制备可以通过单步微弧氧化及与浸渍、退火、萃取、溶胶凝胶等进行多步复合。当进行单步微弧氧化时，催化活性化合物的前驱体多以过渡金属的可溶性盐（包括络合物）以及过渡金属氧化物的分散颗粒的形式添加到电解液中。同时，在电解液中引入贵金属前驱体可以显著提高在阳极和双极性阳极-阴极极化下形成的化合物的活性。值得注意的是，由微弧氧化形成的含铂催化剂和已知块状催化剂在相同的温度下，对 CO 的氧化表现出相同的催化活性。用单步微弧氧化技术在钛表面形成的含 Ce、Zr、Cu 涂层，在 140℃时 CO 转化率为 100%。尽管如此，微弧氧化制备催化剂及其载体的组成、结构调控，与各种反应中催化活性之间的作用规律与机制仍需深入研究。

10.4.4　微弧放电-催化水处理技术

微弧放电-催化水处理技术是利用微弧放电过程产生的液相等离子体催化与生成 TiO_2 涂层的光催化协同进行水处理的技术。利用液相等离子体-电极催化技术，在 0.3mol/L H_3PO_4 电解液中，峰值电压为 550V，脉冲频率为 300Hz，占空比为 1/180 条件下，60min 内甲基橙溶液（600ml，20mg/L）的脱色率可达 90%，同时，放电中 Ti 阳极上形成的涂层主要成分为锐钛矿型 TiO_2。进一步在 NaOH 电解液中进行上述尝试，90min 后脱色率可达 90%，发现电极上产生的涂层含有锐钛矿和金红石 TiO_2。光谱结果表明，电极表面微弧的波长为 300～350nm。这说明该放电体系中存在光催化反应条件，同样在放电下也存在电催化和类似超声的冲击波催化的反应条件。

为了验证各场之间协同作用，将微弧放电催化体系得到的氧化层作为催化剂，设计对照实验进行研究。与放电作用相比，钛微弧氧化涂层单独进行光催化、电催化和声催化反应对甲基橙溶液的脱色效果不明显。若对氧化层施加一定电压形成光电联合催化体系，或在光催化体系中施加超声波以产生光声协同体系，则甲基橙溶液的脱色效果有所提高。同时，Ti 阳极上的微弧放电是以等离子体催化为主要作用方式，并在放电环境中形成存在光、电、热和冲击波等多种场的协同作用实现对有机物的降解。进一步通过 Ti 与 W、Al 电极比较，证实 Ti 电极上形成的氧化涂层能增强放电强度，不同电压下脱色反应速率系数提高 23.7%～149%。

10.5　微弧氧化催化涂层应用实例

轻金属（钛、铝及镁）表面制备高催化活性的微弧氧化涂层，可高效分解有机物、光催化抗菌和分解有害气体，可用于空气净化和污水治理等，在催化领域具有广阔的应用前景。应用实例如下。

（1）如图 10-5 所示，采用微弧氧化技术在铝蜂窝表面制备高催化活性涂层，能够用于汽车尾气处理，根据不同车型要求可按需定制，并且在处理有机物废气方面也具有广泛应用。

（a）微弧氧化处理前　　　　　　　　　　（b）微弧氧化处理后

图 10-5　铝蜂窝微弧氧化催化剂载体

（2）图 10-6 和图 10-7 为光催化用钛网和钛丝。利用微弧氧化技术在钛网和钛丝表面制备光催化剂涂层可有效除醛、抗菌、防霉，从而制造空气净化产品。

（a）处理前钛网　　　　　　　　　　（b）微弧氧化处理后光催化涂层

图 10-6　钛网表面微弧氧化光催化涂层

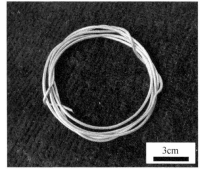

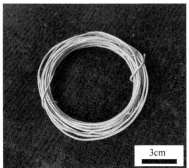

（a）处理前钛丝　　　　　　　　　　（b）微弧氧化处理后光催化涂层

图 10-7　钛丝表面微弧氧化光催化涂层

10.6　本章小结与未来发展方向

微弧氧化制备催化剂及其载体、气相和液相反应催化活性系统等前景广阔，但需要在简化工艺流程、低成本制备高效催化涂层方面进行深入探讨，特别是基于如下特定电解液体系，研究一步法微弧氧化制备多组分复合催化功能涂层的创新工艺。①含有络合离子的电解液，如聚磷酸盐-M、同多阴离子和杂多阴离子、过渡金属络合物；②自发沉淀过渡金属氢氧化物的溶胶电解液；③含有微纳米级目标化合物颗粒的悬浮电解液。

对于离子或粒子掺杂催化涂层体系，两种或多种掺杂的协同制备调控是难点，其掺杂机理和催化机理需要深入研究。微弧氧化与退火浸渍、萃取热解和溶胶凝胶等方法复合，可使贵金属或所需化合物的纳米颗粒直接修饰表面，调控出多样的微纳米结构，使催化活性物质高效地负载到微纳结构中，具有高的催化效率和较好的实际应用价值。

参 考 文 献

[1] 汪剑波. 微弧氧化 TiO_2 膜的制备、表征及其光催化特性研究. 长春: 吉林大学, 2007.

[2] Bayati M, Molaei R, Zargar H. A facile method to grow V-doped TiO_2 hydrophilic layers with nano-sheet morphology. Materials Letters, 2010, 64(22): 2498-2501.

[3] Stojadinović S, Radić N, Vasilić R, et al. Photocatalytic properties of TiO_2/WO_3 coatings formed by plasma electrolytic oxidation of titanium in 12-tungstosilicic acid. Applied Catalysis B: Environmental, 2012, 126: 334-341.

[4] 敖乐. 微弧氧化法制备 N 掺杂 TiO_2 薄膜涂层及其光催化应用研究. 北京: 中央民族大学, 2012.

[5] Yan Z C, Wu M Y, Qin H L. ZrO_2/TiO_2 films prepared by plasma electrolytic oxidation and a post treatment. Surface and Coatings Technology, 2017, 309: 331-336.

[6] 孙福佳. 电极制备及其三维光电催化性能的研究. 沈阳: 沈阳理工大学, 2015.

[7] 欧犇. 二氧化钛薄膜的原位制备及其光电催化性能研究. 成都: 西南石油大学, 2012.

[8] Patcas F, Krysmann W. Efficient catalysts with controlled porous structure obtained by anodic oxidation under spark-discharge. Applied Catalysis A: General, 2007, 316(2): 240-249.

[9] 陈昌举. 硫改性 Fe_3O_4 膜层类 Fenton 催化剂的制备及降解苯酚性能. 哈尔滨: 哈尔滨工业大学, 2019.

[10] Lukiyanchuk I V, Chernykh I V, Rudnev V S, et al. Silicate coatings on titanium modified by cobalt and/or copper oxides and their activity in CO oxidation. Protection of Metals and Physical Chemistry of Surfaces, 2015, 51(3): 448-457.

[11] Jiang Y N, Liu B D, Yang W J, et al. Crystalline $(Ni_{1-x}Co_x)_5TiO_7$ nanostructures grown in situ on a flexible metal substrate used towards efficient CO oxidation. Nanoscale, 2017, 9(32): 11713-11719.

[12] 刘小元. CeO_2 基催化剂的制备及其 CO 氧化性能研究. 沈阳: 中国科学技术大学, 2019.

第 11 章　微弧氧化生物医用涂层设计与应用

11.1　概　　述

纯钛及钛合金（包括 3D 打印多孔钛合金）是硬骨组织替换的首选材料，但钛合金表面无生物活性，易在其表面产生纤维（软）组织而导致与骨组织结合强度低，严重影响骨整合能力；可降解镁合金（包括 3D 打印多孔镁合金）可用于短期植入器件（如硬骨替换、临时承载骨固定及心血管、腔道介入治疗支架），但在复杂生理系统环境中镁合金植入物腐蚀降解速度过快，在组织没有完全愈合实现其基本功能之前，就丧失机械力学完整性。本章首先介绍微弧氧化及复合处理技术调控钛合金表面生物医用涂层成分及结构，改善表面生物活性，减小与骨组织的力学失配程度；然后通过微弧氧化及水热处理技术调控镁合金表面涂层结构，进而调控镁合金降解速率，以适应不同植入环境对降解速率的匹配要求。此外，钛合金与镁合金植入体在初期容易使身体炎症，是临床上需要解决的另一难题，本章还介绍了生物活性与抗菌复合涂层的构建与性能。

11.2　微弧氧化生物医用涂层设计原则

11.2.1　生物医用涂层设计原则

微弧氧化生物医用涂层设计需要考虑如下两方面。

（1）生物活性元素的引入：通过微弧氧化电解液组成设计，可以将生物活性元素（如 Ca、P、Si 和 Sr 等）引入到涂层中，使其在体液条件下于植入体表面形成一层类骨磷灰石层。其中，Ca 和 P 元素都是骨骼的基础组成元素，有利于羟基磷灰石的形核生长，植入动物体内后，材料表面会形成一层与骨无机成分相似的类骨磷灰石物质，该类骨磷灰石层能选择性吸附血清中的蛋白，增加成骨细胞的黏附和分化，促进胶原纤维的分泌和矿化。Si 元素在骨的形成和矿化过程中也起到非常重要的作用；在结缔组织和软骨的形成过程中 Si 元素是不可缺少的。硅元素可促进黏多糖与蛋白质的结合，形成纤维性结构，从而增加结缔组织的弹性和强度，维持结构的完整性。硅元素还可在骨组织的钙化初期起到提高钙化速率的作用。Sr、Zr 和 Mg 元素都是人体内的微量元素，可以调节骨组织的结构，改善骨的强度，促进骨细胞的生理活性。

（2）多级微纳结构构建：通过溶液/电参数设计，获得合适孔径的多级微纳结构，可有效调控表面细胞与组织的附着行为，孔径在 50μm 以上的大孔对成骨的生成起到了非常重要的影响。一般来说，当孔径大于 10μm 时，能使细胞长入小孔内；当孔径为 15～50μm 时，可长入且形成纤维组织；当孔径为 50～100μm 时，可形成类骨样组织；而当孔径大于 150μm 时，有利于在孔内形成矿化骨组织。

11.2.2　抗菌涂层设计原则

对微弧氧化生物医用涂层进行抗菌功能改性的设计，可以通过以下三种途径实现。

（1）合金化：通过在金属中加入无机抗菌剂（如 Ag、Cu、Zn 等），再进行微弧氧化，抗菌剂通过植入体降解过程缓慢进入机体。

（2）一步法：在微弧氧化电解液中加入抗菌剂，通过微弧氧化放电过程，让抗菌剂形成于涂层中。

（3）两步法：利用微弧氧化涂层的多孔性，让抗菌剂进入孔中，植入后抗菌成分通过孔隙结构实现缓释效应，或者在微弧氧化涂层的基础上，在进行封孔或功能化改性的过程中引入抗菌剂。

11.3　钛合金微弧氧化生物医用涂层设计与制备

11.3.1　钛合金一步微弧氧化生物医用涂层

为提高微弧氧化涂层的生物活性，通过在电解液中引入可溶性的含钙、磷、硅化合物组分，将生物活性元素引入到涂层当中，为此，设计的电解液的组成为：乙酸钙 8.8g/L，磷酸二氢钙 6.3g/L，硅酸钠 7.1g/L，乙二胺四乙酸二钠 15g/L，氢氧化钠 5g/L。本节讨论微弧氧化电压（主要影响因素）对微弧氧化涂层中含钙、磷、硅活性成分的引入及组织结构的影响。不同微弧氧化电压时制备微弧氧化涂层的 XRD 图谱示于图 11-1。涂层主要由非晶相和少量的锐钛矿二氧化钛相组成。经 200V 微弧氧化处理后，可观察到微弱的锐钛矿型二氧化钛相衍射峰（图 11-1（a））。随着微弧氧化电压升高，锐钛矿型二氧化钛相衍射峰强度增强（图 11-1（b）～（e））。同时，在 $2\theta=20°～35°$ 之间还出现非晶宽峰，表明涂层中有非晶相生成（图 11-1（f））。随着微弧氧化电压升高，微弧放电区域能量增大，加剧了氧化反应，促进微弧氧化涂层中锐钛矿型二氧化钛的形成。XRD 图谱中未检测到含钙、磷、硅和钠元素的晶体物相生成，它们主要以非晶相形式存在于涂层中。

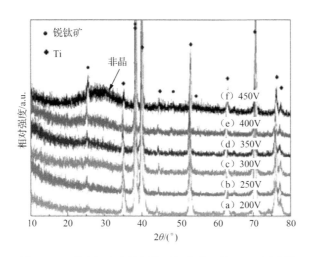

图 11-1　不同电压时制备微弧氧化涂层的 XRD 图谱[1]

图 11-2 为不同电压时制备微弧氧化涂层的表面 SEM 形貌[1]。在低电压 200～250V 时，钛试样表面局部区域生成细小的微孔，且微孔形状不规则。当电压逐渐升高（300～450V），涂层表面微孔尺寸增大，微孔的数量减少。随电压升高，涂层厚度由 200V 时的 1μm 增加至 450V 时的 8μm 左右。

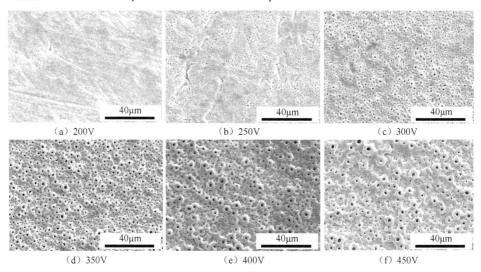

图 11-2　不同电压时制备微弧氧化涂层的表面 SEM 形貌[1]

图 11-3 为不同电压时制备微弧氧化涂层的表面元素及含量[1]。可见，涂层中均含有 Ti、O、Ca、Si、P 和 Na 元素。随电压升高，涂层中 Ti 元素含量减少，而 O、Ca、Si、P 和 Na 元素含量增多。当电压升至 300V 以上时，涂层中 Ca 含量明

显增多，Ca 和 Na 元素随电压升高呈线性上升趋势，而 P 和 Si 元素含量基本保持不变。由以上变化规律可知，通过调节电压，可以在一定范围内调控微弧氧化涂层中元素含量。

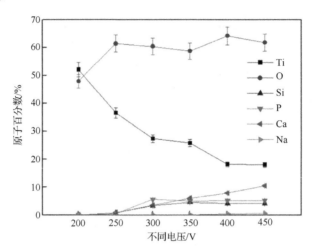

图 11-3　不同电压时制备微弧氧化涂层的表面元素及含量[1]

11.3.2　钛合金亚毫米/微米多级生物医用涂层

钛合金表面常规一步微弧氧化涂层，其表面微孔的孔径在微米级（不超过 10μm），不利于骨细胞的黏附生长及骨组织的长入。基于此，作者创新性提出三步微弧氧化处理（各步电解液组分见表 11-1）[2]，在微弧氧化过程中，使钛合金表面生长出亚毫米/微米多级孔微弧氧化生物医用涂层。在基础电解液中引入 $NaNO_3$，则电离出的 NO^{3-} 可被放电等离子体激活，在局部放电区域与微弧氧化涂层和钛基体发生腐蚀反应，并在腐蚀宏孔的表面形成致密的 Ti_3O_5 氧化层。宏孔的尺寸和分布可通过改变二步微弧氧化电解液中的 NaOH 浓度进行调控。随 NaOH 浓度增加，宏孔尺寸减小但数量增多，且趋近于圆形。三步微弧氧化处理后可在试样表面（宏孔区域和平坦区域）形成完整的微弧氧化涂层，由于宏孔结构和孔内物相对氧化反应的抑制作用，宏孔内有 OH⁻ 官能团生成。

1）二步微弧氧化构建亚毫米/微米多级孔涂层

图 11-4 为不同 NaOH 浓度电解液二步微弧氧化处理后试样的表面宏观形貌[2]。可见，NaOH 浓度（0g/L、5g/L、10g/L、15g/L 和 20g/L）可调控表面孔径与孔数量。常规微弧氧化涂层表面宏观光滑（图 11-4（a）），而二步微弧氧化试样表面粗糙，生成大量亚毫米宏孔（图 11-4（b）～（e））。随电解液中 NaOH 浓度的增大，宏孔的数量显著增加，且宏孔的形态从不规则状向圆形转变。

表 11-1　三步微弧氧化工艺各步电解液组分[1]

步骤	组分浓度/(g/L)					
	乙二胺四乙酸二钠	硅酸钠	乙酸钙	磷酸二氢钙	氢氧化钠	硝酸钠
一步	15	7.1	8.8	6.3	5	—
二步	15	7.1	8.8	6.3	20	8.5
三步	15	7.1	8.8	6.3	20	—

（a）MAO-N　　　（b）MAO-2T-05　　　（c）MAO-2T-10

（d）MAO-2T-15　　　（e）MAO-2T-20

图 11-4　不同 NaOH 浓度电解液二步微弧氧化处理后试样的表面宏观形貌[2]

图 11-5 为不同 NaOH 浓度电解液二步微弧氧化处理后试样的表面 SEM 形貌[2]。随 NaOH 浓度增大，宏孔形状趋向于圆形，数量也随之增多，但各个宏孔倾向于相互连接。统计结果表明随 NaOH 浓度的增大（5g/L、10g/L 和 15g/L），宏孔的尺寸减小，分别为 0.6～1.2mm、0.4～0.5mm、0.2～0.3mm 和 0.08～0.18mm。而在远离宏孔的平坦区域，试样表面仍保持着微弧氧化涂层特有的微观多孔表面结构，微孔孔径为 0.6～2.0μm。由此可知，二步微弧氧化处理后试样表面具有宏观和微观双级多孔结构，表现出毫米/微米复合多孔结构特征。此外，在宏孔内可以观察到微米级峰簇，说明宏孔区域存在强烈的点蚀现象。

此外，统计分析显示，随二步微弧氧化电解液中 NaOH 浓度增大，亚毫米宏孔的密度显著增加，由 5g/L 时的 26 孔/mm^2 上升到 20g/L 时的 806 孔/mm^2，宏孔平均直径则由 1.0mm 减小至 0.16mm。

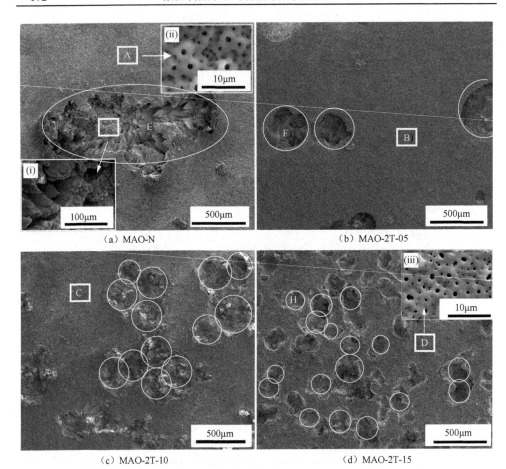

图 11-5　不同 NaOH 浓度电解液二步微弧氧化处理后试样的表面 SEM 形貌[2]

　　X 射线能谱分析试样表面平坦区域（图 11-5 中的 A、B、C 和 D）和宏孔区域（图 11-5 中的 E、F 和 H）的元素含量，结果显示涂层均由 Ti、O、Ca、P、Si 和 Na 元素组成。在平坦区域，随 NaOH 浓度的增大，涂层中 O、Ca、P、Si 和 Na 元素的浓度略有降低，Ti 元素的含量略有增加；宏孔区域仅含有微量的 Ca、P、Si 和 Na 元素，随 NaOH 浓度的增大，宏孔中 Ti 元素浓度降低，O、Ca、P、Si 和 Na 元素的浓度增大。宏孔内 O、Ca、P、Si 和 Na 元素含量随 NaOH 浓度的增大而增多，说明宏孔内氧化程度随 NaOH 浓度增加而增强。

　　2）三步微弧氧化构建亚毫米/微米多级孔涂层

　　图 11-6 为常规一步微弧氧化、二步微弧氧化、三步微弧氧化涂层的宏观形貌[3]。常规一步微弧氧化涂层表面宏观光滑（图 11-6（a）），而二步微弧氧化（图 11-6（b））和三步微弧氧化（图 11-6（c））涂层表面粗糙，生成大量亚毫米宏孔。且两

步微弧氧化涂层表面宏孔为黑色,三步微弧氧化涂层表面宏孔为白色。

（a）一步微弧氧化　　　　　（b）二步微弧氧化　　　　　（c）三步微弧氧化

图 11-6　一步微弧氧化、二步微弧氧化和三步微弧氧化涂层的宏观形貌[3]

图 11-7 为常规一步微弧氧化、二步微弧氧化、三步微弧氧化涂层表面 SEM 形貌[3]。

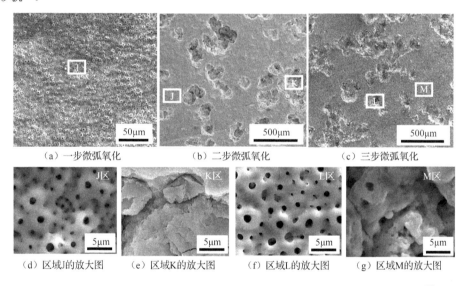

（a）一步微弧氧化　　　　　（b）二步微弧氧化　　　　　（c）三步微弧氧化

（d）区域J的放大图　　（e）区域K的放大图　　（f）区域L的放大图　　（g）区域M的放大图

图 11-7　一步微弧氧化、二步微弧氧化和三步微弧氧化涂层的表面 SEM 形貌[3]

如图 11-7 所示,可以明显看出与常规一步微弧氧化工艺类似,二步微弧氧化和三步微弧氧化的平坦区域均呈微弧氧化涂层特有的微观多孔结构特征（图 11-7（d）、（f））,孔径为 0.6～2μm。而二步微弧氧化工艺的宏孔表面由一层无孔致密的氧化层覆盖（图 11-7（e）,能谱分析显示,Ti 和 O 的原子百分数分别为 32.1% 和 63.5%）。三步微弧氧化工艺所得涂层宏孔下亦为微孔结构（图 11-7（g））,但宏孔区域的微孔密度（137 千孔/mm^2）较平坦区域小。

　　图 11-8 为常规一步微弧氧化、二步微弧氧化、三步微弧氧化涂层的截面形貌[3]。与表面 SEM 形貌规律一致，即一步微弧氧化工艺不能制得宏孔（图 11-8（a）），而二步微弧氧化工艺和三步微弧氧化工艺可在钛表面制得宏孔（宏孔深度约为70μm）。二步微弧氧化工艺制得致密氧化物层（图 11-8（b）），而三步微弧氧化工艺制得疏松多孔结构涂层（图 11-8（c））。同样电压下，涂层厚度也由一步微弧氧化的 3.9μm 增加到三步微弧氧化的 12.3μm。能谱分析显示宏孔内引入元素原子百分数（6.5% Ca，3.2% P，3.7% Si）略低于平坦区域（7.4% Ca，3.6% P，4.1% Si），可能与宏孔区比表面积增加削弱微弧氧化强度有关。

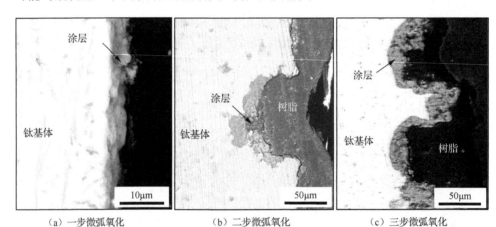

（a）一步微弧氧化　　　　　　（b）二步微弧氧化　　　　　　（c）三步微弧氧化

图 11-8　一步微弧氧化、二步微弧氧化和三步微弧氧化涂层的截面形貌[3]

3）毫米/微米多级孔涂层诱导磷灰石沉积能力

　　常规一步微弧氧化、二步微弧氧化和三步微弧氧化工艺涂层表面在模拟体液（simulated body fluid，SBF）中浸泡不同时间后进行扫描电镜观察（图 11-9）[3]。SBF 浸泡 14 天后，三步微弧氧化涂层的宏孔区可观察到纳米网状多孔结构沉积层（图 11-9（g），EDS 结果显示主要成分为 23.9% Ca、12.8% P 和 54.3% O），而一步微弧氧化和二步微弧氧化涂层表面未观察到显著的磷灰石沉积层（图 11-9（a）和（d））。SBF 浸泡 21 天后，一步微弧氧化涂层表面仍无显著沉积（图 11-9（b）），在二步微弧氧化涂层宏孔区可观察到沉积物形核（图 11-9（e）），而三步微弧氧化涂层宏孔区已几乎被沉积物完全填满（图 11-9（h），EDS 结果显示主要成分为 Ca、P 和 O）。SBF 浸泡时间延长至 28 天时，各微弧氧化工艺所得涂层表面均能观察到由 Ca、P 和 O 元素组成的沉积物（图 11-9（c）、（f）、（i））。可见，三步微弧氧化涂层具有较常规一步微弧氧化和二步微弧氧化涂层更快速的磷灰石诱导活性。

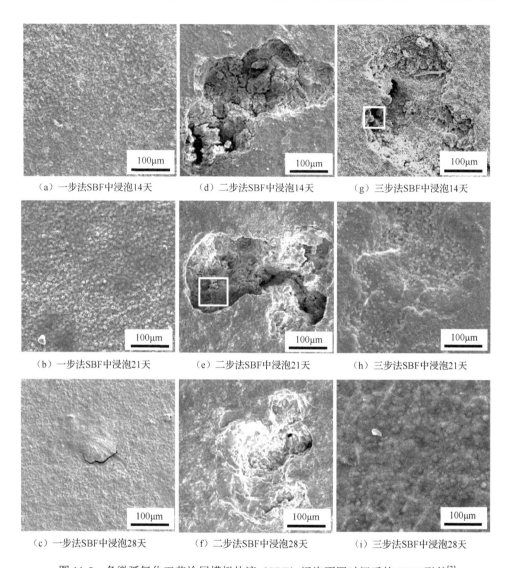

（a）一步法SBF中浸泡14天　　　（d）二步法SBF中浸泡14天　　　（g）三步法SBF中浸泡14天

（b）一步法SBF中浸泡21天　　　（e）二步法SBF中浸泡21天　　　（h）三步法SBF中浸泡21天

（c）一步法SBF中浸泡28天　　　（f）二步法SBF中浸泡28天　　　（i）三步法SBF中浸泡28天

图 11-9　各微弧氧化工艺涂层模拟体液（SBF）浸泡不同时间后的 SEM 形貌[3]

　　进一步对三步微弧氧化涂层在 SBF 中浸泡 28 天的样品进行 X 射线衍射分析，可检测到磷灰石 2θ 角位于 26.3° 和 32.5° 的衍射特征峰（图 11-10（a））[3]，证实图 11-9（g）～（i）中观察到，主要由 Ca、P 和 O 组成的网状多孔结构沉积物为磷灰石。傅里叶变换红外光谱可检测到—OH 官能团位于 $1651cm^{-1}$ 和 $3470cm^{-1}$，PO_4^{3-} 官能团位于 $1033cm^{-1}$、$602cm^{-1}$ 和 $566cm^{-1}$（位于 1033/cm 的特征峰不对称可能与 HPO_4^{2-} 官能团位于 $1099cm^{-1}$ 和 $956cm^{-1}$ 的特征峰重叠有关），CO_3^{2-} 官能团位于 $1462cm^{-1}$、$1421cm^{-1}$ 和 $872cm^{-1}$ 的特征吸收峰（图 11-10（b）），证实三步微弧氧化涂层在 SBF 中浸泡的表面沉积物为含碳酸根结构的羟基磷灰石。三步微弧氧化涂层具有较大比表面积、钛和硅的羟基官能团，是诱导微弧氧化毫米/微米多级孔涂层表面磷灰石快速沉积的决定性因素。

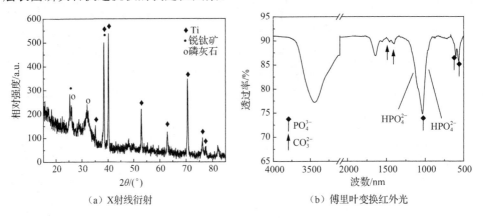

（a）X射线衍射　　　　　　　　　　（b）傅里叶变换红外光

图 11-10　三步微弧氧化涂层 SBF 浸泡 28 天表面沉积层结构[3]

4）毫米/微米多级孔涂层骨整合性能

将未微弧氧化处理、常规一步微弧氧化处理、三步微弧氧化处理（毫米/微米多级孔涂层）的钛样品植入动物体内，评价材料与骨组织的相互作用。植入体宏观形貌如图 11-11 所示，未微弧氧化处理和常规一步微弧氧化处理的植入体表面较光滑（图 11-11（a），（b）），而三步微弧氧化处理的植入体表面，因具有大量亚毫米宏孔结构，显得更为粗糙（图 11-11（c））[4]。

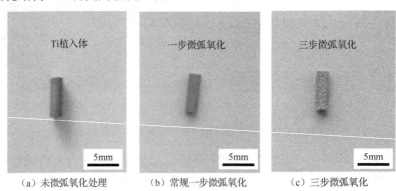

（a）未微弧氧化处理　　　　（b）常规一步微弧氧化　　　　（c）三步微弧氧化

图 11-11　Ti 植入体、常规一步微弧氧化和三步微弧氧化涂层试样的宏观形貌[4]

术后 12 周硬组织切片分析显示，骨组织以植入体为中心进行重构，且常规一步微弧氧化和三步微弧氧化植入体周围新骨量远高于未处理钛植入体。进一步对植入体-骨组织界面分析（图 11-12），结果显示未处理钛植入体与新骨几乎完全被软组织隔开（图 11-12（a）白亮区域，称"纤维包裹"），说明该植入体未形成有效骨整合。常规一步微弧氧化和三步微弧氧化处理的植入体与骨组织仅见部分区域存在软组织隔离（图 11-12（b）和图 11-12（c）白亮区域），说明微弧氧化处理可改善钛植入体骨整合性能。更重要的是，三步微弧氧化处理植入体表面宏孔内可见新骨长入（图 11-12（c）），说明毫米/微米多级孔结构具有优异的植入体-骨组织互锁稳定性。

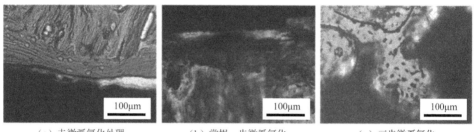

（a）未微弧氧化处理　　　　　　（b）常规一步微弧氧化　　　　　　（c）三步微弧氧化

图 11-12　各表面处理工艺钛植入体与骨组织的结合[4]

11.4　镁合金微弧氧化可控降解涂层设计与制备

11.4.1　微弧氧化可控降解涂层

采用含有 Ca、P、Si 成分的电解液（硅酸钠 15g/L、氢氧化钠 10g/L、磷酸二氢钙 15g/L）对镁合金进行微弧氧化处理（氧化电压为 400V，占空比 8%，频率 600Hz）。控制氧化时间为 5min 和 20min，可获得 10μm、20μm 厚的微弧氧化涂层。涂层表面和截面形貌如图 11-13 所示，可见不同厚度微弧氧化涂层表面具有微弧氧化工艺特有的微孔结构，且随涂层厚度增加，涂层表面尺寸较大，微孔数量略有增加。涂层截面分析显示，涂层厚度较均一，微弧氧化涂层与镁基体界面结合良好。

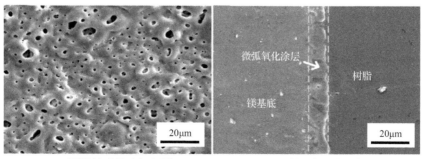

（a）10μm厚微弧氧化涂层表面形貌　　　　　　（b）10μm厚微弧氧化涂层截面形貌

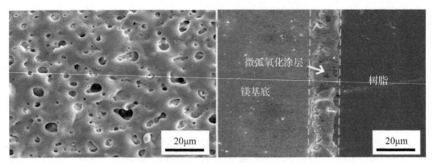

（c）20μm厚微弧氧化涂层表面形貌　　　　（d）20μm厚微弧氧化涂层截面形貌

图 11-13　镁合金不同厚度微弧氧化涂层的表面和截面形貌

涂层的 XRD 衍射分析显示（图 11-14），不同厚度微弧氧化涂层的物相组成无显著差别，均由 MgO、Mg_2SiO_4、$CaSiO_3$、$Mg_3(PO_4)_2$ 等相组成。将 XRD 分析结果和微弧氧化电解液组成相关联，推测微弧氧化涂层形成过程中发生了如下化学反应：

$$Mg^{2+} + 2OH^- \longrightarrow Mg(OH)_2 \tag{11-1}$$

$$Mg(OH)_2 \longrightarrow MgO + H_2O \tag{11-2}$$

$$2Mg^{2+} + SiO_3^{2-} + 2OH^- \longrightarrow Mg_2SiO_4 + H_2O \tag{11-3}$$

$$Ca^{2+} + SiO_3^{2-} \longrightarrow CaSiO_3 \tag{11-4}$$

$$H_2PO^{4-} + OH^- \longrightarrow HPO_4^{2-} + H_2O \tag{11-5}$$

$$HPO_4^{2-} + OH^- \longrightarrow PO_4^{3-} + H_2O \tag{11-6}$$

$$3Mg^{2+} + 2PO_4^{3-} \longrightarrow Mg_3(PO_4)_2 \tag{11-7}$$

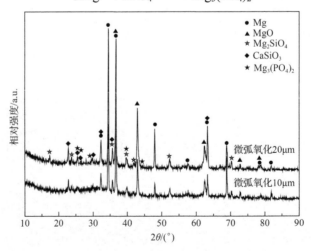

图 11-14　镁合金表面不同厚度微弧氧化涂层的 XRD 衍射谱

采用动电位极化曲线评估涂层在模拟体液中的抗腐蚀性（图 11-15）。

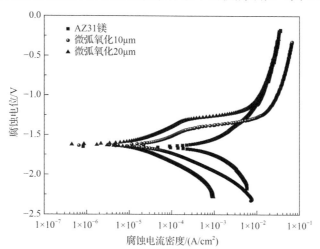

图 11-15　镁合金不同厚度微弧氧化涂层在模拟体液中的动电位极化曲线

如图 11-15 所示，未处理镁合金的腐蚀电位为-1.65V，微弧氧化处理可使腐蚀电位略向正移，10μm、20μm 厚微弧氧化涂层的腐蚀电位分别为-1.63V 和-1.62V。微弧氧化处理可显著降低腐蚀电流密度，10μm、20μm 厚微弧氧化涂层的腐蚀电流密度分别为 $2.47×10^{-5}A/cm^2$ 和 $1.60×10^{-5}A/cm^2$，较未微弧氧化处理样品降低了 1 个数量级。由此可见，镁合金腐蚀速度（降解速度）可通过控制微弧氧化涂层厚度来调控。

11.4.2　镁合金微弧氧化涂层的骨内降解

上述可见，单一微弧氧化和微弧氧化复合水热处理均可调节镁合金的腐蚀速度。本节将以单一微弧氧化工艺为例，介绍镁合金微弧氧化处理制得不同厚度涂层的骨内降解规律。即将未处理镁合金（图 11-16（a））、10μm 厚微弧氧化涂层（图 11-16（b））、20μm 厚微弧氧化涂层（图 11-16（c））植入 15mm 大节段骨缺损动物模型（新西兰大白兔），评价植入体腐蚀降解、骨组织反应规律，以揭示镁合金微弧氧化涂层动物体内降解机理。图 11-16 为上述各组样品在新西兰大白兔植入部位 2 周、4 周、8 周和 12 周的 X 光照片。可见，12 周内无植入体的大节段骨缺损不能愈合（图 11-16（d））。术后 8 周，未处理镁合金植入体的外形已不完整（已被降解），而微弧氧化组植入体外形仍较完整，说明微弧氧化处理可显著减缓镁合金动物体内降解速率，可为骨组织修复提供更长时间的力学支撑。

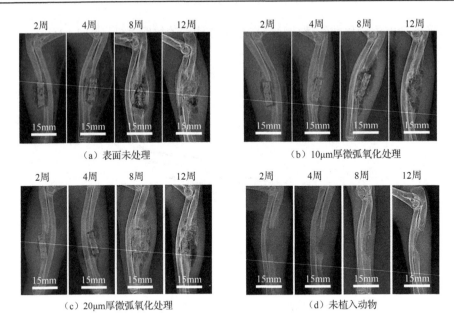

图 11-16　微弧氧化处理镁合金植入大节段骨缺损动物模型（新西兰大白兔）
2 周、4 周、8 周、12 周的 XRD 照片

　　如图 11-17 高分辨率 microCT 分析显示，术后 8 周各组植入体周围均新生大量骨痂，连接骨缺损两侧，并趋于包围植入体。镁合金作为临时承载植入体使用时，要求其腐蚀速度与新骨形成速率相匹配。目前各种牌号镁合金的腐蚀速度均太快，不能与骨组织再生、修复速率匹配。上述微弧氧化及其复合技术在控制镁合金腐蚀速度方面表现出独特的优势：①控制微弧氧化电参数及水热处理条件，可在镁合金表面制得不同厚度、不同降解速率的涂层；②微弧氧化和水热处理技术可不受植入体外观几何形状限制，是可批量生产的技术。由此可见，镁合金微弧氧化及其复合技术有望在骨缺损治疗中应用。

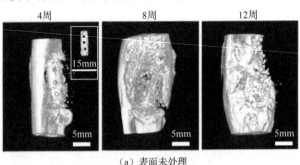

（a）表面未处理

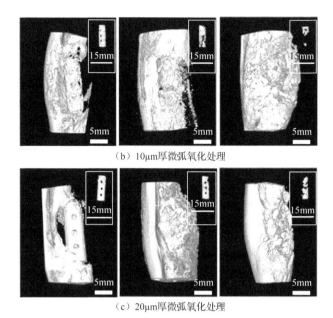

（b）10μm厚微弧氧化处理

（c）20μm厚微弧氧化处理

图 11-17　微弧氧化处理镁合金植入大节段骨缺损动物模型（新西兰大白兔）

4 周、8 周、12 周的 microCT 分析

11.5　微弧氧化抗菌涂层设计与制备

如第 1 章所述，感染是植入式医疗器械失效的重要原因之一。赋予植入材料表面抗菌性能成为生物材料科学与工程的热点研究方向。采用微弧氧化技术可将抗菌组分掺入材料表面，从而获得抗菌性能，因此，本节介绍钛和镁合金微弧氧化抗菌涂层制备及其性能。

11.5.1　钛合金微弧氧化抗菌涂层

在微弧氧化（MAO）基础电解液中引入锌盐，可将锌（Zn）组分引入钛表面，从而获得抗菌性能。本节分别采用两种盐（Zn1 和 Zn2）作为 Zn 源在钛表面制备微弧氧化涂层，评价其抗菌性能。两种锌源均可在钛表面制得微孔形貌的微弧氧化涂层（图 11-18（a）和（c））。采用 Zn1 盐作为锌源制得微弧氧化涂层的相组成主要包括金红石和锐钛矿 TiO_2（图 11-18（b））。此外，XRD 衍射谱 2θ 于 $20°\sim 30°$ 间明显宽化，说明涂层中还可能包含非晶相。采用 Zn2 盐作为锌源制得微弧氧化涂层的相组成主要为锐钛矿 TiO_2（图 11-18（d）），这与采用 Zn1 作为锌源有显著差异。此外，XRD 衍射谱 2θ 于 $20°\sim 30°$ 间也可检测到明显宽化，说明该涂层中也可能包含非晶相。

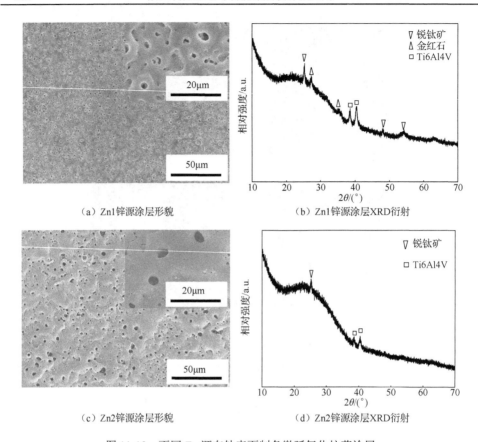

（a）Zn1锌源涂层形貌　　　　　　　（b）Zn1锌源涂层XRD衍射

（c）Zn2锌源涂层形貌　　　　　　　（d）Zn2锌源涂层XRD衍射

图 11-18　不同 Zn 源在钛表面制备微弧氧化抗菌涂层

虽然 XRD 未在锌掺杂的微弧氧化涂层中检测到含锌结晶相，但采用 X 光电子能谱（XPS）在涂层表面可检测到锌组分，且其 Zn 2p 高分辨谱结合能为 1044.6eV 和 1021.6eV，与 ZnO 对应。采用金黄色葡萄球菌株（ATCC ××××）培养评价两种掺锌涂层的抗菌活性，显示 Zn1 和 Zn2 盐制得微弧氧化涂层的抗菌率分别为 95%和 91%（对照组为未微弧氧化处理的 Ti6Al4V），呈现较好抗菌效果。

11.5.2　镁合金微弧氧化抗菌涂层

铜（Cu）、锌（Zn）、银（Ag）抗菌活性较强，故本节在基础电解液中添加含铜、锌、银的盐对镁合金微弧氧化处理，尝试制备抗菌涂层。采用 $Cu(CH_3COO)_2$、$Zn(CH_3COO)_2$ 和 $AgNO_3$ 作为上述抗菌组分源，通过控制微弧氧化参数在镁合金（AZ31）表面制备系列抗菌涂层（即含铜微弧氧化抗菌涂层 MAO-Cu、含锌微弧氧化抗菌涂层 MAO-Zn、含银微弧氧化抗菌涂层 MAO-Ag）及其性能（电解液配方、微弧氧化参数和样品代码如表 11-2 所示）。抗菌组分含量是影响涂层抗菌活性的主要因素,本节利用增加电流密度,提高火花放电强度,增加涂层厚度的方式,增加涂层中抗菌组分含量。所得各组抗菌微弧氧化涂层实际抗菌组分含量(质量分数)(EDS 结果)如表 11-3、表 11-4 和表 11-5 所示。

表 11-2 镁合金表面制备抗菌涂层的电解液配方和微弧氧化参数

样品组	样品	基础电解液组分	添加组分	电压/时间/占空比	电流/A
MAO-Cu	Cu0.4	15g/L Na$_2$SiO$_3$、10g/L NaOH、10g/L Ca(H$_2$PO$_4$)$_2$	2g/L Cu(CH$_3$COO)$_2$	450V/120s/1ms∶9ms	0.4
	Cu0.8				0.8
	Cu1.2				1.2
MAO-Zn	Zn0.4		2g/L Zn(CH$_3$COO)$_2$	450V/120s/1ms∶9ms	0.4
	Zn0.8				0.8
	Zn1.2				1.2
MAO-Ag	Ag0.8		2g/L AgNO$_3$	450V/120s/1ms∶9ms	0.8
	Ag1.2				1.2
	Ag1.6				1.6

表 11-3 MAO-Cu 抗菌涂层表面化学组成   单位:%

样品	O	Mg	Si	P	Ca	Cu
Cu0.4	37.31	36.46	111.95	8.63	0.59	1.06
Cu0.8	37.82	26.46	13.57	12.70	6.29	3.16
Cu1.2	39.27	24.59	12.92	12.52	7.37	3.31

表 11-4 MAO-Zn 抗菌涂层表面化学组成   单位:%

样品	O	Mg	Si	P	Ca	Zn
Zn0.4	36.52	33.66	111.03	9.47	2.27	3.05
Zn0.8	311.56	31.26	111.04	10.75	3.36	4.02
Zn1.2	37.95	23.97	13.35	12.23	7.11	11.39

表 11-5 MAO-Ag 抗菌涂层表面化学组成   单位:%

样品	O	Mg	Si	P	Ca	Ag
Ag0.8	—	—	—	—	—	—
Ag1.2	311.81	30.36	111.21	11.82	4.70	2.10
Ag1.6	36.46	22.28	11.82	13.72	10.27	11.45

采用 X 射线衍射技术分析各系列抗菌涂层的物相结构，结果如图 11-19 所示。可见，三种微弧氧化抗菌涂层体系的物相均主要由 Mg、MgO、Mg₂SiO₄、CaSiO₃ 和 Mg₃(PO₄)₂ 组成。各抗菌涂层，均未检测到含 Cu、Zn 或 Ag 的结晶相，可能是由于抗菌组分掺杂量较少或它们以非晶的形式存在。

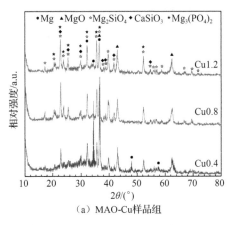

（a）MAO-Cu样品组

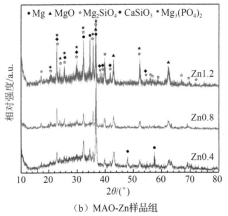

（b）MAO-Zn样品组

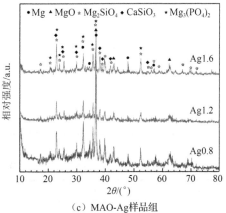

（c）MAO-Ag样品组

图 11-19　镁合金表面微弧氧化抗菌涂层 XRD 衍射谱

采用肉葡萄球菌（*S.carnosus*, ATCC ××××）和大肠杆菌（*E.coli*, ATCC ××××）评价镁合金表面 Cu、Zn、Ag 掺杂微弧氧化涂层的抗菌活性。图 11-20（a）、（b）为 *S.carnosus* 和 *E.coli* 与材料共培养 24h 后的菌落计数结果；图 11-20（c）、（d）为 *S.carnosus* 和 *E.coli* 与材料共培养 24h 后的活死细菌荧光染色结果。可见 AZ31 镁合金本身对 *S.carnosus* 与 *E.coli* 均有一定抑制效果，这可能与材料和细菌共培养过程中基材中锌释放再加上基材腐蚀致使局部 pH 较高有关。对 *S.carnosus* 菌株，MAO-Cu 和 MAO-Ag 样品组的抗菌效果不显著，而 MAO-Zn 的抗菌效果显著（图 11-20（a）、（c））。对 *E.coli* 菌株，MAO-Cu 和 MAO-Zn 样品组的抗菌效果不显著，而 MAO-Ag 的抗菌效果显著（图 11-20（b）、（d））。

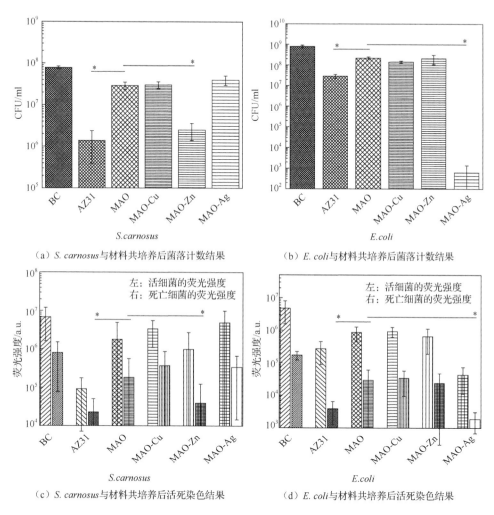

（a）*S. carnosus* 与材料共培养后菌落计数结果　　　（b）*E. coli* 与材料共培养后菌落计数结果

（c）*S. carnosus* 与材料共培养后活死染色结果　　　（d）*E. coli* 与材料共培养后活死染色结果

图 11-20　镁合金表面 Cu、Zn、Ag 掺杂微弧氧化涂层的抗菌活性

（BC 为空白对照、AZ31 为镁合金基材、MAO 为镁合金基材在基础电解液中微弧氧化处理、

CFU 为菌落形成单位）

11.6　微弧氧化生物医用涂层实例

应用实例： Ti6Al4V 钛合金骨板表面耐磨生物医用涂层。

钛及钛合金凭借优良的生物相容性、抗腐蚀性、综合力学性能和工艺性能逐渐成为骨创伤产品以及人工关节等人体硬组织替代物和修复物的首选材料。但钛合金表面无生物活性，易在其表面产生纤维（软）组织而导致与骨组织结合强度低，严重影响骨整合能力。图 11-21 展示了 Ti6Al4V 钛合金骨板表面微弧氧化耐磨生物医用涂层，具有优异的耐磨性和生物活性。

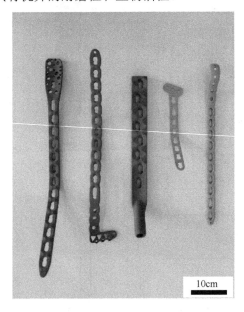

图 11-21　Ti6Al4V 钛合金骨板表面耐磨生物医用涂层

11.7　本章小结与未来发展方向

本章介绍了采用微弧氧化技术制备生物医用涂层，改善金属植入材料（以钛和镁合金为例）表面骨整合和抗菌性能的研究进展。钛及其合金表面微弧氧化生物医用涂层，有望作为骨内植入体（如种植牙、人工关节等），改善植入器械的骨整合性能。镁及其合金表面微弧氧化可控降解生物医用涂层有望用于腔道支架、骨固定螺栓、骨板及大段骨缺损修复支架等植入式医疗器械表面。未来研究仍需要关注如下几个方面：①通过微弧氧化涂层结构设计与复合工艺实现高活性与高抗菌性能涂层的制备；②通过涂层设计实现材料降解-组织整合的匹配；③通过涂层设计实现组织整合-抗菌功能协同作用。

参 考 文 献

[1] 周睿. 纯钛微弧氧化陶瓷涂层结构调控及生物学性能. 哈尔滨：哈尔滨工业大学, 2015.

[2] Zhou R, Wei D Q, Feng W, et al. Bioactive coating with hierarchical double porous structure on titanium surface formed by two-step microarc oxidation treatment. Surface and Coatings Technology, 2014, 252(9): 148-156.

[3] Zhou R, Wei D Q, Cao J Y, et al. Conformal coating containing Ca, P, Si and Na with double-level porous surface structure on titanium formed by a three-step microarc oxidation. RSC Advances, 2015, 5(37): 28908-28920.

[4] Zhou R, Wei D Q, Cao J Y, et al. Synergistic effects of surface chemistry and topologic structure from modified microarc oxidation coatings on Ti implants for improving osseointegration. ACS Applied Materials & Interfaces, 2015, 7(32): 8932-8941.

第12章 微弧氧化新功能涂层与新工艺

12.1 概　　述

为充分挖掘微弧氧化工艺技术的潜能，本章从独特设计理念出发，通过探索新功能涂层设计和新工艺设计，赋予涂层多功能特性，使其适应更严苛的环境以满足特殊应用场景的需求，进一步拓展该技术在高新技术装备领域中的服役范围。

12.2　新功能涂层设计

12.2.1　彩色涂层设计与制备

金属表面涂层的颜色种类不仅具有装饰功能，而且在不同的应用环境（医用区分、光学吸收与辐射、3C 产品及光学设备）中尤为重要。通常，由于氧化态的范围很广，过渡金属可被用来获得各种表面颜色。过渡金属基团含有不饱和的 d 轨道，电子在最外层电子层和次外层电子层之间转移，会释放出一定的能量。例如，电子构型为 $3d^34s^2$ 的钒具有从+5 到+2 的氧化态，可实现从黄到蓝的颜色变化。微弧氧化涂层的颜色调控设计需要考虑：①如何将过渡金属氧化物、特种着色剂引入涂层中，以及涂层中相应氧化物价态的控制；②金属基体本身成分及相应氧化物组成的影响；③与微弧氧化工艺复合的多步法实现颜色调控。表 12-1 总结了在钛、铝、镁合金上通过调节电参数、电解液成分及后处理来设计微弧氧化涂层的定制化表面颜色。

（1）金属基体成分、过渡金属氧化物与涂层颜色调控的关系。铝合金在常用的电解液（如硅酸盐、磷酸盐、铝酸盐）中微弧氧化涂层颜色一般为白色、浅灰色，镁表面微弧氧化涂层为灰白色，钛表面微弧氧化涂层为灰色或浅棕色。除此之外，颜色变化与合金中过渡金属元素也有关系，例如：含有 3d 金属（Cr、Mn、V 和 Cu）的钛合金微弧氧化涂层分别显示黄色、红色（Cu^+）；含有 5d 金属（Au）的钛合金微弧氧化涂层显示紫色；含有 4d 金属（Mo、Nb 和 Zr）的钛合金微弧氧化涂层显示出浅灰色（对钛合金微弧氧化涂层显色没有影响），类似于 cp-Ti 表面微弧氧化涂层；而 Ti-5Cr/微弧氧化和 Ti-2.5Cu/微弧氧化涂层则呈淡黄色。

表 12-1 微弧氧化着色涂层电解液体系与颜色调控机理

基体	基体类别	基础电解液体系	添加/处理	相成分	颜色	颜色变化原因	应用
Ti	Ti6Al4V	NaOH + NaAlO₂	$0 \sim 7.92 g/L$ $(NaPO_3)_6$	金红石锐钛矿	不同深浅的灰色、棕色、黄色	磷酸盐溶液浓度不同	装饰
	Ti6Al4V	NaOH	$Na_2SiO_3 \cdot 9H_2O$	金红石	黑色、白色	白色(TiO_2);黑色(TiO_2/Ti_2O_3)	热控
	Ti6Al4V	$(NaPO_3)_6$+ NaAlO₂	Na_3VO_4/煅烧	金红石锐钛矿	黄色	Na_3VO_4 的作用	装饰
Al	纯 Al	$(NaPO_3)_6$+ Na_2SiO_3	NH_4VO_3	Al_2O_3、V_2O_3	黑色	NH_4VO_3 的作用	装饰
	7075Al	$Na_2SiO_4 \cdot 9H_2O$	K_2TiF_6	γ-Al_2O_3	黑色	K_2TiF_6 的作用	热控
	纯 Al 6061Al	NaAlO₂	Cr_2O_3 染料	α-Al_2O_3、γ-Al_2O_3、Cr_2O_3	绿色	Cr_2O_3 着色颜料	装饰
	6061Al	NaAlO₂	不同染料乳剂	γ-Al_2O_3	红色、黄色、橙色、蓝色、黑色、白色	染料乳剂作用	装饰
	5005Al	KOH	5g/L 赤泥、33% Fe_2O_3、18%Al_2O_3、15.7%CaO、12.2%SiO_2、0.3%Cr_2O_3、0.12%TiO_2+煅烧(100~1100℃)	γ-Al_2O_3、α-Al_2O_3、$CaCO_3$、$CaTiO_3$、少量Fe_2O_3、FeOOH、SiO_2	不同深浅的灰色、棕色、黄色、红色	不同化合物颜色	耐蚀耐磨
	7075Al	Na_3PO_4+KOH	V_2O_5、NH_4VO_3、Na_2WO_4	γ-Al_2O_3、α-Al_2O_3、V_2O_5	不同深浅的灰色、黄色、黑色、绿色	过渡元素不饱和与 d 轨道有关	装饰
Mg	AZ80Mg	$Na_2SiO_3 \cdot 9H_2O$	K_2TiF_6	MgO、MgF_2	灰色	K_2TiF_6 的作用	电子产品
	AZ80Mg	Na_2SiO_3	Na_2SnO_3	MgO、SnO_2	黄色	Na_2SnO_3 的作用	电子产品
	AZ91DMg	Na_2SiO_3+KOH	$Cu(Ac)_2$、KF、Na_2WO_4、Na_3VO_4	MgO、Mg_2SiO_4、$MgAl_2O_4$	白色、红色、灰色、黑色	过渡元素不饱和与 d 轨道有关	热控
	AZ31Mg	NaOH+NaF+ Na_3PO_4+Na_2SiO_3	在 0.023mol $Ce(NO_3)_3$ 中后处理	MgO、CeO_2、Ce_2O_3	不同程度的白色、灰色、黄色	CeO_2、Ce_2O_3 的作用	耐蚀
	AM50Mg	Na_3PO_4+NH_4OH	TiO_2 溶胶(2%、4%、6%)	TiO_2、MgO、Mg_2TiO_4	灰色、蓝色	不同 TiO_2 溶胶浓度使涂层颜色由灰白变为深蓝色	装饰耐蚀

（2）通过电解液引入不同类型的着色剂与涂层颜色的关系。基础电解液成分中引入离子型着色剂、粒子型着色剂、溶胶型着色剂、染料乳剂等，其中离子型着色剂包括 Na_2WO_4、K_2TiF_6、$(NH_4)_6Mo_7O_{24}$、$Cu(Ac)_2$、Na_3VO_4、$Ce(NO_3)_3$、NH_4VO_3、$Cu(CH_3COO)_2$ 等，其本身可以进行电子转移释放能量或形成其他具有不同颜色的化合物；粒子型着色剂包括 Cr_2O_3、CuO、CeO_2、Fe_2O_3、V_2O_5、SiC、碳材料（CNTs、MWCNTs）等，本身具有不同颜色的微纳米粒子；溶胶型着色剂包括 TiO_2 溶胶等；染料乳剂有不同颜色，包括白色、灰色（深灰色、浅灰色）、黄色（浅黄色）、咖啡色、黑色、蓝色、红棕色、绿色、紫色、橙色等。图 12-1 所示，在电解液中加入不同颜色的染料乳剂，制备出了不同颜色的微弧氧化涂层[1]。

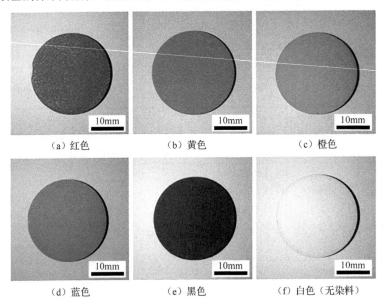

（a）红色	（b）黄色	（c）橙色
（d）蓝色	（e）黑色	（f）白色（无染料）

图 12-1　彩色微弧氧化涂层宏观照片[1]

（3）多步法：通过浸渍、化学转化、电沉积、镀膜等，也可以定制不同微弧氧化涂层表面颜色。

12.2.2　磁性涂层材料设计与制备

微弧氧化磁性涂层可用于电子屏蔽、吸波隐身、高密度磁载体等国防与电子信息领域。但如何将磁性的金属粒子、磁性的氧化物粒子引入微弧氧化涂层中，是工艺上的难点问题。

设计制备微弧氧化磁性涂层可从以下几个途径来考虑：①使用含 Fe、Co、Ni 分散颗粒的电解液获得铁磁性涂层；②使用含有金属络合物离子的电解液，如 EDTA-Fe^{3+} 或 $[FeP_6O_{18}]^{3-}$ 制备磁性涂层；③使用浆料电解液（悬浮电解质、溶胶）

将具有磁性特征的金属氧化物（如氧化铁颗粒）引入涂层中，以获得铁磁和反铁磁性能；④在电解液中加入稀土元素离子或稀土粒子并将其引入涂层中，以制备永磁材料；⑤微弧氧化涂层在含铁盐水溶液中浸渍、退火，获得铁磁性涂层。

例如，在 $Na_2WO_4+Na_3PO_4$ 电解液中引入尺寸<5μm 的 Fe 颗粒，通过微弧放电过程在铝合金上制备含 Fe 为 10.2%（原子百分数）的涂层，涂层的磁导率取决于电磁微波辐射的频率，在 9.6GHz 和 12.6GHz 的频率下观察到明显的磁损耗。在硅酸盐电解液中引入尺寸约 0.1μm 的 Fe_2O_3 颗粒，在钛箔上制备了含 Fe 为 16.19%（原子百分数）的涂层，Fe_2O_3 粒子均匀分布在涂层横截面上，涂层表现为反铁磁性。在 $Na_3PO_4+Na_2B_4O_7+Na_2WO_4+Fe_2(C_2O_4)_3$ 电解液中，通过微弧氧化在铝和钛上制备铁磁性涂层（图 12-2）[2]。由图 12-2（d）～（f）发现，决定涂层/金属样品磁性的 Fe 主要集中在涂层孔隙中的微纳米晶成分中，X 射线衍射证明纳米和微米晶含有还原铁。进一步在含有 $Fe_2(C_2O_4)_3$ 的电解液中，在钛合金表面制备含 Fe 的非晶层，电解液组成对涂层的磁性能和磁阻率影响较大。总之，微弧氧化是一种制备磁性涂层材料高效、简单的技术，但磁性物相在涂层中的可控形成、大厚度致密涂层的制备需深入研究。

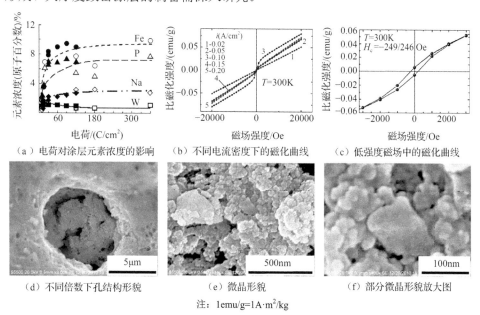

（a）电荷对涂层元素浓度的影响　　（b）不同电流密度下的磁化曲线　　（c）低强度磁场中的磁化曲线

（d）不同倍数下孔结构形貌　　　（e）微晶形貌　　　（f）部分微晶形貌放大图

注：1emu/g=1A·m²/kg

图 12-2 微弧氧化技术用于制备铁磁性涂层[2]

12.2.3 电池活性电极材料设计与制备

锂离子电池、超级电容器等广泛应用于电子设备、医疗器械及航空、航天等领域，其容量、功率密度和安全性被认为是直接决定了设备运行效能与系统可靠性的重要因素。其中，电池活性电极材料的选择和制备对于实现电池高容量和良好循环稳定性至关重要。因此，微弧氧化活性电极材料的设计制备需要综合考虑化学成分、晶体结构、粒度分布、比表面积、元素含量、首次放电比容量、首次充放电效率、循环寿命等。

　　微弧氧化涂层具有天然多孔结构（比表面积大），但用于电池活性电极材料，还需进一步调控获得更大的比表面积（涂层中间孔与表面孔在三维空间贯通匹配），从而使电池实现高的存储容量以及循环稳定性。例如，在含 SiO_2 粒子的电解液中，利用微弧氧化技术在钛表面制备多孔 TiO_2/SiO_2 涂层，通过调节微纳米孔的生长方式、粒子分布、比表面积等，获得优异的电池容量和循环稳定性（图 12-3）[3]。此外，利用 CNTs 掺杂改性微弧氧化多孔涂层，结合 Li^+ 在微纳米结构扩散路径的设计及 CNTs 导电特性，可明显增加锂离子电池容量。在钛板上利用微弧氧化技术辅助制备多孔碳化钛/掺硼金刚石复合电极，微弧诱导促进化学气相沉积过程中硼金刚石的生长，制备的超级电容器具有高的循环稳定性和能量密度[4]。

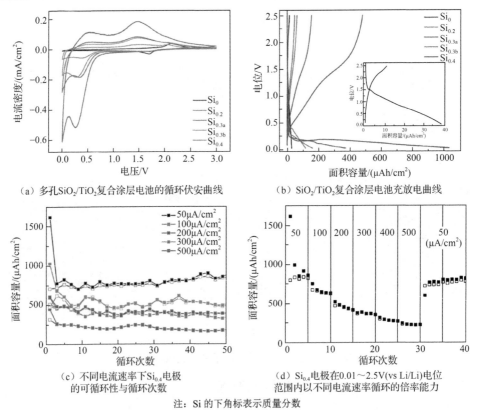

（a）多孔 SiO_2/TiO_2 复合涂层电池的循环伏安曲线　　　　（b）SiO_2/TiO_2 复合涂层电池充放电曲线

（c）不同电流速率下 $Si_{0.4}$ 电极的可循环性与循环次数　　　　（d）$Si_{0.4}$ 电极在 0.01～2.5V(vs Li/Li) 电位范围内以不同电流速率循环的倍率能力

注：Si 的下角标表示质量分数

图 12-3　微弧氧化涂层用于电池活性电极材料[3]

由此可见，通过电参数、电解液及多步法来进行微弧氧化复合涂层成分/结构设计，有望实现具有更高存储容量以及循环稳定性的电池活性电极材料。

12.2.4 染料敏化太阳能电池设计与制备

染料敏化太阳能电池是以低成本的纳米二氧化钛和光敏染料为主要原料，模拟自然界中植物利用太阳能进行光合作用，将太阳能转化为电能。微弧氧化构建染料敏化太阳能电池，既能在钛板上制备出大比表面积的结晶 TiO_2，增强对光的吸收，又能在微弧氧化涂层上添加颜料/染料以敏化和增加其光功能特性。

例如，先采用微弧氧化制备多孔模板，再利用碱处理在微弧氧化涂层上生长出尺寸范围为 $100 \sim 200nm$ 的纳米薄片（图 12-4），扩大了比表面积，同时增加了染料吸收，进一步进行热退火，诱导非晶相转变为锐钛矿型微晶，所组装的太阳能电池的光伏效率增加至 2.19%[5]。此外，负载纳米 Ag 颗粒时，染料分子被激发产生更多电荷载流子；与纯 TiO_2 相比，纳米 Ag 颗粒提高了光阳极的电子存储能力，使 Ag/TiO_2 的准费米能量更高，导致更高的开路光电压。氮掺杂 TiO_2 也会提高开路电压，促进光催化效率。掺杂将 TiO_2 的吸收光谱扩展到可见光区域，并降低了 TiO_2 电极的表面电阻。因此，提高太阳能电池性能的方式包括：在电解液中添加特殊离子或粒子、后处理（退火、浸渍）等（具体可参考第 10 章）。

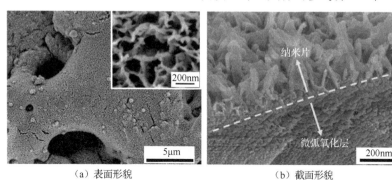

（a）表面形貌 　　　　　　　　（b）截面形貌

图 12-4 微弧氧化涂层经碱处理后的形貌[5]

12.2.5 光致发光涂层材料设计与制备

微弧氧化光致发光（photo luminescence，PL）涂层在防伪标识、安全领域、腐蚀检测等方面有很好的应用潜力。微弧氧化涂层的光致发光作用是通过掺杂稀土元素在适当的涂层基质中（如 TiO_2 和 ZrO_2 等），允许在一定能级范围内发生电子跃迁，从而产生 PL 效应。同时，三价稀土元素作为掺杂材料最有效，因为它允许在其能级内发生许多可能的辐射跃迁，这些跃迁源于 f 轨道上电子之间的相互作用（图 12-5（a））[6]。这一特性使得 PL 材料能够分别在较高/较低能量波长发光（被称为上转换和下转换过程的吸收光）。

　　微弧氧化光致发光涂层的设计需要考虑：①在金属表面通过原位氧化形成具有半导体特性的陶瓷氧化物基质（Gd_2O_3、TiO_2 或 ZrO_2 等）；②将稀土氧化物掺杂引入到涂层中，如 Gd_2O_3、HfO_2、Nb_2O_5、Y_2O_3、Eu_2O_3、Ce_2O_3、Tb_4O_7、Pr_2O_3、Tm_2O_3、Yb_2O_3 等。

　　与未掺杂稀土的微弧氧化涂层相比，稀土掺杂的微弧氧化涂层具有良好的光致发光性能。例如，在纯 Gd 衬底上用微弧氧化成功将低浓度的稀土离子 Eu^{3+}、Er^{3+} 和 Ho^{3+} 掺杂到 Gd_2O_3 中[7]。所有样品即 $Gd_2O_3:Eu^{3+}$、$Gd_2O_3:Er^{3+}$ 和 $Gd_2O_3:Ho^{3+}$ 在可见光区和紫外光区都有很强的发射峰，发光范围从橙色到绿色再到白色。发光颜色强烈依赖于掺杂的稀土离子和激发波长。由图 12-5（b）可知，当样品在 276nm 处激发时，它们分别显示纯 Gd_2O_3、$Gd_2O_3:Eu^{3+}$、$Gd_2O_3:Er^{3+}$ 和 $Gd_2O_3:Ho^{3+}$ 的绿色（a）、橙色（d）、浅绿色（g）和黄绿色（i）发光（具体可依据色度卡识别）。光谱表明发光来自于 Gd^{3+} 和 Ln^{3+}4f-4f 跃迁组合，其中 $Gd_2O_3:Eu^{3+}$ 在将紫外光转换为可见光辐射方面优于其他材料，这将有利于上转换技术[7]。由此可见，充分利用微弧氧化及复合涂层（过渡金属和稀土氧化物）的光致发光特性，具有广泛的应用前景。

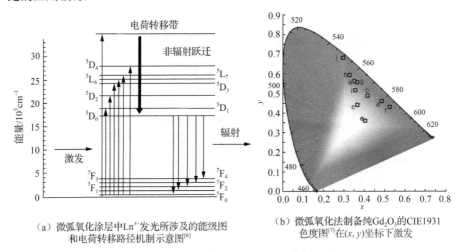

（a）微弧氧化涂层中 Ln^{3+} 发光所涉及的能级图
和电荷转移路径机制示意图[6]

（b）微弧氧化法制备纯 Gd_2O_3 的 CIE1931
色度图[7]在(x, y)坐标下激发

图 12-5　微弧氧化涂层用于光致发光材料[6,7]

图（b）中纯 Gd_2O_3 激发波长为：a. 276nm(0.35, 0.56)，b. 455nm(0.42, 0.48)，c. 379nm(0.37, 0.44)。掺杂 Eu^{3+}，激发波长为：d. 276nm(0.48, 0.46)，e. 396nm(0.41, 0.36)，f. 468nm(0.52, 0.43)。掺杂 Er^{3+}，激发波长为：g. 276nm(0.37, 0.55)，h. 379nm(0.33, 0.59)。掺杂 Ho^{3+}，激发波长为：i. 276nm(0.36, 0.51)，j. 462nm(0.30, 0.68)

12.2.6　其他新功能涂层材料设计与制备

　　除上述提到的新功能涂层设计，通过微弧氧化特种电解液成分与电参数匹配、微弧氧化复合工艺及后处理等可设计制备一系列新型功能涂层，例如防生物附着涂层、防污涂层、纯无机超疏水涂层、导电涂层、微波介电涂层、可控润湿性涂层、辐射制冷涂层等。

防水垢涂层海洋舰船等利用海水冷却的钛合金热交换器，微弧氧化涂层可抑制海水盐沉积速率从而提高热交换效率。在磷酸盐电解液中形成的微弧氧化涂层含 4%～10%的 P 元素，在海水中，P 离子扩散迁移，降低表面层附近海水硬度，从而降低沉积物形成的强度。利用微弧氧化与 PTFE 复合，经 96h 的安装运行，涂层上的沉积盐层比未处理的钛薄了一半，热流量比未处理钛提高了 16%。可见，复合防护技术（微弧氧化/PTFE）在工程实际应用中表现出了更大优势。

防生物附着涂层海洋舰船用钛合金表面微弧氧化涂层可显著提高防生物附着性能。防生物附着程度与电解液成分密切相关。电解液中主要元素为 P 时，附生生物重量为 1530g/cm^2；主要元素为 P、Al 时，附生生物单位面积重量为 985g/cm^2；主要元素为 Ca、P 和 Sb 时，附生生物单位面积重量为 16.8g/cm^2；主要元素为 Ca、P 和 Al 时，附生生物重量为 0g/cm^2。研究人员进一步在船用钛合金表面制备出含氧化亚铜（铜质量分数达 30%）且具有纳米晶和非晶结构的 TiO$_2$ 防污涂层，在三亚海水环境试验站进行天然海水挂片试验 6 个月后涂层表面仅有少量海洋生物附着，而裸钛合金挂片 3 个月后则完全被海洋生物附着[8]。

研究团队基于 θ-Al$_2$O$_3$ 相在固/液界面具有负表面能的特性，采用微弧氧化技术，通过调控电解液酸碱度变化与高温放电-急速冷却过程等多步连续电化学反应，在铝合金表面成功制备了多相氧化铝微纳结构涂层，并进一步通过微刻蚀处理使 θ-Al$_2$O$_3$ 纳米镶嵌在低表面能的微结构表面，从而实现整体的超疏水性能。涂层接触角在明火烤烧、300℃高温加热等处理后均能保持 150°；在日光下暴晒 360 天后，疏水角未发生明显下降；在 10N 载荷下与无纺布对磨 2000 次仍保持 130°以上的疏水角；抗腐蚀性能突出，腐蚀电流达到 10^{-10}A/cm^2 数量级[9]。

此外，本书著者提出的微弧氧化-纳米粒子同步沉积烧结技术（见 12.3.3 节），通过电解液与不同功能性纳米粒子的匹配，在微弧氧化过程中沉积烧结功能性纳米粒子，为设计多种新型功能性涂层提供新途径，可赋予涂层表面导电、药物载体（传递）、介电绝缘、热控、热防护、超疏水等功能特性。总之，通过调控微弧氧化涂层电解液、工艺参数及后续改性等设计制备新型功能涂层，仍需深入探索。

12.3　新工艺探索

12.3.1　微弧氧化后处理复合工艺

微弧氧化涂层表面天然的微孔特性对抗腐蚀与耐磨损产生不利影响。因此，微弧氧化与其他工艺复合，即微弧氧化涂层用作承载的预处理底层，其他表面工艺方法制备顶层强化层，可拓宽微弧氧化涂层的应用领域。微弧氧化涂层表面存在天然的微孔，多种复合物如涂料、润滑剂、溶胶凝胶和高分子（PTFE、聚乳酸（polylactic acid，PLA））等浸入微孔中形成多层涂层，来强化涂层的抗腐蚀与耐磨减摩性能，同时顶层组分浸入微孔中也改善了层间的结合力。轻金属表面形成的耐磨相（如 Al_2O_3、MgO 或 Al_2TiO_5）通常具有高的摩擦系数，微弧氧化结合其他工艺制备耐磨减摩多层涂层（如过渡金属二卤化物、类金刚石、化学镀或电镀 Ni-P、喷涂石墨、溅射 TiN 或 Cr(N)等），可用在更加苛刻的重载摩擦服役环境。此外，可与微弧氧化进行复合的工艺还包括：水热法、浸渍、热处理、电泳、电化学沉积、电镀、热浸镀、物理化学气相沉积等。微弧氧化复合处理工艺赋予金属基体更优异的耐蚀性、力学特性、热学特性、装饰性及其他功能特性，以满足在高技术装备领域服役过程中材料可长期在严酷环境以及交变或冲击载荷中使用。

12.3.2 微弧氧化前预处理复合工艺

微弧氧化前的预处理，可以通过复合工艺赋予微弧氧化涂层增强的抗腐蚀、抗疲劳与特殊工艺性能。这些预处理方法包括：喷丸或表面机械研磨纳米化、激光加工（提高合金的比表面积）、化学/电化学刻蚀、铌合金包埋渗预处理（提高金属的热防护性能）、预阳极氧化（提高涂层生长速率、降低能耗）等。

例如，轻质高强金属（铝合金、镁合金或钛合金）常作为航空航天结构部件或动部件材料，但耐磨/耐蚀差，微弧氧化涂层因具有优异的抗腐蚀与耐磨损性能，应用潜力巨大。尽管与传统阳极氧化、硬质阳极化相比，微弧氧化涂层引起的金属基体疲劳性能下降要小得多，但长寿命服役环境场景（如航空器部件）仍然需要关注微弧氧化陶瓷涂层如何影响工件的疲劳寿命，以及怎样改善疲劳性能等。

本节研究了不同厚度微弧氧化涂层对 LY12 铝合金试样疲劳性能的影响，与基体铝合金相比，厚度为 5μm 和 10μm 的微弧氧化涂层试样的疲劳寿命分别降低了 28.2%和 26.3%，微弧氧化涂层自身的结构缺陷和膜基界面附近金属基体内部的残余拉应力共同作用，导致了微弧氧化处理后铝合金疲劳寿命的降低。基于此，本节提出表面机械研磨工艺改善疲劳性能：首先采用表面机械研磨在 LY12 铝合金表面制备纳米晶过渡层（图 12-6（a）），同时引入压应力；然后在其表面进行微弧氧化处理，使生长的陶瓷底层仍保留纳米晶，且金属基体本身压应力对后继生长的陶瓷层产生的拉应力进行部分缓解。结果表明该涂层结构的设计能有效提高疲劳寿命 10%～20%（图 12-6（b））。

　　表面机械研磨预处理提高微弧氧化涂层疲劳寿命的机理主要有两个原因：①纳米化-微弧氧化复合改性层试样基体近界面处的晶粒尺寸为纳米量级，高的晶界密度有利于抑制疲劳裂纹的扩展；②表面机械研磨预处理使微弧氧化后膜基界面附近基体铝合金中的残余应力状态由拉应力改变为压应力，残余压应力的存在可以有效抑制疲劳裂纹的产生以及传播，因而通过引入表面机械研磨预处理可以有效提高微弧氧化涂层试样的疲劳寿命。

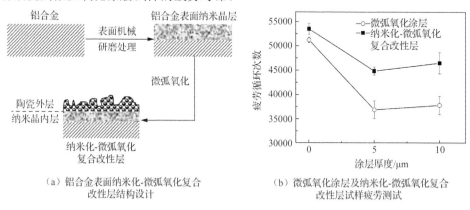

（a）铝合金表面纳米化-微弧氧化复合　　　（b）微弧氧化涂层及纳米化-微弧氧化复合
　　　改性层结构设计　　　　　　　　　　　　改性层试样疲劳测试

图 12-6　复合涂层结构设计及疲劳测试结果

12.3.3　微弧氧化-纳米粒子同步沉积烧结工艺

　　电解液所含物质（微纳米金属/陶瓷/高分子颗粒）参与放电微区的物理/化学反应为功能陶瓷涂层的设计提供新途径，但传统微弧氧化工艺条件下形成的掺杂微米或纳米级陶瓷/高分子相粒子，仅少量存在于涂层表面或涂层内有限的深度（几百纳米）范围，因此如何提高掺杂微米或纳米级粒子在涂层中的含量及可控分布，已成为功能化陶瓷涂层设计制备中所面临的瓶颈问题。

　　针对这一难题，著者基于特定电解液温度、纳米粒子浓度与电压阈值下微弧放电瞬态电流突增而合成出大厚度多层复合涂层的特殊现象，提出微弧氧化-纳米粒子（金属/陶瓷/高分子颗粒）同步沉积烧结技术。图 12-7 为复合涂层的形成过程及结构示意图。获得多层复合涂层工艺条件为：采用双极非对称脉冲方式，电解液温度 60～90℃，电解液中纳米粒子含量达到某一临界值，电压升高至某一阈值（如 $V>500V$）时的特殊高能微弧等离子放电条件下，纳米粒子在电场作用下迅速向金属基体表面迁移，在等离子体诱导下粒子发生活化，使大量纳米粒子沉积并同步烧结形成大厚度纳米粒子的外层，与金属微弧氧化产生的底层形成多层复合涂层。例如，单一微弧氧化涂层（无 SiC 粒子时），涂层表面为灰白色；当 SiC 浓度提高到 8g/L 时，涂层表面变为灰绿色（图 12-8（a）、（b）），说明粒子浓度达到临界值后，纳米 SiC 粒子同步沉积烧结形成多层涂层。复合涂层表面被大量 SiC 纳米粒子完全覆盖（图 12-8（c））；由截面形貌（图 12-8（d））可看出，复合涂层包含三层结构：内阻挡层（约 0.6μm）、中间层（约 55μm）和纳米复合外层（约 15μm）。

目前，本节通过金属微弧氧化-纳米粒子同步沉积烧结一步方法，已在钛合金、铝合金、镁合金及铌合金表面构建出一系列功能涂层（包括抗腐蚀、高发射率热防护、热控、超疏水、介电绝缘等功能特性）。例如，在铝、镁、钛合金表面分别构建出 Al_2O_3/PTFE、MgO/PTFE、TiO_2/PTFE 新型超疏水纳米双层复合涂层；在铝合金表面构建出 Al_2O_3/SiC 高发射率散热涂层以及 Al_2O_3/BN 低吸收高发射热控涂层；在铝合金表面制备 Al_2O_3/ITO/CNTs 表层导电热控复合涂层；在铌合金埋渗 $NbSi_2$ 层表面构建出 Nb_2O_5-SiO_2/硅化物多层高发射率热防护涂层等。

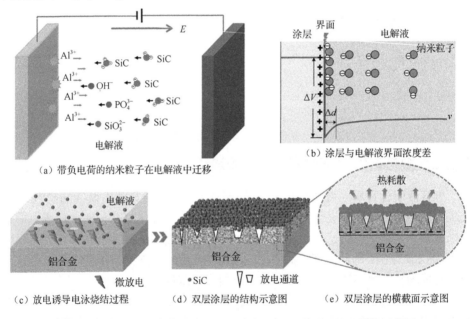

（a）带负电荷的纳米粒子在电解液中迁移　　（b）涂层与电解液界面浓度差

（c）放电诱导电泳烧结过程　　（d）双层涂层的结构示意图　　（e）双层涂层的横截面示意图

图 12-7　SiC 粒子改性双层涂层形成机理、形成过程及涂层结构示意图

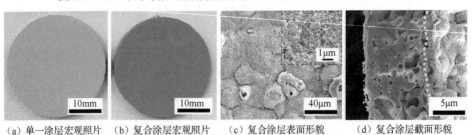

（a）单一涂层宏观照片　（b）复合涂层宏观照片　（c）复合涂层表面形貌　（d）复合涂层截面形貌

图 12-8　SiC 粒子改性复合涂层的宏微观形貌

12.3.4　液相等离子辅助原位合成工艺

液相等离子辅助原位合成工艺，是利用微弧氧化在液相环境中产生的瞬时等离子体放电和局部高温高压环境，电解液成分发生化学合成反应，原位形成功能特性的陶瓷产物进入涂层中。例如，合成 MoS_2 相采用硫源 Na_2S 和钼源 MoO_4^{2-}，合成 ZrO_2 相用氟锆酸盐，合成 TiO_2 相用双草酸氧化钛（IV）酸钾二水合物或氟钛酸盐，合成 SiC 相用源碳-微球和硅源-硅酸盐，合成 SiO_2 相用硅酸盐等。

利用液相等离子辅助原位合成工艺，通过化学反应在微弧氧化涂层中生成其他陶瓷产物，不仅实现了涂层/基体的冶金结合，而且陶瓷产物在微弧氧化涂层中的分布可在一定范围内调控。例如，利用液相等离子辅助原位合成工艺在钛合金表面原位合成可控自润滑纳米 TiO_2/MoS_2 复合涂层[10]。由于梯度 MoS_2 的自润滑特性，复合涂层的摩擦系数（0.14）仅为传统微弧氧化涂层的 1/4 左右。同时，该陶瓷涂层通过非共格的边缘钉扎展现出良好的界面强化，具有优异的耐磨减摩和结合强度。

由此可见，液相等离子辅助原位合成工艺为制备轻合金自润滑、抗腐蚀等功能陶瓷涂层提供了一种新的策略，在工程领域具有广阔的应用前景，并为设计适用于极端条件的新型合金-涂层系统开辟了新的途径。

12.3.5　适于局部修复或大面积涂层制备的喷射微弧氧化工艺

通常待处理的工件需要浸入到电解槽中进行微弧氧化。然而，对于大尺寸构件（特别是超过电解槽尺寸）或者大尺寸构件局部区域的涂层制备或局部损伤区域的修复，将如此笨重的"大家伙"搬运到车间采用浸入氧化是不现实的。因此，需要采用小型便携式电源，配置可移动式的喷射式电极，解决传统的浸入式微弧氧化工艺不能用于外场大面积构件或局部修复用涂层制备的难题。

图 12-9 为喷射式微弧氧化装置示意图，包括：小型脉冲电源、喷射式阴极、电解液循环系统。小型脉冲电源提供外场修复时微弧氧化所需的能量；喷射式阴极使电场局限在阴极辐射到的区域，在阴极电场辐射到的面积才能放电生长涂层，适合局部损伤部位外场原位生长陶瓷修复涂层；电解液循环系统与喷射式阴极结合，与合金基体构件表面在外加电压作用下构成微弧放电的回路。

当考虑将喷射式阴极系统用于制备大型构件表面的陶瓷涂层时，为提高涂层生产效率，可根据电源的功率适当放大喷射阴极的尺寸，因为制备时需要阴极扫描工件表面以实现大面积涂层的生长。采用此方式，涂层的最大面积不受电源输出功率的限制，但工艺操作时应注意高电压的安全防护。

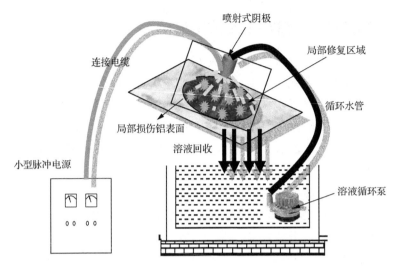

图 12-9　喷射式微弧氧化装置示意图

12.3.6　微弧等离子体抛光去除工艺

液态高能等离子体不仅可以使金属表面原位生长陶瓷涂层（微弧等离子体氧化），也可以借助等离子体氧化疏化实现空化剥离以达到对金属表面污染物、不均匀涂层实现高效抛光去除的效果（微弧等离子体抛光）。换言之，将带有污染物或不均匀涂层的金属制品置于特殊的环保型低浓度盐电解液中，样品表面在高电压（300V 左右）作用下，因存在高电位差而被击穿，并形成蒸气层，气层中的物质因解离产生液相等离子体，通过高能的等离子体对样品表面难以去除的物质进行轰击以实现抛光去除。图 12-10 （b）、（f）、（i）、（j）示出微弧等离子体抛光后金属表面，获得良好的镜面效果，能清晰反射出文字图案，美观度得到显著提升；由抛光前后的微观形貌（图 12-10 （c）、（d））和原子力显微（图 12-10 （g）、（h））分析，表面初始粗糙度由抛光前 $Ra3\sim5\mu m$ 降低至 $Ra0.01\mu m$，甚至可达到 $Ra0.001\mu m$。

该方法具有操作简单、效率高、安全系数高、环境友好等优势。微弧等离子抛光或去除技术可有效解决金属表面污染物或不均匀涂层难去除的问题，同时降低了现阶段酸洗、高温碱轰等去除方法的危险性与污染性，在材料表面处理和精密加工领域具有广泛的应用前景。

哈尔滨工业大学作者团队已经开发出微弧等离子氧化与抛光一体化电源与生产线（图 12-11），即一台电源实现可微弧等离子氧化与微弧等离子抛光多重功能。操作面板实现三个输出模块：单极氧化模式；双极氧化模式；抛光去除模式。具体适用场景为：①单极氧化模式输出，用于铝、镁、钛、锆与铌合金等的微弧氧化涂层制备；②双极氧化模式输出，可实现"软火花"高致密化，用于铝、镁、钛、锆与铌合金等的致密化高耐磨、高抗腐蚀微弧氧化涂层制备；③抛光去除模式输出，用于不锈钢、铜、钛合金等金属表面的微弧等离子体镜面抛光或去除。

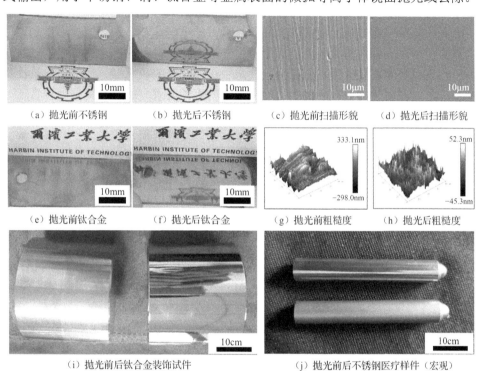

(a) 抛光前不锈钢　　(b) 抛光后不锈钢　　(c) 抛光前扫描形貌　　(d) 抛光后扫描形貌

(e) 抛光前钛合金　　(f) 抛光后钛合金　　(g) 抛光前粗糙度　　(h) 抛光后粗糙度

(i) 抛光前后钛合金装饰试件　　　　　　(j) 抛光前后不锈钢医疗样件（宏观）

图 12-10　微弧等离子体抛光工艺及形貌分析

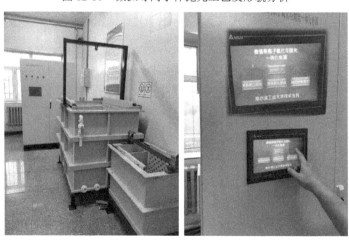

图 12-11　微弧等离子氧化-抛光一体化电源与操控界面

12.4　本章小结与未来发展方向

对比传统阳极氧化工艺，微弧氧化技术使涂层具有更优异的性能与更长的使用寿命，特别是通过低能耗电源与高效长寿命的电解液体系的开发使涂层制造成本降低，呈现出极大的竞争力与应用潜力。当前，微弧氧化工艺正处在基础研究向产业化应用的过渡阶段，但应用主要集中在轻合金的抗腐蚀、耐磨损、热控及热防护方面。面对高新技术装备领域中严苛的服役要求，微弧氧化是独特且不可替代的，并且需要对新涂层与新工艺不断进行探索。因此，未来的发展重点是：在工程应用研究方面，继续通过电源、电参数以及溶液调控或复合工艺强化抗腐蚀、耐磨、热控以及其他功能特性，另外，大面积涂层制备与降低能耗也是关注的问题；在基础理论研究方面，进一步探讨微弧氧化涂层的生长机理以加深科学理解；在新涂层及新工艺方面，探索新的功能化陶瓷涂层与可控合成方法，以推动先进涂层在高新技术领域的应用。

参 考 文 献

[1] Yeh S C, Tsai D S, Wang J M, et al. Coloration of the aluminum alloy surface with dye emulsions while growing a plasma electrolytic oxide layer. Surface and Coatings Technology, 2016, 287: 61-66.

[2] Rudnev V S, Adigamova M V, Lukiyanchuk I V. The effect of the conditions of formation on ferromagnetic properties of iron-containing oxide coatings on titanium. Protection of Metals and Physical Chemistry of Surfaces, 2012, 48(5): 543-552.

[3] Lee G, Kim S, Kim S, et al. SiO_2/TiO_2 composite film for high capacity and excellent cycling stability in lithium-ion battery anodes. Advanced Functional Materials, 2017, 27(39): 1703538.

[4] Xu J, Yang N J, Heuser S, et al. Achieving ultrahigh energy densities of supercapacitors with porous titanium carbide/boron-doped diamond composite electrodes. Advanced Energy Materials, 2019, 9(17): 1803623.

[5] Chu P J, Yerokhin A, Matthews A. Nano-structured TiO_2 films by plasma electrolytic oxidation combined with chemical and thermal post-treatments of titanium, for dye-sensitised solar cell applications. Thin Solid Films, 2010, 519(5): 1723-1728.

[6] Stojadinović S, Radić N, Grbić B, et al. Structural, photoluminescent and photocatalytic properties of TiO_2: Eu^{3+} coatingsformed by plasma electrolytic oxidation. Applied Surface Science, 2016, 370: 218-228.

[7] Ćirić A, Stojadinović S. Photoluminescence of Gd_2O_3 and Gd_2O_3: Ln^{3+} (Ln=Eu, Er, Ho) formed by plasma electrolytic oxidation of pure gadolinium substrate. Optical Materials, 2020, 99: 109546.

[8] 李兆峰, 蒋鹏, 张建欣, 等. 钛合金表面微弧氧化纳米防污涂层及性能研究. 材料开发与应用, 2012, 27(6): 48-53.

[9] Yang C, Cui S, Weng Y, et al. Scalable superhydrophobic T-shape micro/nano structured inorganic alumina coatings. Chemical Engineering Journal, 2021, 409(7): 128142.

[10] Yang Z H, Zhang Z, Chen Y N. Controllable in situ fabrication of self-lubricating nanocomposite coating for light alloys. Scripta Materialia, 2022, 211: 114493.

第13章　微弧氧化生产线及其辅助装置

13.1　概　　述

针对微弧氧化涂层工业化生产的需求，开发高效、节能、环保可在线监控的自动化智能微弧氧化生产线，是产业推广应用方向。同时针对不同性质、不同功能涂层的确定要求，必须通过工艺规范的制定，来保障涂层质量的可靠性。本章从微弧氧化生产线的构成、如何实现节能、如何针对涂层性能要求选取电源与溶液体系等角度进行讨论，进而简述涂层制备辅助装置。

13.2　微弧氧化生产线构成

微弧氧化生产线主要由三部分构成：微弧氧化电源、生产槽线系统、微弧氧化生产线控制系统（图13-1）。

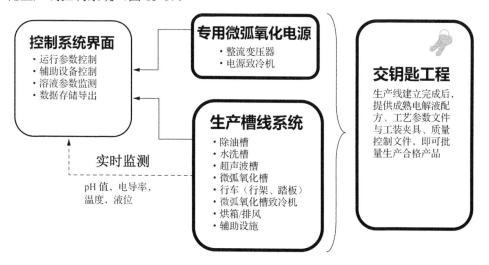

图13-1　微弧氧化生产线-交钥匙工程技术路线图

根据场地区域特点，一般设计规划出专门的电源设备区、来料-上件区、微弧氧化区、清洗区、封孔区、下件检测区、入库。以需要两个微弧氧化槽（铝合金氧化槽、钛合金氧化槽）为例，场地布局设计如图13-2所示，设计依据如下。

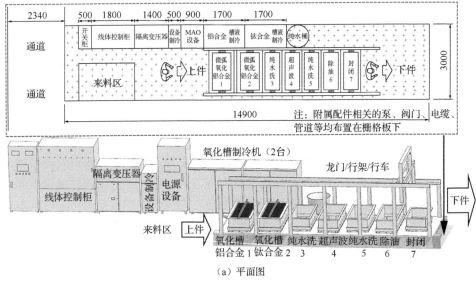

（a）平面图

（b）实物图

图 13-2　现场微弧氧化设备布置平面图及对应的实物图

（1）鉴于微弧氧化电源输出高电压、大电流脉冲波形，电源设备输出到氧化槽的电缆长度越短，越能保证输出波形的质量，零件加工后的涂层性能才能更好得到保证。因此，场地布置时微弧氧化电源设备与线体两个氧化槽相邻。

（2）两个微弧氧化槽与其制冷机间的距离应尽量短，以减少槽液的循环损耗，因此制冷机安置在线体的左侧。

（3）附属配件相关的泵、阀门、电缆、管道等均布置在线体边的操作栅格板下，保证操作平面上没有管线等影响生产及人员安全的因素。槽线体上安装龙门、行车及桁架，保证零件在槽线上安全方便转运。

根据场地上的生产线布置，生产流程设计为上件→除油（槽 6）→纯水清洗

（槽 5）→超声波清洗（槽 4）→纯水清洗（槽 3）→微弧氧化（槽 2 或槽 1）→纯水清洗（槽 3）→封闭（槽 7）→下件→烘干箱→检测入库。

一般情况下，零件的生产流程可简化为：上件→除油（槽 6）→纯水清洗（槽 3）→微弧氧化（槽 2 或槽 1）→纯水清洗（槽 3）→下件→烘干箱→检测入库。

13.2.1 微弧氧化电源

微弧氧化专用电源在微弧氧化技术成套设备中最为关键，决定着微弧氧化处理的工件面积、效率以及涂层性能。微弧氧化专用电源有直流、单向脉冲、交流、不对称交流、双向不对称脉冲电源等多种模式。最早采用的是直流或单向脉冲电源，随后采用了交流电源，后来发展为不对称交流、双向不对称脉冲电源。

1）微弧氧化电源类型

微弧氧化高性能涂层的低能耗、高效率制备是行业发展的重点。由于微弧氧化电源的各个特性参数大多能独立调节，因此相对于低能耗电解液而言，调节电源的特性和参数来降低能耗更为有效。

（1）阴阳极分别独立调压式电源。阴阳极分别独立调压式电源，是由正负两极变压、晶闸管/二极管整流电路、电容电感滤波、IGBT 斩波等电路组成，通过两组独立电源交替工作达到正负脉冲输出，但其需要变压器或整流器，能耗高、占地面积大。

（2）两级斩波式电源。两级斩波式电源，是由输入输出整流滤波、斩波、斩波逆变等组成的电路系统，通过第一级斩波调压、第二级全桥斩波实现正负换向交直流脉冲输出，两级都处于硬开关模式，工作效率低。

（3）全桥逆变式电源。全桥逆变式电源，是由三相整流滤波、前桥 IGBT、脉宽调制（pulse width modulation，PWM）逆变、中频变压器、二极管单相整流输出、IGBT 斩波变换器等组成的电路系统，采用高频软开关，提高电源效率。

（4）高频逆变电源。高频逆变电源，是将两级逆变技术应用在微弧氧化电源中，前级功率逆变电源采用有限双极性的控制方式以实现电压调节，通过控制后级斩波电路可以得到所需的直流、直流脉冲、交流对称、交流不对称等不同电压波形。

（5）组合式管控的低能耗电源。组合式管控的低能耗电源，是采用变工频升压+可控硅半波整流，提高功率因数；数字信息处理技术（digital signal processing，DSP）控制核心替代可编程逻辑控制器（programmable logic controller，PLC）+光通信同步发生器，使并联 IGBT 的同步精度达亚微秒级，满足 10^3A 级矩形度>70%的波形期望；IGBT 独立输入输出，避免一损俱损；设计非对称双极性脉冲软开关变换器，实现超前开关管的零电压开通和滞后开关管的零电流关断，并且实现正负脉冲交替的非对称脉冲输出，两个极性的脉冲幅值和脉冲宽度独立调节，该电路降低了开关损耗，提升了变换器效率；负脉冲插入，即一负对多正不等压插入，满足大场强离化、小场强疏导的工艺要求。

2）微弧氧化电源设备

（1）直流电源。通常基于桥电路，可允许直流模式下恒流或恒压体制获得应用。由于调节表面放电特性较为困难，控制微弧氧化工艺的可能性受限，使直流电源仅用在形状简单的零件中。

（2）直流脉冲电源。应用直流脉冲电源允许控制工艺间断，从而控制弧光的持续性和脉冲的形式，进而改变涂层的组成和结构。但是，由于电荷双电层的产生，脉冲电流在电极表面引起附加极化，为获得理想的电流密度需要更高的电压（达 1000V）。同时，供电设备整体功率因素低、电磁干扰大，对电网谐波污染大，而且常用低频斩波电路结构，频率较低。

（3）非平衡交流电源。用交流电源可以避免电极的附加极化，从而使利用弧光的间断来改善工艺的可能性保留下来。此外，非平衡交流的应用，如不同正极和负极组分幅值的交流电，使拓展制备多功能涂层成为可能。这种类型电源最简单的电路是可控电容基放大器。在此电路中，根据正负半周电源的总阻抗，一套高压电容用于重新分布电能。通过改变电源两半周的电容，正负电流幅值的比率可以单独调节。由于增加了工艺控制的优点以及操作简单、经济，其在实验室规模的微弧氧化处理中取得广泛应用。该电源主要缺点是功率（典型≤10kW）和电流频率（仅保持某一频率）受限，从而限制了其工业应用。

（4）双极脉冲交流电源。基于可控硅或晶体管逆变拓扑架构构建的双极脉冲交流电源系统，在功率密度指标与频率动态调节范围两个维度较传统方案具有显著优势。其核心机理在于通过全控型半导体器件的精准时序调制，实现高频交变电场的稳定输出，从而满足精密负载对电源响应速度与波形控制精度的严苛要求。其中，可控硅电路可产生方形或平面正弦脉冲波形，晶体管则在处理脉冲形状、幅值和持续时间中增加自由度。

3）电源输出模式

（1）直流电源与交流电源比较。电源及其输出控制模式确定了微弧氧化过程中电压输出的方式，进而决定了作用于单个微弧放电的能量分布与持续时间。使用直流电源时，难以调节表面放电特性，使微弧氧化工艺的可控性受限；涂层表面及中间微孔尺寸大、数量多。与直流电源相比，使用交流电源时，该工艺运行更有效，涂层质量更高。

以铝合金为例，分别在直流电源和交流电源输出模式下进行微弧氧化，从起弧电压、电压-时间响应、放电火花、涂层形貌、生长速度、粗糙度等角度进行比较（表 13-1）。结果表明：交流电源较直流电源相比具有更低的起弧电压，可使涂层快速形成钝化膜，促进金属/涂层/电解液之间的界面反应，从而控制涂层孔隙率，加快涂层均匀致密地生长。从电压-时间响应来看，恒流下，直流电源产生的放电电压明显高于交流电源，高的放电能量不利于涂层均匀致密地生长，交流电产生的临界电流密度稳定，且微弧阶段时间较长，利于涂层均匀生长和致密性的提高。另外，直流产生的放电火花粗大、分散、不密集，火花尺寸增加快、密度低且容易形成橘黄色、黄色火花，并产生聚集放电，放电能量大，同时生成大量的气泡，对于涂层生长、致密性和质量产生不利影响；相比较，交流产生的白色火花，细小且均匀密集，尺寸增加缓慢，避免形成大的孔隙，利于提高涂层致密性。从涂层的宏观表面质量来看，直流电源制备的涂层宏观表面易于出现大的孔洞和缺陷，粗糙度较高，而交流电源制备的涂层表面平整，无大的孔洞和缺陷，粗糙度低。涂层表面/截面的微观形貌比较显示，直流制备的涂层在靠近金属/氧化物界面处形成大尺寸的孔洞、结节结构以及大的裂纹等，而交流制备的涂层，平整致密，只有小尺寸的孔洞和裂纹。就能耗而言，交流电源能耗更低。

表 13-1　直流电源和交流电源制备的微弧氧化涂层比较

电源模式	起弧电压	电压-时间响应	放电火花	宏观形貌	微观形貌	生长速度	粗糙度
直流电源	高	放电电压高	粗大、分散、不密集、橘黄色或黄色	大的孔洞、缺陷、不均匀的灰色表面有白色斑点	（表面/截面）处有大孔洞、结节结构和裂纹	较快	高
交流电源	低	放电电压低	细小、均匀、致密	均匀的浅灰色表面，平整，无大的孔洞和缺陷	（表面/截面）平整致密、小的孔洞和裂纹	较慢	低

（2）单极和双极脉冲模式比较。单极和双极脉冲模式可有效调控单个脉冲的输出，提高涂层致密度。特别是双极脉冲电源，具有正向输出和负向输出，可使涂层致密性及相关性能大幅度提高；双极不对称脉冲电源模式，通过正负脉冲幅度和宽度的优化调整，可对涂层结构进行调控，使涂层性能达到最佳，且绿色节能。

单极脉冲模式下等离子体电子温度在 3500～9000K 范围内，而双极脉冲下等离子体电子温度在 3500～6000K 范围内。控制或减少强放电对等离子体温度分布和涂层质量有积极影响。与单极电流模式相比，脉冲双极电流导致高温尖峰和平均等离子体温度的降低。单极电流模式制备的涂层有许多随机排列的薄饼状形貌和微孔结构，薄饼状形貌中心较大孔表明存在强放电。在双极脉冲电流模式，孔隙率小于单极电流模式，并且孔径更小，涂层更致密。通过使用双极电流模式可以降低强放电的数量和强度。这意味着增加脉冲的负极部分可以减少强放电，而减少强放电对涂层的微观结构具有显著的正效应，特别是在降低孔隙率和其他缺陷方面。单极脉冲电流模式制备样品的横截面外层存在大量连通的孔洞及其他结构缺陷，同时内层厚度不均匀，涂层容易出现大的、贯穿的裂纹，抛光截面时涂层容易断裂甚至剥落。而使用双极脉冲电流模式，可以平衡放电效应，T_{off}（中断）周期足够长，使任何局部熔融氧化物在启动其他脉冲之前冷却，T_{on}（运行）期间为烧结提供了充足的时间。因此，双极脉冲产生孔隙率小的且厚而硬的涂层，横截面表明基体/涂层界面几乎没有孔隙和缺陷。可见，通过使用双极电流模式，可以减少或消除基体/涂层界面处产生的强放电，涂层更致密、硬度高、耐磨耐蚀性能好。

而双向不对称脉冲微弧氧化时，正负脉冲交替工作，正脉冲峰值大于负脉冲峰值。负脉冲作用时可以使阴离子扩散到阳极附近，正脉冲作用时氧化反应更加充分。此模式下，涂层厚度减小，但涂层变得光滑、平整，粗糙度降低，耐蚀度提高。而且，负脉冲个数越多，涂层厚度越薄，表面粗糙度越低。正负脉冲的电流密度比值也是影响涂层性能的重要因素，当该值增加时，涂层的显微硬度、耐蚀性呈先增大后减小的趋势，因而存在一个最优的电流密度比。

4）微弧氧化电源选用原则

微弧氧化电源对成膜过程和涂层性能的影响主要表现在成膜效率、涂层的厚度、致密性和均匀性等几方面。对于不同材料和溶液配方及技术指标，对电源的要求也有所不同，所以为了适应不同的生产条件，要求电源应具有很高的适应特性。同时为了能够在工业生产中长时间安全稳定运行，对电网基本不形成冲击，没有干扰和电污染并保持三相平衡，这就要求电源有较高的功率因数和效率。

根据涂层性能选择电源：针对热控、磁性、催化、生物医用、活性电极等性能需求，要求涂层具有大的表面粗糙度、大的比表面积，可选择直流或单极脉冲电源，并适当提高脉冲电压、电流密度以及增加氧化时间。针对高硬度、耐磨、抗腐蚀、抗氧化、介电绝缘等性能需求，需要涂层致密、缺陷少、表面光滑平整，可选择双极脉冲（非对称式）电源，使放电火花均匀致密（提供负极放电、"软火花"放电等），并适当降低脉冲电压、电流密度以及减少氧化时间，也可以控制电参数，采用多步骤升压方式，初期高电流密度使涂层均匀致密快速生长，后期低电流密度对多孔层的孔洞和缺陷进行弥补和愈合。

根据工件面积选择电源：一次性成型微弧氧化工件的面积与微弧氧化设备的功率是成正比的。因此，要根据工件面积计算电流密度，在设备功率允许范围内，建立稳定的等离子体条件，工件表面尽可能长时间处于微弧放电状态，使其均匀致密生长。

以下为常用单极性微弧氧化电源（表13-2）、双极性微弧氧化电源（表13-3）、微弧氧化与抛光一体化电源（表13-4）（12.3.6节提及）的具体参数。

表 13-2　单极性微弧氧化电源参数

编号	型号	额定电流/A	最高电压/V	最大峰值电流/A	频率范围/Hz	脉宽范围/μs
1	HT-20A-0	20	700	400	50～1000	50～500
2	HT-50A-0	50	700	500	50～1000	50～500
3	HT-100A-0	100	700	1000	50～1000	50～500
4	HT-200A-0	200	700	1200	50～1000	50～500
5	HT-300A-0	300	700	1500	50～1000	50～500
6	HT-500A-0	500	700	2500	50～1000	50～500

表 13-3　双极性微弧氧化电源参数

编号	型号	额定电流/A	最高电压/V	频率范围/Hz	脉宽范围/μs	正反向脉冲比
1	HT-20A-1	+20/-10	+700/-260	100～1000	50～500	1∶1～1∶10
2	HT-50A-1	+50/-25	+700/-260	100～1000	50～500	1∶1～1∶10
3	HT-100A-1	+100/-50	+700/-260	100～1000	50～500	1∶1～1∶10
4	HT-200A-1	+200/-150	+700/-260	100～1000	50～500	1∶1～1∶10
5	HT-300A-1	+300/-200	+700/-260	100～1000	50～500	1∶1～1∶10
6	HT-500A-1	+500/-300	+700/-260	100～1000	50～500	1∶1～1∶10

表 13-4　微弧氧化与抛光一体化电源参数

编号	型号	额定电流/A	最高电压/V	频率范围/Hz	脉宽范围/μs	正反向脉冲比	抛光电压/电流输出
1	HT-20A-1P	+20/-10	+700/-260	100～1000	50～500	1∶1～1∶10	500V/20A
2	HT-50A-1P	+50/-25	+700/-260	100～1000	50～500	1∶1～1∶10	500V/50A
3	HT-100A-1P	+100/-50	+700/-260	100～1000	50～500	1∶1～1∶10	500V/100A
4	HT-200A-1P	+200/-150	+700/-260	100～1000	50～500	1∶1～1∶10	500V/200A
5	HT-300A-1P	+300/-200	+700/-260	100～1000	50～500	1∶1～1∶10	500V/300A
6	HT-500A-1P	+500/-300	+700/-260	100～1000	50～500	1∶1～1∶10	500V/500A

电源系统具有的其他功能参数如下。

（1）脉冲个数（频率）：100～1000Hz 连续可调。

（2）脉冲宽度：50～500μs 连续可调。

（3）输出电压：0～700V 连续可调。

（4）输出峰值电流：设定范围内连续可调。

（5）微弧氧化处理或抛光处理连续可调，处理完毕报警提示。

（6）工作方式：手动控制运行方式和微机全自动控制运行方式（恒压和恒流）。

（7）电源自动记录数据并可输出。

（8）电源系统具有较高的稳定性和可靠性，操作简单，工艺参数设定修改方便，具有显示直观，有过流、过压、短路、缺相、过热等多种保护及声光报警功能，对主板等核心元器件优先保护。

（9）采用可靠的绝缘及接地措施，输送电缆采用绝缘输送，杜绝漏电伤人现象。

（10）触摸屏操作平台与手动按钮操作两种操作方式。

（11）电源内部的功率器件采用水冷和风冷方式，安全可靠。

（12）自动数据采集系统。

13.2.2　微弧氧化生产线控制系统

微弧氧化生产线控制系统可控制自动上下料、温度、各种槽体在线检测、时间与电源联动。微电脑自动控制系统可实现自动或手动控制，可任意设定加工电流、电压、时间、频率及脉冲组合，以及各种工艺参数，具有在线可编程功能，单、双极性输出方式可任意选择；具有典型材料工艺参数储存和调用功能（包括电流、电压、频率、脉冲宽度/个数、加工时间等），通过接口可与外接计算机传输通信。全自动微弧氧化线已实现无人值守、在线监控和智能化操作。

13.2.3　生产槽线系统

生产槽线系统包括除油槽、水洗槽、超声波槽、微弧氧化槽（按需配置）、行车（行架、踏板）、微弧氧化槽制冷机、烘箱/排风与其他辅助设施。批量生产重要的是监测微弧氧化槽溶液的 pH 值、电导率、温度变化，因此将 pH 值测定传感器、电导率传感器、温度传感器电信号采集等集成在电源面板上实时显示测量，当 pH 值或电导率波动超过一定值时，添加 pH 值或电导率调节剂进行溶液补充校正。火花放电涂层生成过程中产生的热会加热槽液，为保证电解液制冷时不混液污染，确保涂层质量，需要氧化槽（钛合金与铝合金，图 13-3）各配置 1 台制冷机，使溶液温度控制在确定的工艺规范范围内（≤40℃）。行车可以是非标定制设备，尤其是在特殊环境、特殊功能或特殊尺寸需求的场景下。

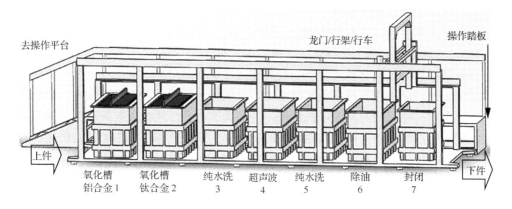

图 13-3 微弧氧化槽线系统

13.3 微弧氧化生产线辅助装置

微弧氧化生产线中添加特殊的辅助装置，可实现微弧氧化涂层的高效率致密化、局部区域快速修复、不受电源功率低制约的大面积工件连续扫描式氧化，解决工程应用中的难题。

1）滚筒刷式阴极微弧氧化装置

为了实现不受电源功率低制约的大面积工件连续扫描式氧化，设计滚筒刷式阳极微弧氧化装置。通过滚筒刷式阴极在阳极工件表面的来回滚刷，实现工件表面由局部到整体的微弧氧化处理。该装置包括：滚筒刷式阴极、溶液回收装置、微弧氧化电解液、电解液箱、潜水泵和循环冷却水槽。滚筒刷式阳极微弧氧化装置的连续作业可实现对大体积大面积工件或难拆卸设备表面的微弧氧化处理，以及对其中局部破损区域的快速修复。

2）超声微弧氧化装置

为了提高微弧氧化涂层生长速率与致密性，在微弧氧化电解槽中设计超声波装置。超声波换能器置于电解池内，在微弧氧化过程中于微弧放电微区引入超声波能量，提高传质效率和陶瓷涂层致密性。

3）喷射式阴极装置

采用小功率小型微弧氧化电源装置和新颖的喷射式阴极，解决传统的浸入式微弧氧化工艺不能用于外场大面积构件局部修复用涂层制备的问题。喷射式阴极设置有进液接口、出液口以及接线柱，喷头通过接线柱与电源的阴极电连接，喷头的内部还设置有空腔，进液接口、出液口分别与空腔连通，进液接口通过第一输送管与循环泵连接。利用喷射式阴极喷出电解液对局部部位或待修复区域进行微弧氧化处理。相同电参数条件下，喷射式微弧氧化电流密度略高于浸入式氧化，生长的涂层厚度稍低于浸入式氧化，喷射式与浸入式微弧氧化涂层生长规律一致。

　　4）旋转阳极微弧氧化装置

　　旋转阳极微弧氧化装置适用于大尺寸回转化（桶形）工件的连续微弧氧化。用工装将回转体工件支于电解槽上方，并保持回转体工件局部区域浸入电解槽的电解液中；将工装与调速电机连接，开启调速电机，通过工装带动回转体工件匀速旋转；以回转体工件浸入电解液的部分作为阳极，以不锈钢板作为阴极，对回转体工件进行局部浸入式连续微弧氧化处理。该装置减小了大尺寸工件整体处理时对槽体与电源功率的要求，降低了处理电流，节约了能源。

　　5）扫描式阴极微弧氧化装置

　　设计扫描式阴极微弧氧化装置，包括：定制加工槽，加工槽的上口两侧分别固定导轨，导轨上通过滚轮、电机架固定电机，电机输出轴通过皮带轮、皮带驱动滚轮，电机架的下端通过连杆固定电极，电极浸在槽内电解液中，电解槽内底的绝缘支座上放有工件。通过连续扫描式微弧氧化解决了受电源功率低制约大面积工件均匀制备的难题。

13.4　本章小结与未来发展方向

　　本章介绍了微弧氧化生产线与辅助装置，为生产实践提供参考。未来研究仍需要关注如下几个方面：从大规模生产角度出发，继续通过溶液与电参数调控或复合涂层工艺，来强化各种功能特性；精细工艺集成、智能化制造与装备的人机对话选控将为推动应用插上翅膀；不同功能化涂层的国家（企业）标准需尽快建立，为推动应用提供设计依据。

第14章 微弧氧化工艺技术80问

本章总结提炼了微弧氧化工艺技术80问答，从微弧氧化一般问题、工艺问题与性能问题三个方面，以一问一答的方式，为初学人员或工程实践人员答疑解惑。

14.1 一般问题

问题1：什么是微弧氧化技术？

微弧氧化技术，是将金属浸入碱性（或酸性）电解液中，通过施加高电压使金属表面发生击穿微弧放电，在放电微区的局部高温高压和强电场作用下金属基体发生氧化，进而在金属表面形成以基体元素氧化物为主、电解液所含元素参与掺杂/混合改性的功能化陶瓷涂层。金属表面涂层的组成、结构与性能，可通过电解液成分与电参数匹配进行优化设计，进而获得一系列高技术需求的特殊功能化涂层（如耐磨减摩、抗腐蚀、热防护、热控、介电绝缘、催化、生物活性等）。

问题2：微弧氧化技术适用于什么材料表面处理？

微弧氧化特别适用于轻金属（铝合金、镁合金、钛合金）及其复合材料，用于提高抗腐蚀、耐磨等性能，也应用于锆合金、铌合金、钽合金及钨合金等。最近也探索应用于钢、铜、锌合金及其他黑色金属，但因耗能大、涂层结合强度低等受到一定限制。开发新的特殊工艺提高涂层质量仍然是研究的方向。

问题3：微弧氧化处理技术有何特点？

微弧氧化涂层与金属基体呈冶金结合，膜基界面结合强度高（一般 > 30MPa），涂层结构致密、韧性高，具有良好的耐磨、抗腐蚀、耐高温冲击和电绝缘等特性。该技术具有操作简单、易于实现涂层功能调节的特点，而且工艺不复杂，环境污染小，是一项绿色环保型材料表面处理技术。

问题4：未来微弧氧化技术发展趋势？

主要集中在微弧氧化技术基础理论的深入研究与完善，微弧氧化技术装备，超大型复杂金属构件均质微弧氧化技术，低能耗微弧氧化工艺，微弧氧化复合处理技术，工艺数据库系统及智能自动化。

问题5：微弧氧化是低成本涂层工艺吗？

相比于传统阳极氧化工艺，微弧氧化涂层生长速率高、无须复杂严格的预处理或后处理工序、基本上无危害性废液，因此是极具成本效益的解决方案。微弧氧化处理通过提高零部件的耐久性，为客户增加高附加值；因无须前/后处理工艺，可节约处理成本；陶瓷涂层中不含重金属，处理后的零部件也可轻松回收使用。

问题 6：微弧氧化的成本与其他技术相比如何？

因情况而异，与化学转化膜相比成本略高，但一般来讲，微弧氧化成本效益较高，因为其优越的性能意味着可以使用更薄的涂层（更短处理时间）。特别是对于大批量、大规模生产，使用高自动化的微弧氧化设备，可进一步降低生产成本。

问题 7：带有阳极氧化膜的合金，还可以进行微弧氧化处理吗？

带有阳极氧化膜合金可以直接进行微弧氧化处理，涂层质量也较好。但仍建议先进行化学或机械除膜处理，就可以像新品一样进行微弧氧化。已经做过微弧氧化处理的铝合金，也可以经过除膜处理后，再次进行微弧氧化，效果一样好。

问题 8：微弧氧化涂层外层疏松多孔，粗糙度较大，实际应用过程中需要去除吗？

这个主要看实际应用需求，对粗糙度没有要求的零部件而言，外层疏松层是不需要去除的。对粗糙度有要求的零部件，需要将这一层去除。特别是针对相对运动构件，微弧氧化内层摩擦系数更低，更利于实现耐磨减摩动密封性能。

问题 9：用微弧氧化处理 $1dm^2$ 表面积的成本是多少？

成本由许多变量决定，因此不好估计，大概在 5～8 元/dm^2 范围。其中变量包括：零件的复杂程度、几何形状；不同合金种类；使用的机器尺寸；零件数量；待处理零件的状况；电解液成分种类；对微弧氧化涂层性能的需求（包括厚度、硬度、结合力、耐磨等）。

问题 10：微弧氧化工艺是否可以工业规模使用？

微弧氧化工艺已在欧洲、北美洲和亚洲被许多经验丰富的表面处理公司使用，以处理各种行业零件的批量生产。迄今为止，最大的民用领域包括 3C 电子产品壳体、汽车用内饰、太阳镜、手动工具、铝活塞和用于建筑立面的建筑面板；航空航天、船舶应用领域包括各种轻量化金属（铝合金、镁合金与钛合金）的抗腐蚀结构件、耐磨密封的动部件、热控功能的各种光学部件、热防护的高温部件等。

问题 11：微弧氧化涂层在金属表面的生长规律？

微弧氧化涂层的生长增厚过程是一个既向内扩展又向外延伸的过程。在生长过程中，涂层的厚度不断增加（生长速率先提高后下降）。在微弧氧化初期，涂层主要向外生长，随处理时间延长，涂层主要以向内生长为主。

问题 12：微弧氧化涂层是由哪些物质构成的？

微弧氧化涂层一般由金属基体及其合金元素的氧化物结晶相和少量的无定形氧化物组成。对于铝合金表面微弧氧化涂层，晶体物相主要是 α-Al_2O_3（刚玉）或（和）γ-Al_2O_3 的混合物，有时也包含莫来石相与少量非晶相，这些相的相对比例随所用合金和加工方式而变化。镁合金微弧氧化涂层的主要结晶相为 MgO 和 $MgAl_2O_4$（$MgSiO_4$）相。钛合金微弧氧化涂层的主要晶体相为金红石或（和）锐钛矿型氧化钛以及 Al_2TiO_5 相，有时包含一些 SiO_2 非晶相。

问题 13：微弧氧化生产应用中需要常备的检测设备包括？

涡流测厚仪、粗糙度测试仪、pH 计电导率测试仪、显微硬度仪等。

问题 14：什么类型的微弧氧化电源值得推荐？

微弧氧化电源分为直流、单脉冲、交流、不对称交流、双向不对称脉冲电源等多种模式。目前推荐双向不对称脉冲电源，因其脉冲电压特有的可调节中断效应，并引入负脉冲，给涂层均匀生长提供反应时间，且易于形成温和的火花放电，即"软火花"，使涂层不断熔融、冷凝、弥合，显著提高涂层致密性。同时，通过正负脉冲幅度和宽度的优化调整，使微弧氧化涂层性能达到最佳，并降低能耗。此外，一个先进的微弧氧化电源应具备：全桥逆变、双极脉冲（可选）、占空比宽、电流大（根据产品）、频率选择宽、工艺控制智能化等优点。

问题 15：脉冲电源的设计应该满足什么条件？

①能提供高电压和大电流输出，具有高的电能转换效率；②输出电压上升和下降速度快、持续时间短的脉冲电流或电压；③可以实现脉宽、频率、幅值和占空比等电参数单独可调，确保获得优质陶瓷涂层，同时操作安全、可靠、方便。

14.2 工 艺 问 题

问题 1：微弧氧化处理前，金属零部件需要预处理工艺吗？

金属零部件的预处理工艺不是必需的，但金属表面有明显的杂质污染（如膛铣加工后含 Fe 残留的加工表面），必须通过酸洗等方法进行去除，以免影响正常起弧放电，或影响放电工艺稳定性及涂层均一性。一般来说铝合金表面污染对微弧氧化工艺影响小，但为使电解液保持长期稳定，建议采取除油-水洗工艺进行预处理；为获得更好的耐蚀性，铸镁部件需除油和化学腐蚀以移除残留物；对于钛合金表面钢质刀具加工后 Fe 残留或有 Fe 渗层，需 $HF-HNO_3$ 混合溶液酸洗去除。

问题 2：微弧氧化工艺是否环保？

区别于传统的阳极氧化、硬质阳极氧化、镀 Cr 等工艺（溶液中含有环保限制性元素），微弧氧化工艺属于环保型工艺，一般工程上专用电解质溶液不含铬或其他重金属元素。但制备某些特殊功能涂层时，需要加入功能性添加剂（如 H_2O_2、Cr^{3+} 盐、氟化物、部分酸、强碱、强氧化性盐等），此时需要考虑溶液环保处理。

问题 3：微弧氧化涂层的生长速度快吗？

涂层生长速度取决于金属合金成分。铝合金上微弧氧化涂层的生长速度为 $0.2\sim2\mu m/min$；镁合金上微弧氧化涂层生长更快，一般为 $1\sim5\mu m/min$，最高可达 $8\mu m/min$；钛合金上微弧氧化涂层的生长速度为 $0.5\sim2\mu m/min$。电源模式、电参数、电解液成分都显著影响涂层生长速率。例如，单极脉冲生长速度最低，双极脉冲生长速度比单极脉冲高，工频直流生长速度最高，但耗能高，涂层表面疏松、结合强度差。与阳极氧化相比，微弧氧化工艺通常可以省去许多预处理工序，进一步提高生产效率。另外，实际工程应用中应根据涂层厚度与表面质量的需求，选择合适的金属合金、电源模式与工艺参数。

问题 4：影响微弧氧化涂层生长速度的因素有哪些？

影响因素包括：金属合金成分、电解液体系、零件尺寸、溶液温度、电源模式及其控制规范。

问题 5：微弧氧化适用于盲孔或细长孔部件内壁生长涂层吗？

适用。在无辅助阴极的条件下，一般微弧氧化涂层在盲孔或细长孔部件内壁生长的深度是孔直径的 2～3 倍（孔直径最好大于 2mm）。如需要在长纵深比孔的内壁均匀生长涂层，则需要设置辅助阴极增强孔内辐射电场均匀性，同时保证孔内电解液流动，以有效降温。对于细长管内壁生长均匀涂层，微弧氧化工艺相比于传统阳极氧化工艺有明显的优势。

问题 6：一种微弧氧化电解液可以用于不同的金属合金吗？

适用。铝合金、镁合金、钛合金及其他金属合金均有专用的电解液体系与配方。对于同一种金属合金来说（如铝合金），同一种专用电解液配方，一般可用于不同成分（牌号）的铝合金。但铝、镁、钛及其他金属合金的专用电解液，在不同类型金属之间适配性较差。总体来说，电解液对铝合金的适用性强。

问题 7：同一种电解液配方在同一种金属不同牌号合金上的涂层颜色一样吗？

可能有颜色差别。不同牌号（如铝合金）的成分不同，特别是一些合金化元素（Cu、Si）等影响放电过程，进而影响涂层的成分与物相组成、表面粗糙度等，会引起表面颜色的差异。另外，调控钛合金的不同成分也可获得不同颜色的陶瓷涂层，例如，含 Cr、Cu、Mn 和 V 元素的钛合金微弧氧化涂层呈黄色，含 Au 的钛合金微弧氧化涂层呈紫色，含 Mo、Nb 和 Zr 的钛合金微弧氧化涂层呈浅灰色等，这对于微弧氧化涂层的美学要求的部件（如植入体、3C 产品外观）具有指导价值。

问题 8：微弧氧化涂层是否可定制不同颜色？

不同金属合金（如铝合金、镁合金、钛合金等）的颜色，将根据基材金属中的合金元素而变化（常规颜色），也可通过电解液加入特定的颜色改性剂，调控出需要的颜色（改性颜色）。但可调控颜色的范围受限，特别是需要昂贵的特殊金属离子着色。不同金属合金的典型涂层颜色如表 14-1 所示。

表 14-1　不同金属合金的典型涂层颜色

合金类型	常规颜色	改性颜色
铝及其合金	白色、灰色	红色、棕色、黄色、橘色、浅蓝色、黑色、绿色
镁及其合金	白色、灰色	黄色、黑灰色、黑色
钛及其合金	灰色、浅黄色	黄色、棕色、深棕色、白色、黑色、咖啡色、紫色

问题 9：微弧氧化可以处理的零部件最大面积多大？

取决于微弧氧化加工设备的电源模式与电源功率，一般 500A 的单极脉冲电源，标准的微弧氧化电解液可以处理的部件最大面积为 6~8m²。处理面积也受金属合金成分的影响，同样条件下，纯金属（如纯铝）处理面积要大于其合金。要处理更大面积的部件，需要设置移动式阴极或喷射式阴极，实现小功率电源不受面积限制的涂层制备，该方式牺牲了生产效率，同时对涂层生长均匀性有影响。

问题 10：大型、复杂零部件的微弧氧化处理需要注意些什么？

工件面积与微弧氧化设备功率成正比，需要计算使用多大功率的设备与工件进行匹配；配套夹具的制作，要求是使电流均匀分布在零件每一个需要处理的部位；通过适当提高电解液电导率在保证涂层致密性高的前提下，提高涂层厚度；电解液 pH 控制在 9~13 较好；前期采用大电流密度使涂层快速生长，后期采用小电流密度提高涂层致密性；根据工件复杂程度及性能要求，选择适当的处理时间。

问题 11：不需要处理的局部区域可以遮盖屏蔽吗？可以局部微弧氧化吗？

可以通过使用遮罩保护（如特种涂料、胶泥或塑料膜）以绝缘并屏蔽电场，使不需要处理的区域不生长涂层。同时相反，也可以通过其他区域遮蔽，使局部暴露区域生长涂层。

问题 12：微弧氧化脉冲交流电和正弦交流电对铝合金表面涂层组织/性能的影响？

对铝合金表面微弧氧化涂层而言，两种不同电源模式下最后得到 α-Al_2O_3 和 γ-Al_2O_3 相的比例差别很大。脉冲条件下涂层在膜厚很小的情况下出现 α 相，最后得到 α-Al_2O_3 达 80%，而正弦交流电情况下涂层中 γ-Al_2O_3 达 80%。由于 α 相比 γ 相硬度高，因此脉冲条件下获得的微弧氧化涂层硬度和耐磨性更高。

问题 13：微弧氧化涂层中裂纹等缺陷的产生原因与预防对策？

裂纹产生原因主要是：金属与其表面陶瓷层的线性膨胀差异、微弧氧化反应过程中氧化层产生的内应力、突出部位微弧氧化层的生长开裂（边角处放电集中）。

预防对策：①利用合金中的第二相分布、提高表面粗糙度、增大孔隙率等方式来提高微弧氧化涂层的线性膨胀系数；②利用低电压、低电流密度（控制电解液温度在 40℃ 以下）形成较薄的微弧氧化涂层来控制内应力；③改善微弧氧化的工艺参数、电解液成分或与其他工艺相结合的方法来预防微弧氧化涂层中的裂纹。

问题 14：科技论文中研究的微弧氧化涂层工艺，在企业工程应用中很难推广，为什么？

实验室中的试样都是规则的长方形、正方形、圆形，在微弧氧化前，经过打磨、抛光、清洗等预处理。而企业中的产品，很多是大工件，且形状复杂，表面有很多加工孔、螺纹、凹坑等。这些边角效应是很影响加工的。因此，科技论文中公开的一些特殊涂层改性的方式，在实际工程应用中依旧存在问题。

问题 15：微弧氧化涂层为何要进行封孔处理？

针对更加严苛的服役环境，例如长期承受海水腐蚀、交变或冲击载荷等，一般需要提高微弧氧化涂层的耐蚀性、耐磨性以及其他功能特性，故而进行封孔处理。

问题 16：什么是微弧电泳复合处理工艺？

将微弧氧化与电泳技术的特点相结合，先利用微弧氧化处理形成厚为 10μm 的多孔陶瓷涂层，以其作为电泳基体，在 pH 为 5～6.5 的酸性溶液中，电压 30V、时间 1min 的电泳条件下制备电泳层。最后烘干固化，使固化剂与成膜物质发生交联固化反应，形成稳定的电泳有机层，进一步提高金属耐蚀性、耐磨性及装饰性。

问题 17：工件材质及表面状态会影响微弧氧化涂层生长吗？

微弧氧化对基体材料要求不高，不管是铜含量或是硅含量高的难以阳极氧化的铸造铝合金或镁合金，只要阀金属比例超过 40%，均可用于微弧氧化，且能得到理想涂层。表面状态一般不需要经过抛光处理。对于粗糙的表面，经过微弧氧化，可修复得平整光滑；对于粗糙度低（即光滑）的表面，则会增加粗糙度。

问题 18：合金中的杂质和其他元素会影响微弧氧化涂层质量吗？

一般而言，合金中杂质和其他合金元素含量增大，会使微弧氧化涂层厚度降低、粗糙度增加，涂层变得更加疏松，或形成"絮状"结构，甚至出现"掉粉"现象。例如铝合金中的铁、锌、铜等元素的增多就有明显的负面影响，它降低涂层厚度和致密度，增大孔隙率。硅元素虽不如上述元素的负面影响大，但当硅含量超过一定值后，也会使涂层变得薄而疏松。

问题 19：微弧氧化可以处理 Si 含量高的铸造铝合金吗？

可以处理，但材料中硅化物尺寸大小、分布、含量影响微弧放电均匀性，是导致在微弧氧化涂层中形成不规则特征的主要物质。随着硅含量增加，这些特征变得更大。同时，硅元素的存在阻碍了铝与氧的反应及氧化膜的扩散，并可能发生点蚀。但当硅化物处于精细分散状态时，微弧氧化可处理硅含量＞30%的合金。合金或复合材料中的硅含量越高，涂层的均匀性、致密性和硬度值越低。

问题 20：微弧氧化在处理 Si 含量高的铸造铝合金时，应注意什么？

由于含硅量高的硅铝合金应用很广，利用微弧氧化技术对其进行表面改性时，应充分注意到硅元素的影响。这种情况下，可以用侵蚀性相对较小的电解质配制电解液，而且硅铝合金工件在电解液中停留时间不宜过长，否则硅元素有从合金表面被腐蚀掉的危险。较适宜的措施是在限制氧化处理时间的同时，较大幅度增大电流密度，甚至可以比纯铝微弧氧化时的电流密度提高 4～5 倍。

问题 21：微弧氧化可以处理含增强相（SiC、碳纤维等）的金属基复合材料吗？

可以处理。通常，金属基体中的增强相会影响微弧放电过程而导致低的涂层生长效率。另外，微弧氧化涂层生长和增强相的导电性密切相关。例如，具有阀金属特性的第二相有利于微弧氧化的进行；不导电陶瓷相（Al_2O_3）对涂层连续生长有一定阻碍作用，但影响较小；具有一定导电性的第二相（SiC）阻碍微弧氧化涂层的生长；导电性较强的第二相（碳纤维），成为电流泄露的通道，使微弧氧化无法进入到火花放电阶段，导致难以形成完整的微弧氧化涂层。

问题 22：微弧氧化处理的涂层表面还能精细加工吗？

可以的。达到抛光效果或需要精细加工到所需的尺寸精度，可以采用金刚石、碳化物研磨或其他抛光手段来加工微弧氧化涂层表面。

问题 23：可以在微弧氧化层的表面制备其他涂层吗？

微弧氧化涂层表面微米级孔隙为其他涂层的制备提供理想的浸渍或附着位置，以提高膜基结合强度。常见后处理示例包括金属化、PTFE 或其他润滑剂浸渍、黏结剂黏结以及一系列工业沉积（CVD/PVD）工艺，可制备多种功能强化涂层。

问题 24：微弧氧化涂层（特别是复杂零件）为何产生色调不均或白色/黑色斑点？

①与金属合金成分有关，Si 或 SiC 含量高，特别是 40%以上，会造成涂层色调不均；②铝、镁、钛及其合金都有专用电解液配方，若两者不匹配则会出现上述现象；③复杂零件边缘效应造成电流集中，产生尖端放电导致涂层烧蚀。

问题 25：微弧氧化电解液体系需要具备哪些条件？

①能使基体表面迅速形成高阻抗氧化膜以满足起弧条件；②通过调节电解液的电导率以保证生长出致密陶瓷涂层；③陶瓷涂层的生长增厚并不主动消耗溶质元素，起弧后溶质元素的作用主要转为对溶液电导率的调整，当然也会有溶质元素参与放电微区反应。

问题 26：微弧氧化过程中，微弧放电发生的必要条件是？

随着电压的升高，样品表面首先形成具有一定阻抗的钝化膜，这是微弧放电发生的必要条件，起弧前钝化膜的元素组成为电解液中溶质元素的氧化物。另外，基材种类虽对起弧瞬间钝化膜的阻抗值影响不大，但显著影响着起弧等待时间、单脉冲起弧功率这两个电量消耗参量及沉积层的物质结构。

问题 27：进行微弧氧化处理前，是否需要利用其他金属板材在新配置电解液中先进行微弧氧化以"激活"电解液？

最好先"激活"电解液，同时持续搅拌电解液。因为刚配置的电解液温度低，离子迁移率较低，且可能存在未溶解的盐。而且在微弧氧化前期容易出现离子迁移速率低的情况，导致涂层生长缓慢，从而不易形成均匀致密的涂层。

问题 28：电解液稳定性问题？

在微弧氧化工艺研究中电解液稳定性问题是困扰企业和亟待解决的难题。这是由于微弧氧化电解液中的主要成分在存放过程中会因聚合或水解反应而发生改变，需要在使用一定时间后重新配置。不能像阳极化或电镀槽液那样，通过调整部分组分来调整微弧氧化电解液。另外，调研发现每天连续进行微弧氧化处理，铝合金电解液仍可以在无须补充溶质元素的条件下长期循环使用，似乎表明微弧氧化陶瓷层的生长不消耗溶质离子。与之相反，即使正在使用中的镁合金微弧氧化电解液，虽连续使用并不需补充溶质元素，但短时间停止使用 1～2 天后再用，将很难起弧或根本不能起弧。因此，电解液稳定性问题需要进一步深入研究。

问题 29："软火花"放电模式指的是什么？对于制备均匀致密的微弧氧化涂层和提高性能是否有帮助？对于降低能耗是否有帮助？

"软火花"放电是在双极脉冲下添加负向电压，使阳极电荷与阴极电荷的比例小于发生转变的单位（即大的阴极比阳极的电荷转移速率），从而产生"软火花"放电。"软火花"放电模式表现出阳极电压降低、瞬态电流-电压曲线滞后、声发射降低以及等离子体放电分布更加均匀等特征，能有效避免产生大的、贯穿的孔结构，有助于形成致密的涂层。此外，"软火花"放电强度较小，耗电量均匀分布在整个涂层，没有聚集强放电且电流密度和损耗较低，引起相当大的工业兴趣。

问题 30：微弧氧化生产中，针对不同结构的复杂工件，夹具应如何设计与应用？夹具与工件电位不同是否可以使用？（例如：铝-钛接触容易产生电偶腐蚀）

夹具的设计准则是保证在微弧氧化处理过程中电流均匀流过零件每一个需要处理的部位，这样的话，工件表面会均匀成膜。即使部分位置会出现不均匀现象，利用夹具的形状可以避免局部电流过大，出现烧蚀现象，保证零件的完整性和均一性。一般而言，夹具与工件的金属类型最好保持一致。当然，也可以不一致，但夹具最好也是阀金属（铝合金夹具较为常见），这样不会导致大量电流直接导通到溶液中（耗能）。此外，铝因接触钛夹具导致腐蚀是钛夹具与铝合金的腐蚀电位差引起的异种金属接触腐蚀。众所周知，钛夹具暴露面积比越大，越容易引起接触腐蚀。因此，尽量减少暴露在表面处理溶液中的"钛夹具表面积"，以减轻接触腐蚀。同时，利用绝缘胶带、绝缘热缩管等绝缘处理金属容器支撑夹具的位置（使暴露面积越小越好）也是比较好的办法。

问题 31：复杂形状金属制品微弧氧化处理时电流分布不均的对策？

对复杂形状的金属制品进行微弧氧化处理时，要使电流在制品全部处理表面均匀通过，考虑电流分布是特别重要的。为此，应注意以下几点。

①与阴极的距离尽可能维持稳定；②阴极形状有时以等距离围绕金属制品配置；③与阴极的表面积比，一般处理面积/阴极面积（≤1/24）搅拌槽液，使其均匀接触制品，用槽液循环法和搅拌法吸收产生的氧化热；④根据制品形状，需要对中空形状制品进行内表面处理时，可插入辅助阴极，以稳定微弧氧化膜的生长；⑤在复杂形状的微弧氧化处理中，应特别注意电流集中引起涂层表面烧蚀的问题，因此升压时间要比平时长一些，电压不能太高，处理时间不宜太长。

问题 32：微弧氧化的后处理是必需的吗？

不是必需的。因为微弧氧化涂层本身就具有优异的功能特性，满足部分工程应用需求。特别是可以根据零件性能要求，合理设计微弧氧化涂层成分、结构，获得高结合强度、耐磨、耐蚀、热防护等多功能性。当然，将金属表面微弧氧化与其他表面处理技术相结合，可以进一步提高涂层的使役性能和应用范围。

问题 33：工件在工作场所发生局部擦划伤或磨损如何进行表面修复？

当出现上述问题，应该送回工厂进行修复。但对于部分大型零件或无法拆卸的设备零部件，则无法实现送回原厂进行修复。因此，在实际工程中需要设计制造一种便携式的小型微弧氧化装置以及可以实现局部微弧氧化的修复工艺。

问题 34：微弧氧化处理大型复杂工件时，前期电流密度较小，微弧氧化反应比较稳定，但之后电压出现升不上去的现象是什么原因？有无解决对策？

原因：阳极连接线和工件接触不良；工件部分位置出现"漏电"，将大部分电流流入到电解液中，导致电压上不去；前期升压速度太慢，工件已经生长了较厚的氧化膜，导致电压无法击穿涂层，电压升不上去。

对策：微弧氧化处理前要严格检查接线，保证安全接线，接触良好；复杂工件（孔、凹坑等）容易出现"漏电"现象，因此要实现密封不能让"漏液"导致电流直接流入电解液中；建议前期升压速度快一些，这样不仅可以使涂层快速生长，而且能保证高电压击穿介质涂层，实现击穿-通道-熔凝效应使涂层均匀致密生长。

问题 35：如何按需定制微弧氧化涂层微纳米孔结构以满足不同应用领域？

（1）构建孔：大尺寸孔采用直流或单极脉冲；适当提高电流密度、增加氧化时间；提高电解液电导率，掺杂特定改性剂；多步复合扩孔（酸化、氟化、腐蚀）等；小尺寸孔采用双极脉冲（非对称式）；适当降低电流密度、减少氧化时间；调节电解液电导率；多步复合缩孔（掺杂、填充）、外场辅助等。构建多级微纳米孔：采用多步升压工艺方式；调节电解液电导率和掺杂特定添加物。

（2）消减孔：调节电源模式，使放电火花均匀致密（如采用双极脉冲、提供阴极放电、"软火花"放电等）；调控电解液成分，构建自封闭或自愈合的物相结构；控制电参数，采用多步骤升压方式，初期高电流密度使涂层快速生长，后期低电流密度对孔隙和缺陷进行弥补和愈合；多步复合处理（超声辅助、水热、水汽、旋涂、浸渍等）进行封孔处理。

（3）预制工艺孔：利用微弧氧化涂层表面独特的工艺孔结构，进而控制孔尺寸、形貌以及分布，以匹配后处理改性技术增强或赋予新的功能特性。

问题 36：微弧氧化技术处理 3D 打印零件的过程需要注意什么？

①需要酸洗 3D 打印零件表面，实现去毛刺、去除残留粉、表面氧化物及缺陷等；②针对不同形状的 3D 打印工件进行夹具设计，满足其每一位置均匀生长涂层；③调节电解液成分浓度及 pH 以匹配 3D 复杂零件的均匀成膜；④严格控制溶液温度不能高于 40℃，并配备持续搅拌和持续冷却；⑤微弧氧化处理后利用去

离子水进行清洗，晾干。

问题 37：Ti、Al、Mg、Nb 等合金表面难去除的硬质涂层或者污垢的传统去除方法有哪些？

通常采用机械如擦洗或喷砂、化学或电化学法去除。针对化学法去除介绍如下。

（1）钛、铌合金表面涂层主要采用氢氟酸、硝酸混合酸（$HF : HNO_3 : H_2O \approx 1 : 3 : 10$）浸泡 1～10min（由涂层厚度决定）进行去除。

（2）铝合金表面氧化铝涂层主要采用热碱反应。将带有涂层的铝合金浸入到 80℃、浓度为 5mol/L 的 NaOH 溶液中反应 60s，随后超声清洗 30min 去除基体表面残留的反应产物。由于涂层成分主要为 Al_2O_3 相，易通过与热碱反应去除：$Al_2O_3 + 2NaOH \Longrightarrow 2NaAlO_2 + H_2O$。

（3）镁合金表面涂层主要利用浓铬酸（H_2CrO_4（铬酸粉末）$: H_2O \approx 2 : 1$），浸泡 1～5h 进行去除。

问题 38：绿色环保微弧-电解抛光去除技术对 Ti、Al、Mg、Nb、Cu 等合金表面毛刺、残留、氧化物、缺陷以及难去除的硬质涂层、污垢的抛光去除效果如何？是否可以大规模应用？

微弧-电解抛光/去除技术，是利用环保型低浓度的盐溶液，借助等离子体氧化疏化实现空化剥离，以达到对金属表面污染物以及不均匀涂层的高效抛光/去除技术。该方法在低浓度盐溶液中，通过精准控制电压和电解液温度，利用工件与电解液之间形成的稳定蒸汽包络层，发生电化学、化学反应实现金属表面平整化，具有很好的抛光/去除效果。同时，由于其操作简单、时间短（10min 之内）、效率高、安全系数高、环境友好等，在材料表面处理领域具有广泛的应用前景，有望大规模推广。著者团队已开发出微弧氧化与微弧-电解抛光一体化电源，即在一台电源设备上可实现微弧氧化模式、微弧-抛光模式的双重功能：微弧氧化模式实现微弧氧化涂层的生长；微弧-抛光模式实现金属表面的去毛刺/镜面抛光（如粗糙度由原始的 $Ra3\sim5\mu m$ 降低至 $Ra0.01\mu m$），还可以实现金属表面微弧氧化涂层或其他 PVD/CVD/PS 陶瓷涂层的去除，同时实现金属抛光。

问题 39：微弧氧化工艺对电源设备要求高吗？未来微弧氧化设备开发与发展？

微弧氧化工艺将工作区域由普通阳极氧化的法拉第区域引入到高压放电区域，极大提高了涂层的综合性能。由于对电压要求较高（一般在 300～700V），所以需要专用电源设备。现阶段国内普遍采用单极脉冲直流电源，该电源通过逆变将直流电变为脉冲输出，由于采用高频变压器使其体积、质量、效率均有所提高，但其缺点在于脉冲的幅度、频率、占空比等工艺参数在工作时不可连续调整，这样涂层质量会受到很大影响。微弧氧化技术要应用于大型复杂工件、大批量流水线生产，需大力发展多功能可调式、双极不对称脉冲性直流电源，且实现全自动化控制，以大幅提高微弧氧化设备的处理能力，提高涂层性能。

问题 40：微弧氧化技术目前主要在阀金属表面原位生长陶瓷层，而在钢铁材料表面则难以生长陶瓷层。在钢铁等非阀金属表面生长均匀致密的陶瓷层有希望吗？

有希望。国内外研究者已经陆续开展了一些有意义的初步探索，利用新的电解液配方，新的微弧氧化复合工艺在非阀金属表面制备出一系列陶瓷层，但涂层均匀致密生长与膜基结合问题依然存在，能耗也高，解决这些关键难题将是微弧氧化未来发展的一个重要方向。

问题 41：微弧氧化工艺参数复杂多变，是否可实现自动化，简化参数设置步骤？

完全可以，实现微弧氧化智能自动化、数字化转型是未来的一个发展趋势。因此，需要为设备建立工艺数据库，各个参数进行匹配整理。每个工艺中包含所有微弧氧化工艺需要设定的参数，调用一个工艺，就为每个参数指定设定值，大大简化微弧氧化初始的设置步骤，增强设备可用性。另外，运用计算机进行辅助设计的方法，根据零件性能参数的基本要求，将有关原始数据输入计算机，按编制的程序框图运行，得到所需的最佳工艺参数，包括工艺过程所需时间、电解液成分浓度及电流密度等，实现一种智能自适应环境，使涂层形成过程进行自优化。

14.3 性能问题

问题 1：微弧氧化涂层的硬度有多高？

铝合金微弧氧化涂层主要由氧化铝相组成，取决于使用合金和涂层厚度，其硬度范围为 1000～2300HV，在大多数锻造合金上约 1500HV 或更高，可与硬质合金相媲美，大大超过热处理后的高碳钢、高合金钢和高速工具钢的硬度。镁合金微弧氧化涂层主要由氧化镁和硅酸镁组成，硬度范围为 400～1000HV。钛合金微弧氧化涂层主要由氧化钛或硬质相钛酸铝、氧化铝等组成，硬度范围为 500～1500HV。微弧氧化涂层比硬质阳极氧化涂层（400～500HV）要硬得多。

问题 2：微弧氧化涂层的韧性如何？

微弧氧化涂层主要由金属基体原位氧化形成的陶瓷相组成，但微弧氧化涂层内层致密，中外层有微米孔结构，所以涂层局部坚硬（实体陶瓷），杨氏模量约为 200GPa，但涂层有效刚度却很低，仅为 30GPa。这使涂层具有柔韧性，可以承受高应变而不被破坏，该性能显著优于硬质阳极氧化膜（有序的蜂窝状涂层结构脆性大）。另外，微弧氧化处理后合金基体的冲击韧性会降低，因此涂层在冲击环境中使用时应谨慎，其工艺和陶瓷涂层质量应严格控制并检查以满足实际应用要求。

问题 3：微弧氧化涂层的耐磨性能怎么样？

由问题 1 知，微弧氧化涂层具有高硬度，中外层具有微纳米孔，存在低硬度、高韧性区域，两者配合，非常适合抵抗多种磨损工况。在滑动磨损中，铝合金微弧氧化涂层的耐磨性是硬质阳极氧化的 7 倍以上。镁合金微弧氧化涂层的耐磨性比裸镁高 60 倍。钛合金微弧氧化涂层的耐磨性比钛合金阳极氧化高 10 倍以上。

问题 4：微弧氧化涂层的抗腐蚀性能怎么样？

铝合金微弧氧化涂层耐盐雾实验可达 1500h，表面封闭处理后可达 2000h。镁合金微弧氧化涂层耐盐雾实验可达 300h，工艺优化后的镁合金微弧氧化涂层耐盐雾实验可达 1000h，而传统表面处理（铬化处理、阳极氧化处理）后的涂层在 96h 盐雾实验后就出现大面积腐蚀现象。此外，以微弧氧化为工艺打底层可提高外层抗腐蚀涂料涂层的结合性能与整体抗腐蚀性能，如 5～7μm 的微弧氧化涂层+环氧粉末涂料处理的 AZ91D 可通过 2000h 盐雾腐蚀。

问题 5：微弧氧化在抑制电偶腐蚀方面的性能如何？

微弧氧化涂层具有良好的阻隔特性，可以降低电偶腐蚀敏感度，有效缓解电偶腐蚀的发生。在 3.5%NaCl 溶液中进行电偶腐蚀试验 15 天后，30CrMnSiA 钢/TA15 合金微弧氧化涂层对偶件的平均电偶腐蚀速度，明显低于 30CrMnSiA 钢与 TA15 合金、巴氏合金、铝青铜偶接时的腐蚀速度。显然，镁合金与铝合金表面微弧氧化涂层抑制与异种金属接触产生的电偶腐蚀更具紧迫性。

问题 6：微弧氧化涂层应用时合适的厚度是多少？

取决于涂层所制备的环境及性能要求，建议的微弧氧化涂层厚度范围为 1～150μm。通常，微弧氧化涂层用于面漆或黏结剂的预处理底层时，薄一些的微弧氧化涂层就能满足要求（如 5～20μm）。当用于轻载荷下的耐磨减摩涂层时（表面低粗糙度），建议使用的涂层厚度为 10～20μm；当用于重载荷下的耐磨减摩涂层时，建议使用的涂层厚度为 20～150μm。微弧氧化涂层在金属基体上均匀生长，部分在基材表面内（约 1/3），部分在基材表面外（约 2/3）。但取决于电解液体系与金属基体，向内与向外生长比例会有改变，因此要求零件尺寸精度时，需要在尺寸设计时留出涂层生长预留量。有时整体零部件的局部（如个别工作孔）需要更厚涂层，可以使用辅助电极在最关键表面上构建更厚的涂层。

问题 7：影响金属表面微弧氧化涂层外观的因素有哪些？

不同金属合金中第二相元素种类、热处理方式、组织结构、成型处理方式（挤压、轧制等）；电解液成分；电参数；处理时间。

问题 8：微弧氧化涂层与硬质阳极氧化涂层相比较有什么优势？

微弧氧化可应用于更广泛的合金牌号。取决于合金的成分，涂层硬度可以比硬质阳极氧化工艺高 3～5 倍。可以在零部件尖锐的半径上提供更好的连续保护。与硬质阳极氧化相比，微弧氧化涂层的耐磨性一般高出 3～7 倍。

问题 9：微弧氧化涂层与等离子喷涂陶瓷涂层相比较有什么优势？

微弧氧化是一种溶液中浸入生长涂层过程，不受尺寸与形状限制的低温制备技术，与喷涂过程的视线过程不同，它甚至可以用于保护最复杂形状的内表面。另外，由于微弧氧化过程为原位氧化的转化过程，膜基界面为冶金结合，结合强度高；与金属基体热匹配性能好，即使在反复热循环下，不会发生分层剥落。

问题 10：微弧氧化涂层对部件的外形尺寸精度有多大影响？

微弧氧化涂层较薄时，对最终尺寸精度几乎没有影响，使其适合用于精密零件和螺纹。如零件尺寸精度要求很高时，在零件加工设计时留出涂层生长预留量。如有必要，也可通过后续研磨抛光工艺，恢复到原始尺寸。

问题 11：金属基材的表面质量（粗糙程度）如何影响涂层的表面光洁度？

微弧氧化涂层的质量直接与金属基材表面的质量相关。当金属的初始表面粗糙度低于 $Ra0.5$ 时，微弧氧化后会使涂层表面变得更粗糙；金属表面的粗糙度高于 $Ra1.0$ 甚至更大粗糙度时，微弧氧化后涂层表面粗糙度变小，表面光洁度变好。此外。基体表面的任何缺陷（如铸造疏松孔缺陷），都有可能在微弧氧化后的相应位置出现瑕疵，因此在微弧氧化前应检测处理这些缺陷。同时，需要从减小孔洞半径和孔隙率、提高孔洞分布的均匀性等方面着手来提高涂层表面的光洁度。

问题 12：微弧氧化处理对金属基材的力学性能是否产生不利影响？

微弧氧化处理是金属基材部件在接近室温条件的电解液中进行的，微弧氧化局部放电的高温微区，在放电后瞬间被电解液冷却，基体所经历的最大温度升高小于 80℃，对基体没有热效应，不会对与涂层接壤的金属基材晶相组织产生影响。因此，对基体合金的拉伸强度影响很小或没有影响。但微弧氧化涂层表面存在微纳米孔缺陷，且涂层内压应力导致膜基界面处的基体存在拉应力，因此涂层厚度较大时对金属基材的疲劳强度可能产生影响，但也因合金种类不同而产生差异。一般来说，镁合金表面微弧氧化涂层对疲劳强度几乎没有影响；铝合金微弧氧化涂层对疲劳性能影响与阳极氧化媲美，但明显优于硬质阳极氧化；钛合金微弧氧化涂层对疲劳性能的影响较小。另外，在航空航天应用中应特别注意微弧氧化对基体材料疲劳性能的影响，其工艺和涂层质量需要严格把关。

问题 13：轧制和铸造合金微弧氧化涂层的表面质量是否有差异？

镁合金与铝合金的轧制和铸造状态，对微弧氧化放电及表面质量的影响有差异。镁合金的轧制或铸造材料上微弧氧化涂层的质量几乎没有差异。其中，铸造过程中由于合金成分的微小变化而产生的铸造流动痕迹，在微弧氧化表面可能清晰可见，但流痕没有产生明显性能差异。对于铸造铝合金而言，则产生显著差异性，这是由于铸造铝合金含大量硅化物，容易产生粗糙且不均匀的微弧氧化涂层。

问题 14：微弧氧化涂层的耐高温热防护性能怎么样？

微弧氧化涂层主要由氧化物陶瓷相组成，在超过 1000℃ 的温度下涂层具有良好热稳定性，该温度远高于基体合金的熔点或应用温度极限。微弧氧化涂层可短时（几秒内）耐受高达 2000℃ 的温度（如氧乙炔火焰冲刷），具有阻燃特性而不会严重烧蚀破坏；此外，由于涂层具有低刚度与极高的膜基结合强度，与金属基体热膨胀匹配性好。以上特性决定了铝合金、钛合金与镁合金微弧氧化涂层可用于瞬时耐高温的极端环境（如枪械、瞬间点火装置等）。

问题 15：微弧氧化涂层的电绝缘体性能怎么样？

取决于合金及其涂层物相组成与结构特性，微弧氧化涂层表面未密封时，介电强度可高达 2.5kV，绝缘电阻达 200MΩ。5×××铝合金可获得最高介电击穿电压，6×××合金也具有良好电绝缘性能。

问题 16：微弧氧化涂层的厚度与电绝缘性之间有什么关系？

一般而言，厚的微弧氧化陶瓷层能够提供好的电绝缘性。随着厚度的增大，电绝缘性逐渐提高，但当厚度增加到一定程度，电绝缘性反而下降了。这是由于随着厚度不断增加，涂层表面疏松层明显变得粗糙，致密性明显下降。

问题 17：微弧氧化涂层的膜基结合强度怎么样？

微弧氧化涂层是由金属基体通过火花放电的高温作用，原位氧化形成氧化物陶瓷相，与金属基材形成无缺陷的冶金结合界面，这决定了涂层的膜基结合强度一般高于 30MPa。但涂层的结合强度也受金属基体种类及涂层厚度影响，但总体来说，涂层厚度较小时，可避免涂层产生内聚破坏，涂层使铝合金、镁合金、钛合金或其复合材料之间具有更牢固的结合界面。

问题 18：微弧氧化涂层的孔隙率是多少？控制孔隙有什么意义？

通过微弧氧化涂层表面的扫描电镜显微分析、三维 CT 扫描切片分析、同步辐射显微层析成像技术等表征手段，可确定微弧氧化涂层的孔隙率低至 5%。针对特殊的功能应用（如医用植入体生物活性能涂层、催化活性等）需要构建更大孔及孔隙率的涂层；对于耐磨与抗腐蚀涂层，需要削减孔以减小孔隙率；而对于复合涂层，将利用微弧氧化作为承载底层，并通过预制适当尺寸与孔隙率的微孔，进而浸渍、涂覆或沉积外层（如 PTFE、TiN、MoS_2 等），增强涂层的综合性能。

问题 19：微弧氧化涂层对于与其对偶接触的动部件有什么要求？

除非有意设计牺牲某一种材料，微弧氧化涂层的硬度通常需要与对偶的部件材料硬度相匹配。根据需要，通过选用不同金属基材及涂层物相组成，微弧氧化涂层的硬度可在较宽的范围（400～2000HV）变化，以匹配铝合金、钢、玻璃、陶瓷等典型的不同硬度的对偶部件。

问题 20：微弧氧化涂层的厚度与抗腐蚀性之间是什么关系？

通常，较厚的微弧氧化涂层会提供更好的腐蚀防护。但并非总是如此，微弧氧化涂层较薄时可能无法形成完整的保护膜，而非常厚的涂层可能会有更多孔隙，腐蚀介质容易渗透。所以，致密的中等厚度涂层一般比较合适。如果将微弧氧化涂层用作其他面漆（例如油漆）的预处理底层，则较薄的高结合强度涂层会更好。

问题 21：微弧氧化前的基体表面预处理（化学/电化学刻蚀、喷砂等）对微弧氧化涂层结构性能是否有影响？

基体表面的预处理会影响微弧氧化涂层表面微纳结构。例如在钛表面先进行预刻蚀，随后进行微弧氧化处理，获得更粗糙的表面结构，提高了比表面积。著者采用表面机械研磨在铝合金表面制备纳米晶过渡层，并在纳米晶厚度范围内进行微弧氧化，形成外层为微弧氧化陶瓷涂层、底层为铝合金纳米晶过渡层的涂层结构，在浸泡腐蚀过程中底层纳米晶铝具有高活性，优先形成致密腐蚀产物可起到自修复效果，有效改善了涂层的抗腐蚀性能，并且与单一微弧氧化铝合金相比提高了疲劳寿命约 10%～20%。

问题 22：微弧氧化陶瓷涂层的弹性如何？

通常，微弧氧化处理后生成的陶瓷涂层脆性较高，易破碎。但在特定溶液中生成的陶瓷涂层可以表现出好的弹性，以铝合金为例，当弯曲角度大于 90° 时经过多次重复弯曲试验后陶瓷涂层与基体不发生分离，并保持较好的界面结合。

问题 23：如何优化微弧氧化处理工艺从而同时提高涂层厚度和致密性？

根据微弧氧化涂层生长过程来调节各阶段能量参数的大小，进而优化涂层组织结构。因此，优化方案：在微弧氧化前期，采用较大的电流密度、较小的频率和较大的占空比，使初期陶瓷层以较快速度生长；中期为过渡阶段，各能量参数均选择适中，保证陶瓷层均匀增厚（形成的内部缺陷和孔洞不会很大）；后期采用小的电流密度，较高的频率和小的占空比，在相对弱脉冲放电强度下，对前期形成的多孔疏松层及缺陷进行一定程度的弥合和修复。

问题 24：异质结构焊接中微弧氧化技术对聚合物与铝合金的可靠连接有何作用？

聚合物/铝合金异质结构的焊接连接问题仍未找到有效的解决方案。搅拌摩擦焊可实现聚合物基复合材料与铝合金的可靠连接，但在焊接过程中存在很多问题。基于上述连接难题，可采用微弧氧化技术在铝合金表面制备多孔氧化膜，促进复合材料与铝合金之间冶金连接，提升异种材料界面结合。同时，多孔氧化膜结构与塑性聚合物材料之间实现了微结构多孔镶嵌，强化了微观机械咬合，有利于提升接头承载能力，与未制备氧化膜接头相比，拉剪强度提升 50%。铝合金侧引入预制孔，摩擦挤压作用促进了聚合物材料挤压填充预制铝合金孔，有效的材料流动增加了微结构多孔镶嵌效率，促进了铝合金与复合材料之间宏/微观机械咬合。